坚守温酒文化
品味人生冷暖

温酒探源

吕晓峰 著

中国轻工业出版社

图书在版编目（CIP）数据

温酒探源 / 吕晓峰著 . —北京：中国轻工业出版社，2022.7

ISBN 978-7-5184-3863-1

Ⅰ.①温… Ⅱ.①吕… Ⅲ.①酒文化—中国 Ⅳ.① TS971.22

中国版本图书馆 CIP 数据核字（2022）第 011426 号

责任编辑：江　娟　　责任终审：劳国强　　整体设计：锋尚设计

策划编辑：江　娟　　责任校对：朱燕春　　责任监印：张　可

出版发行：中国轻工业出版社（北京东长安街6号，邮编：100740）

印　　刷：鸿博昊天科技有限公司

经　　销：各地新华书店

版　　次：2022年7月第1版第1次印刷

开　　本：787×1092　1/16　印张：20

字　　数：340千字

书　　号：ISBN 978-7-5184-3863-1　定价：168.00元

邮购电话：010-65241695

发行电话：010-85119835　传真：85113293

网　　址：http://www.chlip.com.cn

Email：club@chlip.com.cn

如发现图书残缺请与我社邮购联系调换

210451K1X101ZBW

序一 温酒散氤氲
斟酌满酴醿

中国的酒文化源远流长、内涵丰富，拥有精彩的发展历史。缘于酒的使用不仅充斥于民众的日常生活中，而且也在国之大事中扮演了重要的角色，成为礼制的重要组成。古往今来，士庶之间素有"无酒不成席，无酒不成礼，无酒不成欢"的说法。商周礼乐制度，魏晋名士风度，唐宋文人才气，明清士商文化，无不与饮酒有密切关联。在酒酣耳热间，无数传说佳话与文明遗存得以流传千古；也在中华文明悠久曲折的发展进程中，留下了一个个觥筹交错的身影与场景，重现了帝王将相的慷慨悲歌、勾心斗角与士绅草民的对酒当歌、悲欢离合。

在博大的酒文化中，温酒作为中国独有的传统饮酒方式，历来受到不同阶层的广泛采用，留下了许多重要历史事件中的难忘场景，"温酒斩华雄""煮酒论英雄"，体现了英雄与枭雄的胆魄与智斗；同样，温酒也渗透到民间的日常生活当中，白居易《问刘十九》中"绿蚁新醅酒，红泥小火炉。晚来天欲雪，能饮一杯无？"在寒夜中于炉边共饮，成为历代文人心目中的风雅意象。潘希曾《即事》中"宿火时温酒，敲冰自煮茶"，茶、酒、花、香一道，成为贵族、名士与豪绅闲适生活的重要构成部分。

酒事不仅在古代流传下来的文献中连篇累牍，记载无数，在考古资料中也多有体现，如在宋元时期诸多墓葬的砖雕和壁画之中，温酒具作为"奉茶进酒"场景中向祖先奉献酒醴组图中的图像普遍存在，说明当时应有体现储、备、温、饮全套场景的图像粉本。这些砖雕、壁画墓的墓主人覆盖了上自皇后、亲王，下至品官、平民的各个阶层，温酒的器具和方式以及随时代的变化却具有相当的一致性，说明温酒在宋元士庶的生活中扮演着重要角色，并且具有不分阶层的一致性。从时下方兴未艾的文化遗产保护与研究的角度来说，温酒兼具了物质文化的器具变化和非物质文化操作方式的发展，并且早已完成了迭代变迁，作为酒事中的重要环节，将温酒纳入文化遗产保护与研究的范畴进行梳理总结，将是文化遗产研究的一个典型案例。

有关温酒的研究，当代学者多将其视作一种古代的饮酒方式，现有的研究多将温酒相关记载加以归纳，而后便止步于此；今天人们则努力将其归入传统酒文化之中，或化作饮酒行令的复古礼法，或当成酒足饭饱后的风雅谈资。而真正对于温酒所用器具和操作过程的发展历史、方式方法，以及对于中国酒文化意义的系统探讨尚付之阙如。吕晓峰先生《温酒探源》一书，系统地探讨了温酒的发展和变化，特别是与酒的变化和社会习俗的发展相结合，使得人们对于这一传统饮酒方式及与之密切相关的酒品的发展变化有了更深入的了解。

本书首先对于温酒产生的原因，从理化原理及文化价值上加以阐述；而后利用了相关的历史记载，并选用一些考古资料和传世文物，分析中国从先秦至今，温酒方式、温酒器具的变化，以及背后所反映的政治制度、民族关系、中外交流、工艺技术等方面的影响；最后基于上述资料，综合作者多年来的考证研究成果，对于温酒的一些知识盲区与误读案例加以辨析，使温酒的发展在酒品本身的发展变化中呈现出了较清晰的脉络，并呼唤在新时代复兴传统温酒的饮用方式。

本书重要的特点在于不仅仅将温酒看作一类传统饮酒方式，而是广泛借鉴科技史、工艺美术、考古学等多学科的研究成果，以温酒作为线索，串联起酒品本身的变化，以及酒具的发展和酒文化的积淀等问题，通过酒、温酒的发展，管中窥豹，观察不同历史时期社会生活的变化，是一项具有独创性的研究。不拘泥于传统旧说，作者认真思考了不同温酒具使用功能与使用方式，提出许多创新性的见解。例如作者基于试验研究，提出宋代流行的执壶温碗组合，实际上难以温酒，更主要的是用于防酒防烫；基于行业经验与细致观察，提出元代温酒具的小型化，证明低度蒸馏酒出现于元代，这些都值得认真参考。

本书以酒为主线展开，特别强调了酒文化在中华文明中的影响，难免会强化酒在文明发展中的作用，如推测谷物种植根源于饮酒，商人因采用青铜器具温酒中毒而亡国。对有些器物的认识也突出地强调了其在温酒与饮酒中的作用，难免有些偏颇。如将六朝时的鸡首壶视为温酒具，亦似缺少足够的依据。这些观点有些在学界尚属争议性的论题，有些则是作者自己的独到认识，但这些观点和认识在本书中自成体系，前后亦能自圆其说，并不违和，在相关研究中可备一说。

　　吕晓峰先生在酿酒行业中从业多年，对于酒的酿造和饮用方面的知识了然于胸；同时还孜孜以求地学习钻研，向各位专家学者虚心求教，才完成了这本贯通古今的专著。本书取名《温酒探源》，亦体现了吕晓峰先生的用意，感叹于相关研究的稀缺，唯有综百家之长，述历代掌故，方能总结出温酒发展的脉络，吸引更多读者关注温酒及酒的酿制技术和发展进程。温酒散氤氲，斟酌满酽醺。在酒香与书香中，品味千年韵味悠长的温酒故事。希望该书能使人们重视源远流长的酒文化，于今世重现辉煌。

　　笔者作为一名考古学者，在对历史时期考古的过程中，必不可少地要与酒的历史和酒具相交集，但对酒本身以及酿酒、温酒、饮酒、酒具等生产、工艺、习俗等多方面构成的酒文化贯通古今的发展历史，还属碎片化的了解。吕晓峰先生的著作是我学习的资料，在此勉力撰文作序，多有妄加点评，难免会有讹舛之处，祈看客明辨。

　　是为序。

北京大学考古文博学院　教授

秦大树

二〇二〇年十一月

于燕园德斋

序二　温酒话酒史

　　神奇的酒先于人类文明的历史出现，并且在人类的文明史中占有很重要的位置，出土的文物中酒器具占有很大的比例。酒的历史悠久，贯穿了人类文明的历史，见证了人类的发展。千百年来，多少人将喜怒哀乐倾注在酒中，把高雅的情趣依附在酒中，把美好的精神寄托在酒里。如何喝酒更能彰显酒的品质，更能利于养生，更能使喝酒具有文化的格调，温酒习俗和文化一直与酒文化相伴。古人又发明了无数具有文化内涵，又有艺术价值的温酒器，就这么喝着喝着，一晃就是上千年……温酒既是中国古代的饮食传统，也是文人墨客的一种雅致生活，更是大众的一种生活习惯。过去是酿造酒，酒精度较低，温酒有灭菌和去除异质的作用，益于脾胃；同时，经过温热的酒，喝起来更加醇香浓郁，温和柔顺，绵甜可口。白酒温着喝同样可以提升口感品味，享受饮酒乐趣。

　　在文学史上，咏酒抒怀的佳作比比皆是，点评温酒器具的论作则是寥寥无几。吕晓峰的这部《温酒探源》始终以温酒为主题，从仰韶文化到当今社会，叙述体量之大，历史跨度之长让人咋舌。"以我之眼观物"的角度对沿袭中国几千年的"温酒文化"做了脉络清晰的梳理和史料翔实的论证。

　　温酒史话放在历代政史酒政的大背景下，以历代文物为依据，紧扣当时酿酒发展水平，行文稳步推进，从而让庞大架构下的恢宏主题言之有物且言之可信，充满了著者对温酒文化拥趸的热忱和理性的光辉。该书是目前为止中国第一部系统、完整叙述温酒器具产生、演变的专著，对研究温酒文化具有探照之价值，也是今人描写历代温酒现象较为全面的参照史料。

　　酒经历了由自然发酵到人工发酵，由发酵酒到蒸馏酒的过程。由"浊酒""清酒"再到"蒸馏白酒"，酒精度逐步提升，历史上所使用的温酒器也有明显的变化。书内推测小口的温酒器具适宜清酒的温煮，广口的温酒器具更适宜浊酒的温煮，虽然值得商榷但在情理之中。再如经高温杀菌储存的清酒多为温，低温储存的浊酒多为煮，这些观点印证的实例与文字记录较少，尚属耳目一新。

　　自元代以后酒精度明显提高，李时珍《本草纲目》就记载了元代初期白酒酿造的方法："近时惟以糯米或粳米或黍或秫或大麦蒸熟，和曲酿瓮中七日，以甑蒸取。其清如水，味极浓烈，盖酒露也。"证明了蒸馏酒的出现，这也是汾酒的酿造工艺。蒸馏酒的出现使温具变小。明清至民国以来酒精度逐渐还在提高。清代著名文学家袁枚所著《随园食单》有"既吃烧酒，以狠为佳。汾酒乃烧酒之至狠者。"说明汾酒酒精度之高。

温酒器作为中华酒文化的随行载体，自然与酒密不可分，温酒器具的大小自然也与酒精度有关，特别是蒸馏酒产生以后酒具变小，可能真是蒸馏酒产生时间的佐证。温酒器是酒具的典型代表，《温酒探源》内以温酒器为佐证，对蒸馏酒起源进行了深入的辨析，给我们专业性探索酒史提供了实例，反映出著者对酒文化有深厚的积淀与积极严谨的求证精神。

值得关注的是，著者在用大量的篇幅对温酒历程进行叙述之后，还在第三章用较大的篇幅对温酒器进行了"答疑解惑"的专门论述。这是极具个人特色的章节，聚焦普通人的生活，使读者嗅闻出"烟火气息"。

吕晓峰与笔者为同乡学友，其人少时思想活跃，热衷于文体活动，参加工作后致力于实体经济，近二十年来潜心于收藏和运作吕梁市仁缘温酒有限公司。"坚守温酒文化"是本部著作的"题眼"，在严寒冬日的夜晚，木炭红火炉，温酒夜话长，真是"酒不醉人人自醉"。酒本平常，温之暖心，人世间，做个"暖心人"又何尝不可！这大概也是著者行文数十余万字的"初心"所在。

中国酒业协会副秘书长，兼白酒酒庄管理委员会秘书长，

白酒技术创新委员会秘书长、露酒分会秘书长

杜小威

二〇二〇年十二月

于杏花村

序三 为《温酒探源》作文

我与《温酒探源》作者吕晓峰先生本不相识，大概是今年三四月间，新冠疫情尚未退去，人们大多还不太出门，朋友打电话邀请我审阅一部书稿，说作者是一位成功的企业家，偏又喜欢收藏，收藏了还喜欢琢磨，近来把自己对温酒器的研究和心得编了一本书，想请人把把关。见了面介绍姓名，碰巧又是异姓同名，不免又多了几分亲近。

爱酒之人浩若烟海，成功商人不计其数，文人雅客数不胜数。而能把经商、爱酒与文化三者完美融合之人，却屈指可数，吕晓峰先生应是其中的佼佼者。吕先生爱酒，但并不止于酒，更爱酒之后潜藏的深厚文化。十几年来，吕先生经商之余，潜心钻研温酒文化，似小河淌水，一路汲取营养，一路播撒成果，正如涓涓细流终会汇成大江大海，此书也成为其十数年温酒文化研究的集大成之作。此书视角新颖、独辟蹊径，旁征博引、叙述流畅，围绕温酒器的起源流转、发展脉络、学术辨析等方面进行深度探究，娓娓道来，具体翔实，可谓研究温酒器的上乘之作。不仅是吕晓峰先生的学术成果，更体现了他对温酒文化孜孜不倦的执着与坚守。

自古文人墨客多好酒。苏轼有言："诗酒趁年华"。华夏文明里长久流传着仪狄造酒、杜康造酒的神话传说故事。如果从磁山文化遗址中发现形制类似酒器的陶器算起，中国的酒文化至少已绵延发展了7000余年。在这一过程中，温酒器因酒而生，随酒而兴。不得不赞叹，我们的祖先是何等聪慧，几乎从酒诞生之初，便学会制作具备温酒功能的酒器来提升饮酒的品质，让饮酒成为一种健康的享受。从新石器早期祖先用陶器开启以火煮酒的历史以来，历经陶、青铜、铁、瓷的材质变化，到如今的电子器具，温酒器由杂而专、由专而精，逐步走向现代化、智能化。温酒器虽小，但其变迁背后隐藏的却是中华民族一路走来的历史脉络，沉淀着酒文化、礼制文化、手工业文化等中华优秀传统文化的精髓，是社会变迁和当时生产力发展水平的历史缩影。通过这些琳琅满目的器具形制和流传至今的古物传奇中，我们得以穿越时空，窥见流传数千年的浓烈酒香与豪情壮志，也带回了爱酒人心中永续流传的记忆和情怀。

习近平总书记反复强调，要让收藏在博物馆里的文物、陈列在广阔大地上的遗产、书写在古籍里的文字都活起来。所谓"活"起来，我的理解就是要让文物走下高台、走进百姓，活态传承、融入日常，让文物中蕴藏的文化精髓和时代价值，成为人们现实生活中的精神滋养。温酒器，在漫漫中华文化中显得何其微小、微不足道，虽与人们的日常生活密切相关，却又常被人熟视无睹。吕晓峰先生，能于平凡中发现不凡，从温酒器这一切入口，以小见大、由微见广，深入挖掘出其中博大精深的学术价值、历史价值和文化价值，并形成这部佳作，不就是让文物"活"起来的典范吗！中华文明的传承、中华文脉的延续，正需要无数吕晓峰这样的文化自觉者，从身边小事情小物件入手，发掘其中的大文化、大内涵，以个人的涓涓细流，汇聚中华民族生生不息的磅礴之力。相信，只要有心，我们每个人都会成为中华民族永续发展的传承者，向世界展示中华文化的永恒魅力和精彩印记！

山西省太原市文物局副局长

冀晓峰

二〇二〇年十二月

于并州

目 录

第三章 ——— **温酒器的辨析与困惑**

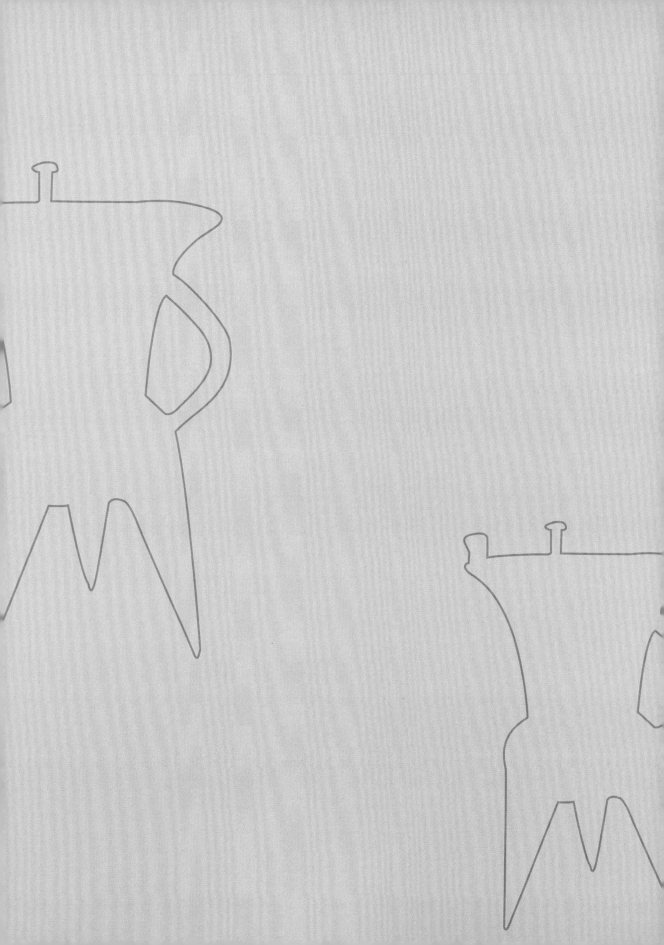

第一章

温酒概述

　　饮食莫过于吃喝二事，对于饮者来说，对吃的享受和对吃文化的追求，远不及对喝酒的渴望和对酒文化的探索更为强烈。酒既不解饿也不解渴，在饮食文化中却最出华彩。酒不仅是物质的东西，更如信使一般引领着饮者进入精神的世界，属于精神的范畴，于是人言："吃饭为生存，喝酒为灵魂。"

　　酒生于民间，献于神灵，上苍又恩赐于众生。尽管先王禁酒，先以礼之，后以刑之，但世人仍赴汤蹈火趋之。饮酒习俗始终伴随着华夏文明的进程，酒在饮食中有着最尊崇的地位，也有着最顽强的生命力。

　　不经意间发现，温酒竟然一直潜行在饮酒活动中，也与酒一样贯穿于华夏几千年的饮食文化中。通过温酒，为酒增添更浓郁的气味，营造人与人之间精神世界更和谐的沟通，与酒共同辉耀着酒文化。

　　温酒现象在我国有着如此坚韧的生命力，必有其承载优秀文化的缘由。本书首先从现代医学、化学的角度，对冷酒和温酒进入人体不同的运行机理以及通过温酒可以明显降低酒中毒素、杂气从而提升健康饮酒的原理，进行积极探索，力求较大程度地揭示温酒奥秘。其后将温酒器作为诠释温酒活动的切入口，对历代温酒行为进行篇幅较大的深度还原，对温酒文化进行力所能及的纵横挖掘。

　　因酒而生的温酒器既然是承载和研究温酒文化的载体，必定在历史上有过很高的规制，陪着君王祭奠过天地列祖，也见证过波澜壮阔的史实。温酒器产生发展的历程大致可以分为五个阶段：温酒器从无到有为第一阶段，出现的时间在新石器时代早期；温酒器从有到专为第二阶段，以新石器时代中晚期出现的陶鬶[①]为时间上限，直至五代时期瓷器温酒套壶产生之前；温酒器从专到精为第三阶段，时间从宋代影青套壶出现后开始算起，直至清代中期嵌宝温壶渐衰之前；温酒器从精到繁为第四阶段，时间以高度酒为热源开始，延续到民国前后；温酒器从旧到新为第五阶段，以电温酒器出现为标志，之后，温酒器如雨后春笋般出现。

注：① 第三章第一节一内专有"陶制专业酒水温煮器鼻祖的辨析"。

　　温酒器虽然历经无数次演变，不变的永远是对冷酒加热的功能，当然温酒器也给世人留下诸多疑问和困惑。如今看似形制简单的温酒古物，却是当时生产力发展水平的真实写照。温酒器的研究，务必以当时的政治、经济为大背景，以酒政、酿酒水平为条件，以历代手工业成就为主线，逐步展开探讨。同时也应看到，温酒行为也深受民族生活习俗、社会主流群体审美趋向和地域季节的影响。

　　本书为了脉络清晰地叙述温酒器一路前行的坎坷历程，基本沿用了历史编排次序。为了依据充分和佐证有力，较多引用了中国硅酸盐学会主编的《中国陶瓷史》、朱凤瀚编著的《中国青铜器综论》等重要文献内容，并选用了国有性质的博物院（馆）和吕梁市仁缘温酒有限公司（民营）经专家鉴定后的藏品（未含民国时期器物），还有一些历代传世壁画，努力使书中的文字与柜子里的文物能够相互对接相互印证，向读者逐幕演绎历朝历代鲜活的温酒活动，向世人彰显和传诵炎黄子孙曾经绚烂的温酒文化。

　　本书以元代为界，此前历朝的温酒器以习惯分段方式合并描述，此后温酒器按照朝代单独推演，轻重比例有失偏颇。温酒器产生之时先说温煮器形制，温酒器多了、精了之后又言生产窑口和名品，温酒器繁杂之后大谈使用的社会群体，格调重点前后不相一致。加之追求证据精准，便以控制篇幅为名，未选其他民营博物馆温酒器入列，也未对文内所涉温酒器图片进行逐一详解。无疑极大地局限了历代温酒器的实际范围，也在一定程度上失去了温酒文化应有的丰厚。另外，书内涉古和学术话题较多，读之易使人感到繁冗和艰深。大凡此种憾事比比皆是，读者可在后文一览无余。

第一节

温酒因酒而生

　　温酒的历史尚需溯源古代酒的起源。

　　20世纪80年代，河南贾湖遗址发掘出土了距今7500～8600年的碎陶片，分析残留物，证明陶制酒器上盛放过以稻米、蜂蜜和水果为原料混合发酵而成的饮料，专家认为可能是山楂酒。这是中国目前发现最早的考古文献载明的酒产生的证据，被中国人自豪地誉为"人类酒鼻祖"。由此，中华酿酒的历史应该追溯到新石器早期。关于酒的起源，长期以来存在几个版本的传说。

一、猿猴酿酒

野果是猿猴重要的食品，在野果成熟的季节，猿猴会将其采摘收藏在石洼中备用，或者成熟的野果自然坠落于低洼之地后堆积，这些野果由于受到果皮或空气中酵母菌的作用而发酵，自然生成酒。

猿人爱喝酒，人们利用猿猴这一癖好将其诱捕。早在西汉初年淮南王刘安（公元前179至公元前122年）创作的《淮南子·氾论训》中就说"猩猩知往而不知来"，后在东汉高诱对其文的注解中曰："猩猩，兽名也，人面狗躯而长尾，知人姓字。嗜酒，人以酒搏之，饮之不惜，醉而被擒。"唐人李肇撰写的《唐国史补》①中，也有利用猩猩喜欢喝酒和穿木屐将其捕捉的记载。这类事情不止发生在我国的广东、广西、海南岛等地，也发生在东南亚、非洲一带。猿猴不止嗜酒而且还会造酒，晚明文人李日华在《紫桃轩杂缀·蓬栊夜话》中记载："黄山多猿猱，春夏采杂花果于石洼中，酝酿成酒，香气溢发，闻数百步。"清代文人李调元也记叙过猿猴以稻米、百花为原料酿造的猿酒，味最辣。

二、仪狄造酒

相传夏禹时期的仪狄发明了酿酒。成书于公元前239年的《吕氏春秋》曰：仪狄作酒。汉代刘向编辑的《战国策》中说："昔者，帝女令仪狄作酒而美，进之禹，禹饮而甘之，遂疏仪狄，绝旨酒，曰：'后世必有以酒亡其国者'。"是说夏禹的女人（一说女儿），令仪狄去监制酿造，所酿之酒经夏禹品尝后觉得味道很甘美，从此夏禹疏远了仪狄，并戒了酒，还说："后世一定会有因为饮酒无度而误国的君王！"

注：①《唐国史补》（也称《国史补》）记载：猩猩好酒与屐。人有取之者，置二物以诱之。猩猩始见，必大骂曰："诱我也。"乃绝走远去。久而复来，稍稍相劝，俄顷俱醉。其足皆绊于屐，因遂获之。或有其图而赞曰："尔形唯猿，尔面唯人。言不忝面，智不周身。淮阴佐汉，李斯相秦。何如箕山，高卧养真。"

似乎仪狄乃制酒之始祖。一种说法称为"酒之所兴，肇自上皇，成于仪狄"。自上古三皇五帝的时候就有各种各样的造酒方法流行于民间，是仪狄将这些造酒的方法归纳总结出来，付诸实践，流传于世。孔子八世孙孔鲋，说帝尧、帝舜都是酒量很大的君王。既然尧舜都善饮酒，酒又出于何处？肯定不是后来的夏禹时期所酿。由此可见，仪狄始作酒醪是不大确切的。

事实上粮食酿酒工序复杂，单凭仪狄个人的力量难以完成。所以，郭沫若说，相传禹臣仪狄开始造酒，这是指比原始社会时代的酒更甘美浓烈的旨酒。

三、杜康造酒

说是杜康"有饭不尽，委余空桑，郁积生味，久蓄气芳，本出于此，不由奇方"。是说杜康将未吃完的剩饭放置在桑树洞里，剩饭在洞中发酵后，有芬芳的气味传出，受此启发酿制美酒。又说杜康原本是轩辕黄帝手下一员大将，杜康年迈，黄帝委任他为管粮大臣。时逢丰年，杜康下令将多余的粮食储进空心树内。几场甘霖过后，杜康发现有许多野羊、野猪、山鹿围着装有粮食的大树舔食，随后便躺倒在地。经查看，动物没死只是沉睡，过一会醒来继续活蹦乱跳，他还惊讶地发现动物舔食的正是装粮树里浸沁出来的粮食水，这便启发了他用粮食酿酒。东汉末年曹操的一句感慨："何以解忧，唯有杜康。"更使得后人对杜康充满了崇敬，造酒祖师印象家喻户晓。于是杜康成为我国利用粮食发酵酿酒业的鼻祖，登上礼祭的神坛。

当今有人考证，今河南省洛阳市汝阳县蔡店乡杜康村为当年杜康造酒之处。明万历年间《直隶汝州全志》记载，杜康矶就是现在的杜康村。

四、黄帝造酒

黄帝是少典之子，本姓公孙，生于山东寿丘，因久居姬水改姓姬。后来，迁轩辕之丘故称轩辕氏。祖籍有熊氏，乃号有熊。因华夏崇尚土德，土呈黄色，故称黄帝。黄帝逝于河南荆山，葬于陕西桥山。

黄帝命岐伯备齐五种以上优质熟谷，进行发酵酿酒。粮食蒸煮放置多日后品尝，觉得入口清洌甘甜，饮后神清气爽。《晋书·天文志》有"轩辕右角南三星曰酒旗，酒官之旗也，主宴飨饮食"。轩辕是中国古代的星名，酒星排在十七颗星的东南方，亮度小，不易辨认，可以肯定轩辕黄帝造酒时间远远早于星名命名时间。

成书于汉代的《神农本草》中说，酒在神农时代已经发明了。酿酒之法，代代口耳相传。但是有人认为，周秦之际诸子百家为了追溯文明的源头，论证时得到有力的佐证，几乎把所有事物的源头都归于黄帝或神农。

但凡以上种种都难以考证，有一种说法："仪狄作酒醪，杜康作秫酒。"是否更有公信力。这里并无时代先后之分，似乎是讲他们制作的是不同的酒。醪，是一种糯米经过人工发酵而成的醪糟儿，其性温软，口味发甜，多产于江浙一带。如今的不少家庭中，仍自制醪糟儿，可当主食，上面的清亮汁液近乎酒。秫，也作胡秫、蜀秫等语，古指有黏性的高粱，是杜康造酒所使用的原料。东汉许慎《说文解字》也言："杜康作秫酒。"

第二节
何为温酒器

中国酒具按照功能可以分为酿酒器、储酒器、温酒器（常代斟酒器）和饮酒器，其中温酒器就是温酒的器具，不冷不热为温。"温"字早在《论语》中就有使用，"温故而知新"。《山海经》中把煮烫酒水的行为称为"汤"，把温煮酒水使用的温酒器具称为樽①。其实，"温"早时为"昷"，上部为"囚"，意为拿东西给犯人吃的仁慈行为。《说文解字》说"温"为"温水，出楗为符"。到了唐代时期，"温"字多有出现使用，王维有"足下方温经"的诗句。真正广泛使用"温酒"一词，是在宋代以后的事情。《三国演义》中"煮酒论英雄"，是元末明初罗贯中编写的故事。近现代人称温酒器为"温烫器""煮炙器""温壶""筛酒壶"等，通常把饮用温烫的酒称为"喝烧酒"。但在我国不同朝代，对温酒器却有不同的称谓。

注：① 成书于战国至汉初的《山海经》在西山一经祭祀华山山神的礼仪中有："羭山神也，祠之用烛，斋百日以百牺，瘞用百瑜，汤其酒百樽，婴以百珪百璧。"汤通烫，这里指烫上一百樽美酒。

专门用于温酒的器具在未产生之前，多由陶罐、陶盆和陶鼎等器物温酒，之后既有专门温酒器也常常伴有兼容温酒功能的器物，真正反映出温酒器这一实用器很强的替代性。为此，尽量宽泛地定义历朝温酒器，将具备温酒功能的器物一一在列（包括有争议的汉代的鬼灶、唐代高足的三彩执壶、宋代白釉温酒小套壶等冥器在内）。这样一来，按照业界传统定义专业温酒器定会失之偏颇，如罐、釜、缶、甑及甗的下部鬲等器物皆可温酒，但其功能不局限于温酒。本文将温酒替代品皆列入，诠释温酒器定有先天性的荒杂之病。

新石器时代　　新石器时代中晚期专门温煮液体的器物：陶鬶、陶盉，兼容温煮液体的器物有：陶盆、陶罐、陶鼎、陶鬲、陶釜等。

先秦时期　　夏商周至春秋战国青铜时代专门温酒的青铜器物：尊盘、铜鉴缶、爵、角、斝、盉、镶，兼容温酒功能的青铜器物：各类型鼎、鬲和甗的下部鬲等器物以及原始青瓷鼎、鬲、镶、提梁盉等器物。

秦汉时期　　秦汉铁器时代专门温酒的器物：青铜温酒炉、青铜樽、提梁壶、龙首铛以及青铜、铁质、陶质釜等器物，兼容温酒功能的器物有：青铜和铁质镶斗、三足青瓷镶壶以及青瓷、陶质、铁质鼎等器物。

西晋至南北朝时期　　西晋至南北朝时期，主要温酒斟酒器具：青铜方炉和镶斗以及瓷器鸡头壶、盘口壶、盘口瓶、执壶、长颈瓶、扁瓶等器物。

隋唐五代时期　　隋唐五代时期瓷器温煮器物：龙柄壶、双龙柄壶、执壶、三足樽、鸡首盉，出现专门温酒套壶。

宋辽金元时期　　宋辽金元时期专门瓷器温酒器物：套壶、温碗、执壶、胆式瓶、皮囊壶、玉壶春瓶、扁瓶、僧帽壶等器物。

明清时期	明代至清代中期的温酒器基本与斟酒器合二为一，主要以执壶为主。执壶种类：纯金、鎏金、景泰蓝、青花、五彩、甜白釉、斗彩、青玉、白玉、竹木、犀角等。在此时段，出现锡制火温壶和锡质、瓷质水温子母套壶。
民国时期	民国时期专业温酒器：温酒架、温酒盘、温酒碟、温酒盅、锡壶以及水、火温酒套壶。
中华人民共和国成立后	中华人民共和国成立后专业温酒器：瓷器子母套壶、套杯以及铝、铁、土温酒架，其余多为温酒器替代品：茶缸、铝壶、铁壶等器物。改革开放后出现大量的瓷器、锡器、铜器仿古温酒器，也出现电热温酒器。

第三节

古人为何既煮酒又温酒

有人说古人有热饮习俗，欲饮之酒不是温热而是煮沸。正如曹植的《七启》诗中写道："盛以翠樽，酌以雕觞。浮蚁鼎沸，酷烈馨香。"描写的是"鼎沸"情形。而在唐代元结《雪中怀孟武昌》一诗中又有"烧柴为温酒，煮鳜为作沈。客亦爱杯尊，思君共杯饮。"提到"温酒"而非煮酒，那么古人饮酒到底是煮沸还是温热呢？

辨析是煮是温的理论前提，从现代人健康的角度来看，关键要判断黄酒在制作过程中是否经过了高温杀菌。直接饮用未经高温杀菌的浊酒、清酒都会闹肚子，饮用时必须要经过煮制。

使酒变质的罪魁祸首是微生物，煮沸的黄酒细菌存活量会减灭，从而会降低人体肠道被感染的概率。温度越低细菌繁殖越慢，温度越高细菌繁殖越快，黄酒霉腐也越快，但温度再高细菌就会死亡。所以，高温杀菌能有效延长酒类的保质期，完全遵循了现代巴氏消毒原理：通过用60～90℃的加热杀死液体中的微生物，在4℃左右的温度下储存使得保鲜时间延长。

从黄酒酿制的历史来看，北魏时期的贾思勰在《齐民要术》中记载，当时酿酒使用的粮食通过"炊米""炊黍米"成为"再馏饭"，显然是通过蒸煮的熟食。酿酒之水"以二月二日收水，即预煎汤，停之令冷"，然后用来和米跟曲，说明早在魏晋南北朝之前，酿酒之水也为熟水。由此推断：很早时候黄酒就是经过高温酿制的含有乙醇的饮料，煮酒和烫酒并无明确的界限，只是与季节和习惯有关。经过高温的黄酒饮用时一般在立冬之前未必煮制，温烫即可。

当然，先人在饮用未煮沸的水酿造的黄酒时，煮酒就显得尤为重要。由于广口器比缩口器更容易在煮制时灌装、止沸和清渣，于是，将完全煮制黄酒的时间，限定在新石器时代缩口器的陶鬶和陶盉产生之前。如果这一时期尚无黄酒问世，这些缩口器可能温烫果酒，因为自然酿造的果酒，对于有些人来说，未经高温也可直接饮用，无需煮制，当然果酒为生酒，也有人饮后容易拉肚子。

新石器时代中晚期出现了果酒吗？

果酒中最重要的是葡萄酒，我国不是最早的原产地。伊朗出土距今7000年前的陶罐中，发现葡萄残留物。大约在公元前三千年，埃及人掌握了酿造葡萄酒的技术，后来通过一些旅行者和航海家，把葡萄栽培及葡萄酒酿造技术带到希腊。公元6世纪传入法国，以后传入南非、亚洲、美洲等国家和地区。我国酿造葡萄酒在班固的《汉书》中有记载，张骞出使西域就带回了葡萄和酿制葡萄酒的工匠，也有人说是李广利在三征大宛获胜后将葡萄酒酿造技术带回长安的，因《张骞李广利传》合写在一个传内，推测班固觉得功劳归于李广利有辱青史，故而只提张骞。西汉史学家司马迁在《史记·大宛列传》中也有对葡萄酒的记载："宛左右以蒲萄为酒，富人藏酒至万余石，久者数十岁不败。"三国时期的魏文帝曹丕说过："且说葡萄，醉酒宿醒。掩露而食；甘而不捐，脆而不辞，冷而不寒，味长汁多，除烦解渴。又酿以为酒，甘于曲糵，善醉而易醒……"这是对葡萄和葡萄酒特性的较深认识。

更何况，我国种植葡萄的时间一般认为在西汉时期。果酒应该出现在人类活动频繁的黄河中下游和长江流域，这一区域内生长的果树最早的主要有桃、杏、栗、李等树种，殷商时代才开始人工种植，后来在华南一带才栽培柑橘、荔枝、龙眼、香蕉、枇杷等水果。

以上史料，说明葡萄酒在我国大量出现是西汉以后的事情，西周之前使用缩口器不可能温烫果酒，只适宜温烫黄酒中提取的清酒，间接说明我国酿造黄酒历史悠久。

第四节
何为浊酒与清酒

　　既然缩口器只适应温煮清酒，那么浊酒、清酒的分离时间就成为一个重要节点。

　　西周时期就有通过压榨浊酒提取清酒的注释，汉末郑玄在作注《周礼》"祀贡"时曰："祀贡，牺牲、包茅之属。"包茅是用以滤去酒滓的青茅。2012年在陕西省宝鸡市石鼓山西周贵族墓的一件酒器青铜卣中发现疑似酒，在西周初至春秋中叶的《诗经》中也有"清酒百壶"的记载[①]。但是从现在出土的青铜器内古铜色酒液来看，多为西汉时期清酒，说明浊酒的分离时间不会晚于西周，西汉时期更为普遍。

　　到了东汉时期，浊酒与清酒分离就清晰了，东汉许慎《说文解字》中将"醝"解释为浊酒，"醪"解释为汁滓酒，"酤"为缩酒所得的清酒，古书有作"茜酒"。山东诸城前凉台东汉墓出土的庖厨图中，已有"压酒""过滤"的画像（参见下图）。曹操将清酒和浊酒分别称为"圣人"和"贤人"，说明酒种界限清晰。

压酒、滤酒局部图　　　　　　　山东诸城前凉台东汉墓出土画像石中的"酿酒图"

注：①《诗经·大雅·韩奕》中有"韩侯出祖，出宿于屠。显父饯之，清酒百壶。其肴维何？炰鳖鲜鱼。其蔌维何？维笋及蒲。其赠维何？乘马路车。笾豆有且。侯氏燕胥。"其中很明确清酒有百壶。

当然分离浊酒也受饮酒群体、地域习惯等方面的影响，导致清酒出现的时间不是完全一致。明人描写东汉末年"煮酒论英雄"的故事中，煮制的应是含酒糟和清酒混合的浊酒，才有"一壶浊酒喜相逢"。

唐代一直在延续通过压榨来分离浊酒提取清酒，李白在《金陵酒肆留别》一诗中有"吴姬压酒劝客尝"之句。宋代以后多有"温酒"诗文，苏辙《除夕》中"吾道凭温酒"、赵企《句》中"红火炉温酒一杯"、傅大询《行香子·玉佩簪缨》中"温酒重斟"、姚勉《雪中雪坡十忆》中"砖炉温酒煮溪鱼"、贝守一《有何不可》中"地炉①温酒添火"、戴复古《次韵史景望雪后》中"温酒拨炉火"等。元代时期，陆文圭在《赋烧笋竹安韵》诗中有"火候微温酒已熟"，说的都是只温不煮的清酒。

一般家庭压酒的工具就是藤条编织的过滤器，酒坊使用杠杆榨酒。这种经过高温杀菌的清酒能够保存较长时间，古人饮用时或煮或温皆可。

古人通过温酒可以使低度酒的酒味变足，而且适口性也更强，但是到底要温到多少度才饮用呢？想来当时没有科学仪器，温酒到适口即可，但是适口的温度又是多少度呢？现代医学表明，正常人的口腔温度为36.7~37.7℃（平均为37.2℃），直肠温度为36.9~37.9℃（平均为37.5℃）。人最佳饮水温度35~38℃，最佳吃饭温度35~50℃，如果人长期饮用高于70℃左右的热茶，患有食道癌风险会增加8倍。如今饮用绍兴黄酒多是烫热再喝，温度也不宜高于55℃。

第五节

今人缘何温酒

今人对温酒的行为，很多时候理解为一种传统的热饮习俗，其实温酒可以有效降低酒中有害成分对人体的伤害，也可以除去酒中部分杂气，平添几分浓郁，提升酒的品质。温酒，更是对付不安全酒的有效手段。

注：① 宋金地炉多为火炕，"锅台"为火源，其上煮饭温酒。但欧阳修专门为《新营小斋凿地炉成》写五言诗中的"凿"疑为挖掘的地炉。另外，宋代许棐在《地炉》一诗中有"穴地为炉了一寒，肉屏毡帐任无缘。"之句，地炉也为地下挖掘。

一、温酒能够防止冷酒伤身的医学机理

《杨三姐告状》中说："喝冷酒，使官钱，必有后患。"东北民间至今流传"喝冷酒，睡冷炕，早晚是病"的谚语。看来喝冷酒必遭秋后算账，事实果真如此吗？历代对饮用冷酒后出现的伤胃、手战、损目、难醒等症状，虽有不同的描述，但确认冷酒伤身是一致的。

魏晋时期"中国科学制图学之父"裴秀（224—271年），因为服用"寒食散"，本应饮热酒发散，却误饮冷酒不幸逝世，终年49岁（泰始七年）。唐代白居易（772—846年），又号醉吟先生，在《送张山人归嵩阳》诗中有"残茶冷酒愁杀人"的描写。《唐才子传》中的杨衡在《春日偶题》中说："冻花开未得，冷酒酌难醒。"元代养生家贾铭，享年106岁，百岁时明太祖（朱元璋）问其颐养之法，答曰："要在慎饮食。"在其著有的《饮食须知》中说："饮冷酒同牛肉食，令人生虫。同乳饮，令人气结。同胡桃食，令咯血。"并说"饮冷酒成手战"。明代陆容（1436—1494年），在《菽园杂记》卷十一中谈到"冷酒之害尤甚也"。清代学者朱彝尊在《食宪鸿秘》上卷饮食宜忌中说："酒戒酸、戒浊、戒生、戒狠暴、戒冷。"又说："饮生酒、冷酒，久之，两腿肤裂，出水、疯、痹、肿，多不可治。或损目。"久饮冷酒的后果很惨。

冷酒必须温热后再饮，在中医学上有其道理。

《黄帝内经》中说，"审察卫气，为百病母"。隋朝时名医杨上善在《黄帝内经太素》中解释："酒是熟谷之液，入胃先行皮肤，故卫气盛。"

中医把营气又称荣气，即营养物质，是指人体必需的蛋白质、氨基酸、糖类等各种物质，是由水谷精气中的精华部分所化生。营气在血脉之中，周流循环于全身，终而复始。卫气是指防卫免疫体系及消除各种异物的功能，包括有机体屏障、吞噬细胞系统、体液免疫等。卫气运行于脉外，有保卫、卫护之义，其运行与昼夜变化及寤寐有关。

营气卫气均以水谷精气为来源。营气为水谷精气中精华部分所化生，主内，其性柔顺，行与脉中，营养全身。卫气为水谷精气中刚悍部分所化生，其性标疾滑利，行于脉外，温养脏腑，护卫肌表。《黄帝内经·素问·厥论》说："酒气与谷气相薄，热盛于中，故热遍于身，内热而溺赤也。夫酒气盛而慓悍，肾气有衰，阳气独胜，故手足为之热也。"又在《灵枢·经脉》中说："饮酒者，卫气先行皮肤，先充络脉，络脉

先盛。故卫气已平，营气乃满，而经脉大盛。"

　　温酒行于卫气有活血通络、温经散寒的功效。古代"醫"字从"酉"，酒有较大的医用价值。东汉末年张仲景在《伤寒杂病论》中，针对阳虚阴盛寒厥，给出了"当归四逆加吴茱萸生姜汤方"，其中在熬煮时需要用"清酒六升和"，显而易见酒的药用功能。唐初孙思邈的《备急千金要方第七·酒醴第四》中有十六首药酒方子，《千金翼方卷第八·崩中·月水不利·损伤》中更有用酒"治妇人漏血崩中""治蛲虫""治蛔虫""大黄三分，右一味，切，以好酒一升煮十沸，顿服，治妇人嫁痛"等。明代李时珍在《本草纲目》中对酒的记述甚多，有内用和外用两种方法，并有16个附方和69种药酒方。时至今日，有些中药仍然要求酒作引子送服。酒有兴奋神经的作用，有人说酒中含有一种兴奋作用的大麦芽碱，也有人说适量饮酒可以激活和促进人脑中起欢愉作用的多巴胺分泌。这种兴奋愉悦作用于诗人便灵感大发，才思凝于笔端，留下千古绝句。作用于一般人，理性的堤坝决口，易于恣意道尽内心情怀评述家国事。但是酒精量摄入过多，酒又有抑制和麻痹中枢神经的作用，延缓信号采集、传输和处理速度。于是，交警便禁止酒后驾车了。《本草纲目》中也说"痛饮则伤神耗血，损胃亡精，生痰动火。"研究人员还做出："慢性酒精中毒降低了大脑、脑白质和下丘脑的生长速度。"的结论，主张成长期青少年禁止饮酒。酒精摄入量过大时对人体会产生麻醉作用。20世纪60～70年代，酒精是作为静脉麻醉药物来使用的，当时都写进了教科书，国外科学杂志也有报告。老中医讲饮酒严重过量，会亡阳暴脱，危及生命。世界上的一些禁酒组织主要关注的也是蒸馏酒，白兰地、朗姆酒、威士忌、伏特加以及琳琅满目的其他中外高度白酒和果酒。

　　大量高度冷酒进入喜热恶寒的胃中，五脏六腑也发凉，有时会引发浑身颤抖或者双手发抖。冷酒对营气运行能形成阻滞，所以长期冷饮白酒极易降低人体的免疫功能，从而造成对身体难以逆转的伤害。另外，冷酒久滞肠胃之中也不利于酒精散发，延长醒酒时间，陈酿老酒芳香结构稳定性更强，越冷越不利于散发。所以《备急千金要方》和《本草纲目》中对酒的医用功效发挥，总也离不开"温""暖""煮""煎""沸"等加热手段。如"以酒三升水二升合煮""惊怖猝死，温酒灌之即醒""蛇咬成疮，暖酒淋洗疮上""丈夫脚冷，不能行者，用淳酒三升……灰火温之……""海水碱物所伤……水酒三十斤……煎汤浴之""牙齿疼痛，茱萸煎酒，含漱之"等。

二、温酒能够降解酒中之毒和提升酒品的机理

酒的化学成分和特性较为复杂，目前掌握酒中的有毒有害成分主要有三种：甲醛、甲醇、乙醛；杂气成分主要有两种：乙醛、乙醚。通过温酒能有效降解酒中毒素，温酒是对付假酒或者小作坊超标酒的绝招。通过对以下酒中的有害成分进行分析，以期通过温酒最大限度地护佑饮者。

1. 通过温酒可以降低酒中第一毒——甲醛含量

冷酒伤身不要命，甲醛中毒真能要人的命。酒内甲醛的毒性是甲醇的30倍。甲醛的特性在书上这样描述：甲醛，又称蚁醛。标准大气压下沸点为19.5℃，易溶于水和乙醇，对人眼、鼻等有刺激作用。

酿酒使用的原料麦芽、大米中就含有无法分离的甲醛，白酒发酵过程中也产生醇的氧化物——醛类。低沸点的醛类有甲醛、乙醛等，高沸点的醛类有糠醛、丁醛、戊醛等，所以正规的酒企也只能控制甲醛含量不超标，并不能除尽啤酒、白酒中的甲醛。通常情况下，即便饮用少量的甲醛超标白酒，也极易使人感到呛味，连续打喷嚏。常常伴有眼部不适，畏光落泪。

甲醛为较高毒性的物质，在中国有毒化学品优先控制名单上高居第二位，被世界卫生组织确定为致癌和致畸形物质。甲醛浓度在空气中达到30mg/m³时，会立即致人死亡。

通过温酒可以降低酒内甲醛的含量。其原理：甲醛的挥发跟温度、通风量有关。当酒温达到甲醛的沸点19℃以后，酒内甲醛便开始散发，随着温度升高甲醛挥发速度也加快，酒内甲醛含量也越来越低，相应酒中甲醛对人体健康的伤害也随之变小。

通过实验发现，29～34℃时甲醛的挥发相对平稳，超过35℃后挥发更快，所以，温酒最好不要低于35℃。

酒温与甲醛挥发量示意图参见下图。

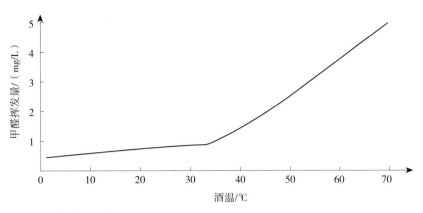

酒温与甲醛挥发量示意图

2．通过温酒可以降低酒中第二毒——甲醇含量

甲醇因在干馏木材中首次发现，故又称"木醇"或"木精"。为透明、无色、易燃、有毒、带有酒精味的液体，沸点为64.7℃。常人口服摄入30毫升以上时，有致死的可能。

甲醇中毒的病理及临床表现：甲醇主要经过人体的呼吸道和消化道吸收，渗透于躯体的血液、脊液、尿液和胆汁中，并且久蓄体内不易排出，潜伏期8~36h。甲醇不仅伤害人体的视觉神经，同时也伤害人体的中枢神经。甲醇经脱氢酶作用，代谢转化为对人体危害更大的甲醛、甲酸。甲醇中毒早期呈醉酒状态，出现头昏、头痛、乏力、视物模糊和腰椎酸困，严重时意识模糊、昏迷，双眼疼痛、复视，甚至致盲，腰椎神经受损严重时可致偏瘫。近年来，在我国甲醇中毒案件时有发生。

甲醇中毒案例一：1998年山西省文水县发生了震惊全国的1·26假酒案。不法分子使用含有剧毒甲醇的工业酒精制售白酒，造成了雁门关外朔州等地22人致死、数十人伤残的严重后果。同时政府部门为追缴大量流向市场的假酒，动用了很大的人力物力。受此次假酒事件的恶劣影响，有着1500年生产历史的汾酒一时间滞销，致使成品汾酒库存急剧上升，客户纷纷提出退货要求。虽然不法分子得到应有的惩处，但是对人民群众的身心造成巨大的伤害，对山西的酿酒行业乃至整个白酒行业都造成了极坏的影响。

甲醇中毒案例二：2003年12月7日云南玉溪市元江哈尼族彝族傣族自治县50余名农民喝过假酒后出现中毒现象，到8日就有4名患者因中毒过深死亡，尚有17人病情较为严重。据了解，中毒者在12月6日喝过从当地甘庄农场符龙泉商店买来的用工业酒精勾兑出的假酒，其甲醇含量为普通酒的168倍。

另据报道，2002年台湾宜兰、彰化等县因假米酒中毒20余人，死亡8人。在送验的18瓶米酒中，有4瓶甲醇含量超标500~600倍。

根据我国食品卫生规定标准，以谷类为原料酿制的蒸馏酒，其甲醇含量不得超0.04克/毫升，特别对甲醇超标的不安全白酒更加严格管控。

甲醇沸点64℃，将不安全的酒加热到相应的温度，并延长温烫时间，会有效降低酒中甲醇含量，也减轻甲醇对生命的危害。通过化学试验，可以看出温酒前后甲醇含量的变化[①]（参见下图），1号明显比2号减淡，证明通过温酒可以大大降低酒中甲醇的含量。

温酒前后甲醇含量对比

3. 通过温酒可以降低酒中既是毒素又是杂气——乙醛含量

乙醛又名醋醛，是无色易流动的液体，标准大气压下，沸点是20.8℃。在世界卫生组织国际癌症研究机构公布的致癌物清单中，乙醛赫然在列。有资料载明，乙醛的毒性远胜乙醇，我国规定粮食白酒每100毫升总醛含量≤0.02克。

酒中刺激性气味最强的是乙醛，它是酒中杂味的主要来源之一。通过温酒可以大幅降低酒中乙醛含量，刺激性的乙醛得到大量挥发，对人体的伤害会更小一些，酒中杂味自然也小一些。

由于乙醛的沸点只有20.8℃，稍做温酒便可降低其含量。

注：① 实验原理：甲醇在酸性条件下经高锰酸钾氧化为甲醛，甲醛在硫酸溶液中与变色酸作用会呈明显紫色减淡反应。实验仪器及原料试剂：定温电磁炉、烧杯、清香型白酒以及草酸、硫酸溶液、品红亚硫酸等。

4．通过温酒可以降低酒中又一杂气——乙醚含量

乙醚，微溶于水，标准大气压下，沸点34.6℃。易燃、低毒，是无色透明的液体。有略带甜味的刺激气味，易挥发。

通常情况下饮用各类国产白酒时，温酒热源的温度不低于40℃，乙醚在高于34.6℃的情况下便开始挥发，其后杂味减轻，口感会变得绵柔。

三、温酒后酒精度降低的实验

使用52度清香型白酒，在环境温度20.2℃的情况下，从13.7℃加热到38.3℃，仪器测得酒精度为51.2度，比未温前低了0.8度（参见下图）。同等情况温酒至45℃，持续延续10分钟，酒精度下降了1.2度。说明温酒的水温越高，时间越长，酒精度降低越大。

通过对1～20年不同年份的酒液，在不同季节做水温实验，得出清香型白酒、酱香型白酒、浓香型白酒这三类白酒，在温酒前后的酒精度变化多在1.2度左右，其中浓香型白酒温酒前后的变化小于清香型白酒，新酒温酒后的酒精度变化大于老酒，但是温酒前后酒精度相差最高的没有超过3度的情况。

温酒前后酒精度对比实验

四、温酒愈香与温酒快醒的奥妙

酒的香味是通过人体鼻腔嗅觉神经传递到大脑的感觉，酒的香味自然与乙醇含量关系最大，酒精度越高自然酒的香味也越浓，同时，酒温越高乙醇在口腔中扩散速度越快，鼻腔传递的乙醇分子质量也加大，自然感觉酒味更浓。所以再好的酒也应该温热再喝，才能尽享其香。与此同时，在体内一定量的酒精，散发越快醒酒时间越短。

五、各类酒的最佳温酒温度

黄酒温至40～45℃，手触杯壁感觉高于体温即可，葡萄酒一般只需温至18～20℃，外国人更喜欢加热的葡萄酒，德国的寒冬常有家人围炉热饮葡萄酒，奥地利人也热饮白葡萄酒，法国人会选择波尔多红葡萄酒进行加热再饮。国产清香型白酒与人体温度相适宜的37℃左右时饮用为佳，而酱香型、浓香型、窖藏型白酒35℃左右饮用香气饱和。冬饮啤酒最好45～50℃以上或者煮开，在我国南方冬天也流行着一种"啤酒煮醪糟"的喝法，此喝法对女性也很适宜。

当然，酒温还需根据饮者的年龄、体质、习惯口味适当调整，通常情况下对管控严格的现代安全酒品，温酒温度总的来讲不宜超过45℃，较少影响乙醇（沸点78.3℃）的挥发。而正品陈酿白酒的温酒温度更应低至36℃，香甜度会更饱和。

六、提议每年冬至为温酒节

人体感觉最为舒适的温度是24℃左右，立冬后冷空气会加强，长江中下游地区平均气温一般为15℃左右，黄河流域的平均气温在12℃左右，此时如遇降雨温度可能还降8～10℃，容易让人感觉到寒冷。至于东北的黑龙江平均气温已经到零下10℃，长春的平均气温已经到了零下8℃左右，从气候学上讲，平均气温连续5天低于10℃算作冬季，这两地早在十一月中旬就已经达到这一数值。

我国古时民间习惯以黄河流域文化为参照，以立冬为冬季的开始，正是气温低于10℃的时候，也是万物收藏之时，冬至宜为温酒季。

第二章

中国温酒器发展的基本脉络

温酒器伴随着酒一路前行，深深感受到温酒器所承载的温酒文化博大精深。

温酒器的每一次进步与发展，都与当时的手工业发展紧密相连，温酒器基本上能够代表当期手工业发展水平，每一件温酒器都是手工业发展的一个缩影。如今回望温酒器，通过再现和还原当年的手工劳动场景，不禁使人感慨先人的智慧与艰辛，倍加珍视每一件温酒器。

中国历史上，陶质、玉质、青铜质、瓷质、紫砂质、铁质、锡质，甚至于角、木、牙等材料制作的所有温酒器，早期全部依靠家庭手工制作，使用劳动工具简单、效率低下，即便后来家庭手工业走向工场作坊，其生产规模依然很小。

最早的手工业制品就是陶器。新石器早期裴李岗文化的红陶温煮器和中期磁山文化的陶釜、陶支架，是研究温酒器从无到有的始点。历经新石器中晚期黄河流域的仰韶文化、大汶口文化、中原龙山文化、山东龙山文化和长江流域的河姆渡文化、马家浜文化、良渚文化时期。陶器文明走过了从泥质红陶和夹砂陶器，一直向灰陶、黑陶、白陶过渡和演变的过程。通过对各个文化时期出土的陶器类别认知和比对，从陶制炊具中找出小口的适合温煮的陶器，进而与后来的专业温酒器接轨。

伴随着陶器进入青铜文明后，等级森严的夏商周时期青铜温酒器，有别于礼崩乐坏的春秋战国时期青铜温酒器。到了汉代，青铜器走向大众，广泛应用于生产和生活领域，产生了形制多样的青铜温酒器。

我国进入战国时期开始冶炼生铁，起步虽晚，发展较快，东汉时期出现了成熟的仿制青铜器的铁质温酒器。

辉耀中华文明几千年的瓷器，从诞生之日起就与温酒器结缘，历来瓷土就是制作温酒器最理想的材料。从春秋战国原始瓷出现，直至清代锡制温酒器大量生产之前，瓷器温酒器一直长盛不衰，是温酒的主角和常青树，一统天下达两千年之久，时至今日，瓷器温酒器仍在沿用，瓷器温酒文化仍在回归。

从战国时期的原始瓷器到隋唐五代的青瓷、白瓷，以瓷器器型的演变来说明瓷器温酒器走向专一化。随着宋代瓷器唱绝古今，以"五大名窑"和"八大窑系"的名窑产品出现后，着重介绍瓷器温酒器制作之高超、器物之精美。随后辽、金、西夏和元代少数民族崛起，适应马背民族特色的温酒器大为流传，重点分析元代社会各阶层使用的温酒器。明代时期以明晰的用器典章为引索，赞叹帝王专用的温酒器华美绝伦后，历数从一品至九品官员，再到庶民百姓温酒器的使用情况。清代温酒器分为早、中、晚三个时期，分节叙述。从清早期皇家奢华的温酒器，到清中期形制多样、品质下降、走向繁杂的温酒器，再到晚清民国欲振难兴的温酒器，渐微渐衰。中华人民共和国成立后，温酒器与国家命运紧密联系，走过一条艰难的生存之路。改革开放后，温酒器蓬勃发展，向现代电子化迈进。

第一节
新石器时期温酒器

一、新石器早期一器多用的陶器开启了以火温煮的历史

人类早期在自然界的活动中最容易得到的食物便是植物的果类，这种富含糖分的果类极易受到一种称为酵母菌的微生物分解，果酒便在自然界中生成了。随着狩猎活动的发展，渐渐产生了乳酒，然后从果酒到人工主动酿造粮食酒，经历了漫长的岁月。先民们种植黍子、稻子等谷类，食物生熟难分，饭食杂样纷呈、新旧相续，久而久之酵母菌分解食物中的糖分，带有了酒的成分，随着迁徙往返，先民们尝到了自然酿造的粮食酒，于是，酒食便同源。受此启发，人类大量种植谷类主要用于酿酒。考古学家吴其昌曾提出："我们祖先最早种稻种黍的目的，是为酿酒而非做饭……吃饭实在是从饮酒中带出来的。"美国人类学家索罗门·卡茨博士也认为：远古时代人们过着游牧生活，人类的主食是肉类而不是谷物，人们最初种粮食的目的是为了酿制啤酒。

陶器的发明是人类发展史上划时代的标志[①]，新石器时代从此开始，黄河流域是

注：① 冯先铭先生参与主编的《中国陶瓷史·新石器时代的陶器》：这种把柔软的黏土，变成坚固的陶器，是人力改变天然物的开端，是人类发明史上重要的成果之一。

新石器文化分布较为密集的地区。随着当时农业生产的发展，谷物需要贮藏，随着定居生活的形成，饮水需要搬运，生活的需求极大地刺激了对陶质容器的生产。陶制器具的产生，先民们才有可能进行人工酿酒，所以陶制器皿产生在先，而人工酿酒产生在后。

人类虽然是能够制造工具的动物，可惜在遥远的过去生产力水平低下，先民们制造的生产生活工具品种十分有限，每一件都很简陋，先民们只能一器多用。红陶壶、罐和鼎便是原始社会最早的生活器具，适宜煮肉、煮饭和温煮，而火是唯一的热源。

先民制陶的技术在逐步发展，最早为平地堆烧，后来发展到封泥烧，再后来进步到半地下式窑炉烧制，才将窑温提高至1000℃左右，明显改善了陶器的质量，使陶器的使用范围更广。

裴李岗文化是汉族先民在黄河流域创造的古老文化[1]，是目前中原地区发现最早的新石器时代文化之一，填补了仰韶文化以前的一段历史空白，是华夏文明的重要来源。证明早在8000年前汉族的先民们已开始在中原地区定居，从事以原始农业、手工业和家畜饲养业为主的氏族经济生产活动。

新石器早期裴李岗文化红陶深腹罐见下图。

新石器早期裴李岗文化红陶深腹罐
（上海博物馆藏）

注：① 据碳十四测定，裴李岗为公元前5495至公元前5195年。

河南新郑发现的裴李岗文化时期的陶制炊具，具备烧饭功能的同时也可以用来煮酒。广东、广西等地无陶窑的平底堆烧最低温度600℃，生产的陶器完全满足温煮时耐火度的需要。

人类早期生活工具匮乏，原始社会一器多用是必然现象，炊具中的陶壶、陶罐可能是最早的温煮器，是专业温酒器的前身。陶鼎（参见下图左）、陶鬲、陶盉和三足陶壶（参见下图右）这些器物的造型可能源自陶罐、陶壶底部加足演变而来，是更便于在底部生火温煮食物的器皿。这些陶制器物的胎泥均呈褐红色，都带夹砂陶以增强其耐热性。在裴李岗遗址[①]出土了陶鼎和陶壶，加饰乳钉后不仅美观而且固实，这是目前发现时代最为久远的陶制器物的代表。此外，河南新郑市博物馆、上海博物馆等也藏有一些裴李岗文化陶鼎或陶壶。

陶鼎的产生给先民们的生存和生活条件带来极大的改善，对后世商周青铜鼎的形制有着深刻的影响。鼎是历史上最重要的祭器礼器之一，也是温煮史上生命力最顽强的器具之一。

裴李岗文化陶鼎
（河南博物院藏）

裴李岗遗址三足陶壶
（河南博物院藏）

注：① 裴李岗遗址，位于河南省郑州市新郑市西北约8千米的裴李岗村西。

磁山文化是1972年在河北省邯郸市武安磁山发现的一处新的新石器时代文化遗存，分布于华北地区。据碳十四测定，距今8000年至7600年前，与裴李岗文化的年代大体相当，早于仰韶文化1000年左右，是仰韶文化的源头之一。

磁山文化的陶器均采用泥条盘筑法手工捏塑成型，多为夹砂红褐陶，也有泥质红陶，烧成温度在700~930℃。磁山文化最具代表性的器物之一就是陶釜、陶支架（参见右图），主要用来温煮食物、酒水。

磁山文化陶釜、陶支架
（中国国家博物馆藏）

二、新石器时代中期的仰韶文化温煮器

1916年瑞典人安特生教授在山西勘探铜矿时，偶遇一批生物化石，引起了他的极大关注，他与当时地理测绘研究所所长丁文江先生随即把工作重点转向对古新生代化石的收集，这一工作也得到了当时民国农商部以及瑞典皇家的支持。1921年，经中国政府批准，在瑞典地质学家安特生和我国考古学家袁复礼共同主持下，对河

仰韶文化彩陶盆
（仰韶博物馆藏）

南渑池仰韶地区古人遗址进行了首次发掘。从勘探出的夹沙陶片、绳纹红陶片等器物标本（参见右上图）及土层内的包含物分析，仰韶文化遗址距今5000—7000年。

截至1965年苏秉琦的《关于仰韶文化的若干问题》发表之前，已发现仰韶文化窑址共15处，以横穴为主竖穴窑为辅的陶窑54座。它主要分布于河南、陕西、山西、河北南部和甘肃东部，而以关中、晋南和豫西一带为其中心地区。据碳十四测定，仰韶文化的年代为公元前4515年至公元前2460年，大约经历了两千多年的发展过程。

　　1956年在河南省陕县庙底沟出土了仰韶文化时期成套的陶釜、陶灶（参见右图），其釜灶可以自由分合，使用简便。反映出我国新石器时代生活烹饪器物呈现多样化特征。

　　彩陶艺术是仰韶文化的卓越成就，它是先在陶胎的口沿、腹部画上鱼、鸟、蛙、圆点、勾叶、弧线等的纹饰，烧成后黑色彩纹图案就固定在陶器的表面。彩陶器型以小口尖底瓶最为突出，放置平稳而美观实用。在仰韶文化北首岭、半坡、庙底沟、西王村、后岗、大司空村六个类型中，器型主要有陶制的杯、钵、碗、盆、罐、瓮、盂、瓶、甑、釜、灶、鼎、器盖和器座等[①]，而没出现陶鬲以及适合温煮液体的小口陶制鬶、盉[②]三足器，所以仰韶文化时期先民们主要使用红陶鼎、壶（参见右图）、釜、盆等器物温煮食物和酒。

仰韶文化陶釜、陶灶
（中国国家博物馆藏）

马家窑文化葵花纹壶
（仁缘温酒公司藏）

　　另外，黄河上游马家窑文化年代为公元前3190年至公元前1715年，制陶水平也很高，所属的石岭下、马家窑、半坡、马厂类型中都以黑色彩绘为主。马家窑尖底器型与仰韶文化时期器型相类似，其中钵、卷沿浅腹盆与仰韶文化庙底沟类型更接近，说明中原仰韶文化对马家窑文化的影响力很大，但是这一时期没有出现易于生火的开档三足器。

注：① 中国硅酸盐学会主编的《中国陶瓷史》第9页，仰韶文化彩陶和陶器类型。
　　② 《360百科》中陶鬶：是一种有特定外形的器物，除了三足和把柄以外，还必须有像鸟嘴一样的流口。陶鬲：中国古代陶制炊器。新石器时代晚期出现。中国商周时期继续流行。其形状多为侈口、圆腹、三个袋状足，有的颈部有双耳。

三、新石器晚期陶制温煮器

1928年，在山东章丘龙山镇城子崖发现了新石器时代晚期的文化遗址，年代为公元前2010年至公元前1530年。后来在河南、陕西等地也陆续发现了与其类似的遗存，但文化面貌和山东的不同。

在仰韶文化基础上发展起来的中原龙山文化，据碳十四测定，年代为公元前2310年至1810年，经历了大约500年的发展。河南三门峡陕州区庙底沟陶窑属于龙山文化早期。龙山文化的窑址据不完全统计已经发现10处，共有竖穴为主的陶窑21座，红陶数量较少。除了杯、盆、碗、盘、罐、鼎、斝（参见下图左）、甗、器盖、器座等器皿外，也出现了易于温煮的陶制鬲（参见下图右）、鬶、甂和盉等新的器型。

龙山文化白陶斝　　　　　　　　龙山文化陶鬲
（中国国家博物馆藏）　　　　　（洛阳博物馆藏）

山东龙山文化是从大汶口文化基础上发展演变而来，以生产黑陶器为主，著名的蛋壳黑陶是山东龙山文化最具代表性的器物，还有一些少量的红陶、黄陶和白陶制品，大量用来制作了陶鬶产品。这一时期的主要陶制器型有盆、碗、豆、罐、瓮、甂、单耳杯、高柄杯、鼎和鬶等器皿，还有少量陶制盉、鬲、甂，其中陶鼎和陶鬲是当时重要的食物温煮器，而陶鬶和陶盉则是当时最重要的酒、水、奶等液体的温煮器。

1. 新石器时期陶鬲温煮器

自龙山文化始，陶鬲（参见右图）继陶鼎之后成为温煮食物和酒的最普遍的器物。有学者认为，中国古代80%温煮任务是由鬲来完成的。

2. 新石器时期陶鬶温煮器

陶鬶器型最早出现在山东地区的龙山文化时期，其型似鸟。有人推测陶鬶器型的产生，可能与少昊和太昊的部落位于东方，崇鸟为图腾有关，之后在齐家文化、良渚文化中也出现了陶鬶的形制。

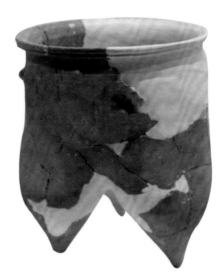

龙山文化陶鬲
（山东博物馆藏）

龙山文化时期的陶鬶（参见28页上图左）为三足器，多为袋足。陶鬶按照质地分为夹砂和泥质两种，出土的夹砂陶鬶底部多有烟熏痕迹，腹内留有灰黑色酒的残渣，是专门用来温煮酒水的煮制器，多为耐高温夹砂陶鬶（参见28页上图右）。泥质陶鬶质地细腻，制作较精良，其器型对后世执壶造型有影响，鬶有鸟喙状长流口，器侧置鋬，腹饰弦纹。

白陶鬶的等级较高，当时多为贵族使用。白陶对后世瓷器审美的影响十分重大。

3. 新石器时期陶盉温煮器

盉（参见28页下图）这种容器大肚小口，足底生火，适宜温煮酒水。

4. 新石器时期陶鼎温煮器

新石器中晚期制陶采用轮制法，手工成型的方法也有多种。通过对陶器表面塑形和修饰，增加陶器的美观度。通过改进窑炉，提高烧成温度，使得陶器较为坚实。保存于中国国家博物馆大名鼎鼎的鹰鼎（参见29页上图左），代表了这一时期的制陶水平。

上海博物馆藏大汶口文化彩陶钵形鼎见29页上图右。

龙山文化白陶鬶
（中国国家博物馆藏）

龙山文化夹砂红陶鬶
（北京故宫博物院藏）

良渚文化红陶盉
（上海博物馆藏）

新石器时期鹰鼎
（中国国家博物馆藏）

大汶口文化彩陶钵形鼎
（上海博物馆藏）

5. 新石器时期陶釜煮炙器

陶釜（参见右图）是新石器时期的一种温煮炊器，使用时在釜的下面用石、土等器物支起，然后在釜下燃火，对釜内的食物或者酒水进行温煮。

总之，新石器时代的中晚期，黄河中下游和长江流域的部落首领使用陶鼎、陶斝、陶壶、陶釜、陶盆等器具温煮酒水，逐步过渡到龙山文化、良渚文化时期主要使用陶鬶、陶盉、陶鼎、陶鬲和陶斝温煮酒水。

新石器时期陶釜
（中国国家博物馆藏）

第二节
夏商周温酒器

一、夏代帝王与奴隶主贵族用温酒器

河南偃师二里头是探索夏代文化最重要的遗址，时间在公元前19世纪至公元前16世纪（公元前2070年至公元前1600年）。这里曾是中国第一个王朝——夏的都城所在地，是奴隶制国家产生的见证，也是国家集权出现的标志。

二里头文化遗址大致以偃师为中心，东至开封兰考一带，南至豫南，西至陕西西安、商州地区，北至山西晋南一线的广大地区。在对中心宫殿区、祭祀活动区和若干贵族聚居等区域的300万平方米的文化遗存发掘中，发现了铸铜作坊和陶作坊，这些青铜器与陶器是构成夏代二里头文化最重要的两块文化基石。

有证据表明，青铜器最早始于新石器时代晚期的土耳其、伊拉克以及叙利亚地区。我国青铜器开始于马家窑文化时期，1973年在二里头第三期堆积层中出土了青铜爵杯，以后又发掘出了青铜斝[1]和与陶盉相似的青铜盉。华美尊贵的青铜器，在铸造工艺中科学地融合了铅和锡的金属元素，使之璀璨华贵，成就了耀眼的华夏青铜文明。

早期青铜器被我国古人称作"吉金"，基本上集中于王都之内，是皇家的专用重器，主要作为礼器使用。夏商周时期青铜器是权力和地位的象征之物，它们可能见证过当时历史斗争的场面，也可能扮演过王朝更迭时的角色。

早在新石器时代我国就使用"火攻法"采矿[2]，夏代采矿技术进一步发展。目前在广州市区西南樵山采矿遗址巷道内，发现了经过火烧的磷石块和炭屑，属于新石器时代遗址。

夏代烧制陶器的窑口增多，虽然地区之间品种有所差别，总体一致性较强。夏代提高了陶器烧制的温度，烧制灰陶、黑陶的数量最多，白陶器数量少。这是由于白陶

注：①《正字通》斝，俗称斝字。《说文解字》：斝，玉爵也。夏曰盏，殷曰斝，周曰爵。或说斝受六升。《周礼·考工记》说爵受一升而已。斝为温酒器的名称为宋人所定。
　　② 崔建林主编的《中国青铜艺术鉴赏》内介绍的"火攻法"，为古代先进的采矿技术。

器胎质坚硬而且素净美观，所以在夏商时期，白陶器多为统治者独占使用，级别较高，并在统治者贵族死后大都随葬。

《墨子·耕柱篇》书中有"陶铸于昆吾"的记载，是说夏代的昆吾族，善于烧制陶器。

在二里头发现的青铜器和陶器中，酒具最多。夏代帝王贵族以饮酒为乐，西汉刘向编撰的《新序·刺奢第六》中开篇说："桀作瑶台，罢民力，殚民财，为酒池糟堤，纵靡靡之乐，一鼓而牛饮者三千人。"可见夏代帝王饮酒之奢靡到了让万世痛恨的地步。

夏代温酒器分为青铜温酒器和陶质温酒器两大类。

（一）夏代青铜类温酒器

1. 青铜爵

二里头出土的青铜爵（参见下图），是我们目前所知中国最早的青铜温酒器、饮酒器。该青铜爵平底束腰，长流尖尾，腹凸乳钉纹饰，造型修长优美，底有三足。容庚先生在《商周彝器通考》第二章第一篇中，提到青铜爵的功能"爵之用昔人称为饮器。余所藏𦝼父乙爵，腹下有烟炱痕，乃知三长足者，置火于下以烹煮也。角、斝、盉三器皆有足，其用同。"指出爵是煮酒器，所以该青铜爵是中国青铜温酒器的老祖宗，被誉为"华夏第一爵"，同时，与青铜爵器型相近的青铜角也为温酒器。

二里头夏代乳钉纹青铜爵
（二里头夏都遗址博物馆藏）

2. 青铜斝

二里头出土的青铜斝胎质较薄，饰有乳钉纹，造型优美，也有三个细长锥形足，便于火上温煮酒液（参见下图左）。朱凤瀚先生的《中国青铜器综论》中，根据出土青铜斝的外底多有烟熏痕迹和内里白色水锈，确认青铜斝是温酒器。并且列举郑州东里路C8M32:2号斝、白家庄M3:4号斝等地墓出土的烟熏受热青铜斝为例。

一般青铜斝的体量比青铜爵和青铜角都大一些，不适宜直接饮酒，最适合温煮酒水，所以夏代青铜斝是专业青铜温酒器的鼻祖。青铜斝柱的功能有多种认识，后章另做辨析。

3. 青铜盉

1987年河南偃师二里头出土的夏晚期素面青铜盉（参见下图中），是迄今所见中国最早的一件青铜盉。器型较瘦矮，器顶开桃形口立短流口，锥形袋足，器侧有利于散热防烫镂孔鋬。早期青铜盉的用途历来争议较多，趋向于调味和温煮鬯酒的意见较多，郭宝均著《商周铜器群综合研究》中认为"盉是古时和酒、温酒的器"。

4. 青铜鼎

鼎（参见下图右）在商周青铜中数量最多、地位最重要，被赋予太多的文化色彩，被称之为"国之重器"，是我国青铜文化的代表，是王权的象征。

夏代乳钉纹斝
（上海博物馆藏）　　　　二里头夏代青铜盉
（中国社会科学院考古研究所藏）　　　　夏代方格纹铜鼎
（洛阳博物馆藏）

青铜鼎是贵族举行宴飨、祭祀等活动时重要的礼器之一，更多时候也是烹煮肉食和盛食的器具。特别是形体较小的青铜鼎，底部常带火炱。朱凤瀚先生直接将青铜鼎划归到食器的烹煮器和盛食器之内，并将青铜鼎的形制分为：盆鼎、罐鼎、鬲鼎、盘鼎、束腰平底鼎和方鼎六个种类。

1987年，偃师二里头遗址出土的夏代方格纹铜鼎是迄今为止已发现的我国最早的青铜炊具，是当之无愧的"华夏青铜第一鼎"。

（二）夏代陶质类温酒（煮）器

陶器是夏代先民们生活中的主要器具，在祭祀中也占有重要的地位。夏代早期陶器的形制和纹样直接承袭龙山文化晚期的陶器发展而来，但是有其变化的特点。这些陶器上的回纹、涡旋纹、云雷纹、圆圈纹等早期纹饰已经减少，绝大多数是印蓝纹、方格纹和绳纹。另外，夏代陶器的腹部增加了堆纹、花纹和炫纹，并逐渐盛行开来。

夏代的陶鼎、陶鬲、白陶斝、鬶和盉是当时贵族们经常使用的温酒器。

（1）陶鼎（参见下图左）仍然是夏代最主要的炊器，也是普遍使用的温煮器。

（2）夏代陶鬲（参见下图中）是比较常见的陶器品种，夹砂灰陶耐高温性能好，热效率高，是理想温煮器具。

（3）河南省偃师二里头遗址出土陶斝（参见下图右），煮炙功能明显。

夏代陶鼎
（洛阳博物馆藏）

夏代陶鬲
（山西博物院藏）

夏代陶斝
（中国社会科学院考古研究所藏）

（4）夏代的陶盉（参见右图）、陶爵和陶角数量增多，都是可以用来温煮酒水的器物。

（5）夏代的陶鬶数量减少，发展到后来更少见到，依然是方便的液体温煮器。

夏代帝王贵族使用青铜爵、斝、盉温酒后饮用，奴隶主使用灰陶制鬲、鼎、黑陶角杯及白陶鬶（参见下图）、盉等器物温煮酒水。

夏代白陶盉
（洛阳博物馆藏）

夏代白陶鬶
（河南博物院藏）

夏代黑陶薄胎角杯
（仁缘温酒公司藏）

二、好酒的商人使用的温酒器

商代首领商汤率诸侯国于鸣条之战灭夏，随后建立帝国。经历17代，共计31王。中华文明探源工程夏商周断代成果表明，武王伐纣为公元前1046年，纣王于牧野被周武王击败，纣王自焚，商朝灭亡。史学界将盘庚迁殷前的时期称作"商"，盘庚迁殷后的时期称作"殷"。

商人崇信鬼神，频繁占卜祭祀。商代写在兽骨上的甲骨文和青铜器上的金文，是目前已经发现的中国最早的成系统的文字符号。酒字出现的时间很早，在刘翔、陈抗等四位学者编著、李学勤先生审订的《商周古文字读本·殷墟甲骨刻辞》第2片甲骨中，将酓字解释为"恐是非"的酒，王仁寿著的《金石大字典》二十九卷西部中，通过戊寅父丁鼎和酎父乙尊也收录了该字。

据说商纣饮酒七天七夜不歇，酒糟能够堆成小山丘，酒池里可以行舟。

商代酒业发达，催生了各种酒具，商代的青铜技术和制陶技术有了很大的进步，开始出现了带有铭文的青铜器和更高等级的白陶器。

1988年在江西瑞昌夏畈镇的幕阜山发现了商周时期的铜矿采矿遗址[1]。

商代社会等级制度森严，使用青铜器具的数量多寡反映出人的社会地位的尊卑。青铜罍在商代是容量最大的温酒器、饮酒器，一般在28～78厘米，青铜罍温热酒后，易于分给爵、角、觯和觚等饮酒具。

白陶器物上的图案雕刻艺术精细而绚丽[2]，多为贵族使用，民间日常生活使用灰陶器，陪葬时使用专门烧制的灰陶冥器。

（一）商代青铜类温酒器

商代青铜罍（参见36页图）金文通常阴刻于兽形柄内，字符简洁，具备了象形、会意、指示等功能，从很多字符中能够看到汉字的影子，是汉字的雏形。商代中晚期青铜器纹饰内容丰富，绝大多数以云雷纹作为地纹，最典型的是神秘的饕餮纹，鼻额突出，咧口利爪，巨目凝视，雄严诘奇[3]。

注：① 崔建林主编的《中国青铜艺术鉴赏》第16页。
　　② 中国科学院考古研究所安阳发掘队《1958—1959年殷墟发掘简报》，《考古》1963年2期。
　　③ 李永军编著的《中国青铜器真伪识别》第5页。

商代晚期青铜"戈"斝
（仁缘温酒公司藏）

商代晚期青铜"戈"斝局部放大图

　　青铜斝自从在夏代晚期出现以来，一直流行于商代至西周早期，此后的功能和用途有变化。一般认为商代青铜斝（参见右图）多为"袋足"的空心三足，它与陶斝的功能一样更适合以火温酒。中国近、现代著名学者王国维曾作《说斝》一文，他认为"斝之为用，在受尊中之酒与玄酒而和之而注之于爵，或以为斝有三足或四足，兼温酒之用。"

　　商代的青铜爵、青铜角既是温酒器又是饮酒器。宋代金石学家冠以青铜角的称谓，青铜角杯与青铜爵杯的流尾不同，青铜角杯的流尾相对称，如展开的两翼，流行于夏商周时期。北京故宫博

商代兽面纹铜斝
（天津博物馆藏）

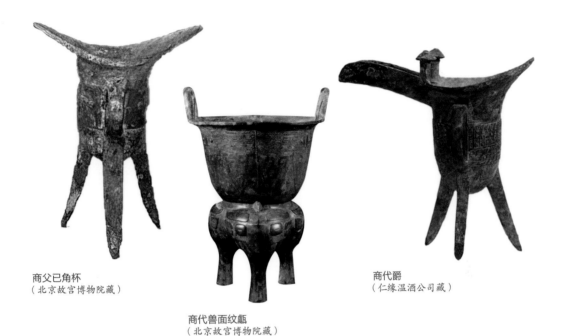

商父已角杯
（北京故宫博物院藏）

商代兽面纹甗
（北京故宫博物院藏）

商代爵
（仁缘温酒公司藏）

物院藏有鋬内有铭文的商父已角杯（参见上图左），表明制作此器是为祭祀其父亲。

　　商代蒸制食物的青铜甗（参见上图中），该器的下部为鬲上部为甑，下部的鬲是可以用来温煮酒水的。这种上下可分拆的甗，应源于新石器时期晚期的一体甗。内蒙古河套文化博物院的绳纹灰陶甗、沧州博物馆的陶甗都是制于新石器晚期的一体甗。

　　商代爵参见上图右。

　　商代青铜鼎（参见38页图左）在当时较为普遍，青铜鼎大小差别也很大。中国历史博物馆收藏的"司母戊"大方鼎就是商代晚期的青铜鼎，长方、四足，高133厘米，重875千克，是现存最大的商代青铜器。山东博物馆的夔足铜方鼎，器型较小，腹部和足部有烟炱，可知为主人生前的实用器，内壁铸有"册融"二字（参见38页图中）。

　　青铜鬲（参见38页图右）形制来自于陶鬲。《汉书·郊祀志》中说"鼎空足曰鬲。"鬲比鼎的受热面积大，利于温煮食物和酒水。青铜鬲自商代早期开始出现，使用其温酒的历史不会早于商代。青铜鬲至西周流行，春秋早中期大盛，战国中期以后渐衰。青铜鬲一直是中国青铜时代主要的饮食器具之一，在礼器组合中也占有重要的地位。

　　上海博物馆藏的商代青铜兽面纹鬲，侈口厚唇，长颈深腹，袋状形足，双立耳。颈饰、腹部饰兽面纹，图案条纹粗犷。

商代兽面纹鼎
（北京故宫博物院藏）

商代夔足铜方鼎
（山东博物馆藏）

商代兽面纹鬲
（上海博物馆藏）

（二）商代陶制类温酒器

商代陶鼎的数量比夏代的时候明显减少，陶鼎原来是夏代主要的炊具之一，到了商代陶鬲渐渐代替了陶鼎，并且陶器中的酒具比例比夏代的时候显著增多，温煮器物的形制多样，适宜温煮酒水的陶斝、陶盉和陶爵得到较大的发展，与此同时陶器质量和等级进一步提高。充分印证了商人好酒的习俗，也证明商代在某个时期，如武丁治理时期粮食有富余。

商代后期实用灰陶、黑陶等陶器的数量减少，这可能与商代青铜器崛起、白陶和印纹硬陶发展等因素有关。

商代帝王主要使用青铜斝、鬲、鼎、盉、爵等器具温酒，王[①]侯将相由于没有受到器用制度的限制，也使用青铜制作的斝、盉、鼎、鬲（含甗下部鬲）、爵、角以及白陶制的斝（参见39页图左）、鼎、鬲、盉和鬶等器具温酒。士以下官员普遍使用灰、黑陶鬲、鼎、釜等器具温酒（参见39页图右）。

注：① 引自《政治文明历程——夏商两代社会的政治制度》，这里的王指商代外服附属国的君王。

商代卷沿白陶鬶　　　　　　　　　　商代黑陶鬲
（仁缘温酒公司藏）　　　　　　　　（仁缘温酒公司藏）

有人分析商代官员贵族们因长期沉湎于美酒（大盂鼎中记载[①]），并使用含有锡的青铜器具温酒饮酒，造成重金属慢性中毒，逐渐丧失了战斗力，加速了商代的灭亡。

三、西周青铜温酒器开始走向没落

武王灭商，建国号为周，定都于镐（今陕西长安沣河以东），后迁都成周（今洛阳）。这段历史在宝鸡市出土的何尊铭文中有记载。西周从建国到幽王亡国，共传十二王，十一代。

西周立国伊始，周成王大封诸侯，周公平叛、降服诸国，建立完备的礼制，大大加强了西周王朝的统治。

西周设酒政和酒人，对酒的生产和管理较为完备。《周礼·天官冢宰第一·叙官》中规定酒政的级别很高，由中士为长官，下士八人为副职，下辖府二人，吏八人，被征调到官府服徭役的"胥"和"徒"分别为八人、八十人。西周酒人的队伍很庞大，"酒人，阉（宦官）人十人，女酒（通晓酿酒的女奴）三十人，奚（女奴）

注：① 大盂鼎为国家博物馆藏。铭文291字，其内有：我闻殷述（通坠，训为丧）令（命），隹（唯）殷边侯田（通甸）雩（通与）殷正百辟，率肆（通肆）于西（酒），古（故）丧师（人民），已（疑为叹词）一段，其中"率肆于酉"是谴责官员沉湎于酒。

三百人。"酒政和酒人的总人数超过了当时掌管供给鱼类并执掌捕鱼政令的渔人,也超过负责籍田和供给野物的甸师总人数,可见继商朝以来西周时期酿酒规模之大,管理规格之高。

西周时期的酿酒技术成熟,所酿之酒的原料为稻、黍之类谷物,发酵后直接饮用。唐朝"三礼学者"贾公彦在《周礼义疏》中提到的酒辨五齐之名:"一曰泛齐,二曰醴齐,三曰盎齐,四曰缇齐,五曰沉齐。"分别是说从浊酒至较为清亮酒五种不同成色的酒。泛齐酒糟尚浮,醴齐滓液未分,盎齐酒呈白色,缇齐按照东汉末年经学大师郑玄注:"缇者成而红赤如今下酒矣",沉齐为酒滓下沉的清酒。用黑黍掺郁金香酿造的酒称为郁鬯香酒(也说秬鬯酒),是祭祀五帝(东方青帝、西方白帝、南方赤帝、北方黑帝、中央皇帝)、祀大神(天、地二帝)和亯先王的宗庙祭祀之初,要进献用的香酒,西周晚期的大盂鼎中"鬯"指的就是鬯酒。西周大多时候以"酉"为酒,藏于台北故宫博物院的毛公鼎铭文中"酉"字便是一例。

西周统治者认为酒是伤德败性亡国的根源,颁布了我国最早的禁酒令《酒诰》,主要内容是饮酒要按照"时、序、数、令"等法则进行:时是指饮酒必须在天子诸侯加冕、婚丧嫁娶、祭祖祈天等其他重要日子才可以饮酒;序是指必须严格按照天、地、鬼(祖)、神,长幼、尊卑的秩序来敬酒("饮前必爵,祭之必酒"都是规矩);数是指饮者要控制酒量,每次饮酒不超过三爵;令是指酒席要设置酒官,监督酒礼的施行。

西周时期的社会生产力得到较快的发展,是我国青铜制造技术发展的鼎盛时期。西周时期的青铜礼器、兵器、乐器、车马器、生产工具等种类繁多,西周早期有许多造型雄奇的重器传世,而且多有铭文。西周青铜器多为礼器,用途在于祭天祀祖、宴享宾朋,有功之臣一旦获得天子的赏赐,便世代相传,荣耀宗族。贵族死后也用青铜器殉葬,有时亲友也赠送青铜器随葬(赗礼)。但是到了西周中晚期,青铜器的形制出现明显的淘汰或者更新[1],除了适宜温酒的食具青铜鼎和青铜鬲外,有些青铜专业酒器走向衰落,如爵、角、斝、觚、觯、尊、卣、觥、方彝、瓿等的储酒器、温酒器和饮酒器渐渐消失。所以,西周时期的青铜温酒器,其早期和中后期的种类、形制、数量都有别。

注:① 李永军编著的《中国青铜器真伪识别》中"西周中期青铜器"一节中西周中期青铜器器型的变化与特征。

西周中期之前，青铜斝的尺寸与商代时期相仿，大于角、爵等饮酒具。《礼记·礼器》上说："贵者献以爵，贱者献以散（斝）"。据《周礼·考工记·梓人》云："勺一升，爵二升，觚三升。献以爵而酬以觚，一献而三酬，则一豆矣。"西周中后期，青铜斝酒具停铸。

西周制定了十分严格的列鼎列簋制度，青铜器与礼制的结合更加紧密，比商代的等级制度更加严格。从三门峡上村岭出土的周代诸侯虢国国君及贵族墓地来看，西周时国君随葬九鼎八簋；公卿大夫的中等贵族墓随葬七鼎六簋或五鼎四簋；末流贵族墓，随葬三鼎二簋或一鼎一簋。与此相应的是：五鼎或五鼎以上的贵族，可随葬真车真马；五鼎以下的贵族，只能随葬象征性的车马器。与东汉何休注解的《公羊·桓公二年传》"天子九鼎，诸侯七，大夫五，元士三[①]"相一致。

西周酒具锐减的原因，可能与西周建立的不可僭越的列鼎列簋礼仪管理制度有关。《酒诰》中对酒礼的规定，一定程度上限制了西周统治者阶层对青铜器具的无度滥用，酗酒之风有所收敛，但也使得青铜温酒器需求受限，从西周中期开始有些青铜温酒器，比如青铜斝和青铜爵出现消失的现象，还有些青铜温酒器，比如青铜盉的功能发生了转变。

西周时期，增加了青铜温食器。

（一）西周青铜类温酒器

青铜温酒斝盛行于商代晚期至西周中期。

青铜斝的造型有圆形、方形两种，有的有盖，有的无盖，容量四倍于爵。青铜斝多为侈口，口沿上方有蘑菇形、鸟形等立柱，腹部饱满，下有锥状、柱状实心或者空心三、四分档足。商代晚期至西周早期的青铜斝（参见42页图左）还有一个特点是器底肥圆，器身常饰有蕉叶纹、饕餮纹、云雷纹等纹样。

青铜斝虽然在西周中期后消失，但是商代晚期遗存的青铜斝仍然在西周早中期沿用，在西周墓中发现的商代晚期"父辛铜斝"（参见42页图右）即是如此。

注：①《周礼》膳夫第三条中说，在西周帝王的日常生活中，使用的主要是青铜鼎，"王日一举，鼎十有二"。说的是王每天杀一牲，三餐食之，正鼎九只，盛放庶羞的陪鼎三只。陪鼎放置在正鼎的旁边，放置其他美味。

西周早期斝[1]
（仁缘温酒公司藏）

商代晚期父辛铜斝
（甘肃省博物馆藏）

西周中期在大量的酒具消失过程中，调酒和温酒的青铜盉，其形制、名称、用途和功能发生了变化。如在原来的三足青铜盉的基础上，又多增加了四足盉和圈足盉，主要功能成为了盥洗器。青铜盉下有盘，盉主要起到盛水倒水作用，扮演了匜的角色。青铜盉的名字也称为盨，如圆明园被抢又回归的虎蓥，如"它盉"（参见右图）直接就称为水器。使用青铜盉温酒和调酒已经不是最主要的使命了。

西周晚期水器"它盉"
（陕西历史博物馆藏）

注：① 关于立柱的作用其后的辨析中专门讨论。

青铜鼎是西周礼器中用途最普遍的器物，也是温酒器中最广泛使用的器物。1980年在陕西省长安区出土的西周晚期青铜器多友鼎（参见右图），造型简朴，通高51.5厘米，腹径50厘米，深31厘米，蹄形足高20厘米。鼎腹底部附着厚达0.2厘米的墨灰，是煮制肉食、温煮酒水等长期炊烹留下的炱痕。

西周时期出现了鼎形温食器，底部镂空，支架托盘上置温煮鼎，集火源与温煮于一体，更方便温煮酒水时使用（参见下图）。

西周多友鼎
（陕西历史博物馆藏）

西周中期鼎形温食器[1]
（宝鸡青铜器博物院藏）

西周窃曲纹温食鼎
（宝鸡市周原博物馆藏）

西周青铜鬲为奴隶主们所独享，也是权力和身份的象征。西周时期的青铜鬲赋予了更多神圣尊荣的意义，2008年北京奥运会开幕式出现过青铜"伯矩鬲"（参见44页左图）的身影。

西周还有另外一类鼎形青铜鬲（参见44页右图），其实与鼎形温食器一致。朱凤

注：① 说明：2015年起，宝鸡青铜博物院挂牌已经更换为中国青铜博物院，但院内所收藏器物标签至本书出版时仍旧使用"宝鸡青铜博物院藏"。

西周伯矩鬲
（首都博物馆藏）

西周高领袋足鬲
（上海博物馆藏）

瀚先生将这类器物归到鼎类内，而周永珍在《西周时代的温器》中将此类器物归到鬲类内。这种称为温食器，很适宜煮制食物、温煮酒水。至于器物到底是鼎还是鬲？有人认为西周时期鼎鬲形似，有时互称。如美国哈佛大学福格艺术博物馆收藏的鼎形温食器，铭文为"季贞作尊鬲金"，而宝鸡茹家庄西周墓出土的一件鬲上，铭文却是"鱼伯作鼎"。《汉书·郊祀志上》曰："鼎，空足曰鬲"，许慎在《说文解字》中道："鬲，鼎属"。

西周刖人守门鼎参见下图。

西周刖人守门鼎
（宝鸡青铜器博物院藏）

西周时期的青铜角（参见下图）与青铜爵其形制、容量、功能都很相似，数量少于爵，但是西周青铜角使用等级稍微低于青铜爵，西周中期以后，青铜爵数量锐减，青铜角消失了。

西周父乙角
（河南博物院藏）

（二）西周陶器类温酒器

西周原始青瓷在博物馆中的收藏有限，品种主要有青釉划花双系罐、原始青瓷豆、原始青瓷盖罐等，考虑当时瓷器的胎质致密度和器型局限，推断当时尚不足以温煮酒水之用。

西周的制陶业进一步走向繁荣，从生活日用陶器走向了建筑陶器，继陶水管后接着又创烧出板瓦、筒瓦等建筑材料。制陶基本上是采用泥条盘筑成型，陶器上的花纹装饰以纹理较粗的绳纹为主。在这些器型中，适宜温酒的依然是陶鬲和陶鼎。

西周时期因受酒政和酒礼的深刻影响，西周前期封建帝王贵族根据规制主要使用青铜角、爵温酒（鼎鬲主要煮制和盛食），西周后期大量青铜酒具消失后封建帝王贵族使用青铜鬲、鼎、盉和其他温食器等温煮酒水，低等级官员主要使用陶鬲、陶鼎温酒（参见46页图）。

西周云雷纹灰陶鼎
（宜春市博物馆藏）

西周陶鬲
（重庆中国三峡博物馆藏）

第三节

春秋战国温酒器

一、诸侯称霸的春秋时代温酒器

东周（公元前770年至公元前221年），前半期为诸侯争相称霸的春秋时代，后半期为诸侯混战称王的战国时代。

春秋时代周天子的势力已经衰微，列国兴起。人们为了寻求救治乱世的良方，开始对西周以来礼的意义、地位、作用等展开思考与辨析，产生了多种思想流派，其中孔子的儒家学派和老子的道教学派是中国古代思想的两座丰碑。

春秋时期礼崩乐坏，"循法守正者见侮于世，奢溢僭差者谓之显荣[①]。"

随着春秋时期思想的解放和文化的繁荣，生产技术有了变化和发展，手工业中的

注：① 史记卷二十三《礼书第一》。

青铜器器型、功能、生产技术工艺都有了较大的进步。陶器彩绘成熟，原始瓷器崛起，温酒器形制随之也走向了多样化。

（一）春秋时代青铜类温酒器

一般认为春秋中晚期产生了"失蜡法"铸造工艺，使用该法所铸的铜器无垫片，没有范痕，与"陶范法"工艺明显不同。"失蜡法"是我国范铸技术的巨大进步，是青铜器铸造法的分水岭，也是夏商周与春秋战国青铜器断代的依据。

"春秋五霸"中的晋国，进入春秋时期日渐强大，形成晋文化青铜器中心，包括东方的齐鲁器、西方的秦器以及南方的楚器等。其中齐国青铜牺尊制作华美，流传于世。

现存于湖北大冶的铜绿山古矿井是春秋战国时期古矿井遗址。

（1）上海博物馆收藏的春秋水牛牺尊温酒器（参见下图）（关于春秋之前牺尊作为温酒器质疑之声很大，见第三章第一节八中专门论述）。1923年发现于山西浑源县李峪村，同一批出土的青铜器大部分流散于海外，国内存量较少。水牛形牺尊，双目、犄角和肌腱充满张力。牛腹中空，牛的颈部和背部脊梁上有三个温酒孔。

春秋牺尊
（上海博物馆藏）

（2）春秋青铜鬲的器足增高，颈部变短，凸目渐变为平面。在山东枣庄山亭区东江村（古小邾国都城）出土的春秋时期的邾友父鬲（参见右图）4件，束颈，圆肩，鼓腹，三蹄足，腹饰夔纹。4件青铜鬲的口沿唇上均镌刻16字铭文："邾友父媵其子胙曹宝鬲，其眉寿永用"。是邾友父为其女儿所随嫁的纪念物（媵器）。

春秋邾友父鬲
（枣庄市博物馆藏）

（3）春秋时代青铜鼎（参见下图）的特征明显，早期附耳鼎增加，柱足改为蹄足，中期以后鼎多加盖，腹较深，到了晚期青铜鼎的腹较浅，呈扁圆形，矮足。

春秋中晚期青铜鼎
（仁缘温酒公司藏）

春秋蟠螭纹铜鼎
（洛阳博物馆藏）

（4）春秋时期的青铜盉（参见下图左）大都是新形制，主要功能是盛水，但是与酒器组合使用时，青铜盉就成为调酒器，对酒的浓淡、温度进行调制，当然温酒的功能一直存在。保存于安徽博物院的春秋龙柄盉（参见下图右），鋬长而曲，端部兽首回望，更为适宜温酒。

春秋青铜盘、盉组合器
（仁缘温酒公司藏）

春秋龙柄盉
（安徽博物院藏）

（5）春秋中期产生了青铜敦（参见右图）的形制，它是由鼎和簋组合而成的。基本造型为圆腹、双耳，三足或圈足，器身常饰有环带纹等。敦既是放置黍、稷、稻、粱等熟食的盛食器，也是兼备饭食、酒水的煮制。

春秋晚期和战国时期青铜敦器物较为流行。

春秋青铜敦
（上海博物馆藏）

（二）陶瓷类温煮器

　　春秋时期的陶窑在山西、河南、河北等地均有发现。此时期的白陶器、印纹硬陶器（参见下图左）以及原始瓷器的质量有很大的提高，但是真正用于人们日常生活的陶器不超过10种，比夏、商时期的陶器种类减少，比西周时期陶器类别的十几种又减少了几种[①]。春秋时期的陶器主要用于墓葬使用，原始瓷器（参见下图右）以食器最为多见，陶鬲使用最广泛。

春秋印纹硬陶鬲
（仁缘温酒公司藏）

春秋原始瓷鼎
（浙江省博物馆藏）

二、诸侯称王的战国时期温酒器

　　公元前475年左右，中国历史进入战国时期。战国七雄争霸，于公元前453年，韩赵魏三国分晋。在竞相改革的潮流中，秦王任用商鞅变法使秦国成为当时的列强。公元前221年秦灭六国，首次完成了真正意义上的中国统一，号称皇帝，建立起中国历史上第一个中央集权制的秦朝。

　　公元前221年至公元前206年《秦律》规定禁止使用余粮酿酒，沽卖取利。秦国虽然限酒，商鞅变法中重税抑商，酒价十倍于成本，但是战国时期的其他各国酒业出现了繁荣的局面。酒有清浊之分，味有厚薄之别。《庆子·胠箧》有"鲁酒薄而邯郸围"之语，推测当时赵国的酒比鲁国的酒味醇香饱满。该时期除了青铜、陶制的温酒器外，原始瓷器温酒器发展迅速。

注：① 李科友、彭适凡《略论江西吴城商代原始瓷器》，《文物》1957年1期。

（一）战国时期青铜类温酒器

战国时期的青铜铸造由于采取高温和合金技术，比春秋时期更进一步，将青铜铸造水平推到更高的阶段。晋国、齐国、鲁国、燕国、中山国、秦国、楚国、吴越国以及北方少数民族都生产青铜器，并都有较为鲜明的特点。目前，《周礼》成书于战国说，是学术界比较通行的观点，在《周礼·考工记·筑氏》里，对铸造各种青铜器的合金比例有明确的记载："金有六齐：六分其金而锡居一，谓之钟鼎之齐；五分其金而锡居一，谓之斧斤之齐；四分其金而锡居一，谓之戈戟之齐；参（三）分其金而锡居一，谓之大刃之齐；五分其金而锡居二，谓之削杀矢之齐；金锡半，谓之鉴燧之齐。"这里的"金"是指青铜，"齐"是指剂量。近年来，有关人员检测了古代600多件青铜器，认为《考工记》内记载的成分科学合理，这在缺少化验分析手段的古代，能准确把握合金配比不得不让人惊讶称奇。

战国时期青铜温酒器的形制复杂，除了鼎、鬲、缶、牺尊、樽、瓿等青铜温酒器外，由于甗和敦的底部鼎（或称为鬲）仍有温酒功能，也划归可以利用的温酒器物。另外，青铜盉虽然与西周晚期、春秋时期一样是盥洗器，但依然兼作温酒器、调酒器。

（1）青铜鼎在战国时期依然是温煮器具，用于温酒是自然之事。

有人称赞战国时期错金银器，是我国青铜史上伟大的巅峰之作。错金银工艺是预先在青铜器表面铸出或錾刻出图案、文字凹槽，然后把金银丝锤打或将泥金填涂入内，打磨后显示出精美的花纹或者文字。

1979年河南洛阳西工区小屯村出土了战国错金银团花流鼎（参见52页左一图），该鼎三蹄足，有适宜倾倒酒水的短流。

战国时期王侯贵族以下的官员使用的青铜鼎（参见52页图），在形制、纹饰等诸多方面相对简单一些，很多青铜鼎的底部上留有明显的烟火炱痕迹，看来战国时期以青铜鼎作为煮制器也很普遍。有的青铜鼎配有便于提拿的青铜钩，使用时把青铜钩穿过鼎耳，将受热的青铜鼎从火焰上提拿起来，有效防止了高温烫手。

战国时期还有一种形似三足匜的青铜鼎，称为鈚鼎，带有流口，也是一种用来煮制和温烫的器物。古代的匜，往往自铭"也"或"鈚"。1933年安徽省寿县朱家集楚王墓出土的鈚鼎（参见52页下图左），铭文"楚王熊肯作铸鈚鼎以共岁尝。"

战国错金银团花①流鼎
（洛阳博物馆藏）

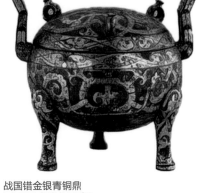

战国错金银青铜鼎
（中国国家博物馆藏）

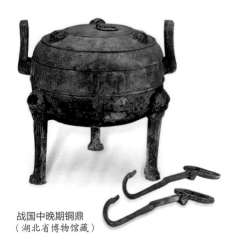

战国中晚期铜鼎
（湖北省博物馆藏）

战国青铜鼎
（仁缘温酒公司藏）

战国青铜铍鼎
（安徽博物院藏）

战国流口青铜鼎
（仁缘温酒公司藏）

注：① 团花是中国传统的装饰纹饰之一，起源时间早，可能源于二里头文化中期的圆圈纹、旋涡纹、方圆四瓣纹和单独回纹。团花发展到隋代多为青釉瓷器圆形印花纹，圈内有朵花纹、草叶纹、几何纹等。唐宋时期也很盛行，到了明代常见团龙、团鹤、团花等。清代团花内容更为丰富，色彩点缀更为绚烂，团花的应用范围也更为广泛。不仅在各种精美的瓷器上使用，漆器、缂丝、衣袍等物件上也经常使用。

（2）青铜鬲是一种非常古老的器物，盛行的时间从新石器时代陶鬲开始一直到战国晚期。不论是陶鬲还是青铜鬲（参见下图），都是当时温酒的主力军。鬲的底部一般都有被火灼过的烟火炱痕，鬲是历朝历代最普遍的实用炊器。鬲的器型随着时空几乎没有变化，都是深腹微鼓，矮足。

战国魏青铜鬲
（中国国家博物馆藏）

战国青铜鬲
（山西博物院藏）

（3）1978年在湖北随州发掘战国早期曾侯乙墓，出土青铜编钟、尊盘等稀世之宝，其中的铜鉴缶（参见下图）被誉为我国最早"古代冰箱"。该器外表装饰精美，结构复杂，造型奇特，缶置于鉴内，加盖后鉴缶浑然一体，既可作冰箱也可作温酒器。此前的青铜温煮器皆以火为热源温酒，而该铜鉴缶是以水为热源温酒，是以水温酒的青铜温酒器老前辈。

战国铜鉴缶
（湖北省博物馆和中国国家博物馆藏）

（4）曾侯乙墓中还出土了国家珍宝青铜尊盘（参见右图），也属于温酒器，与同时出土的铜鉴缶一样，也是以水为热源温酒。青铜尊是盛酒器，青铜盘是盛水器，尊置热水盘中温酒。专家推断该器物原为曾侯乙的先辈曾侯舆享用，它的制作时间略早于铜鉴缶，所以该件尊盘可能是最早的以热水温酒的青铜温酒器，可能是以水温酒的鼻祖。

它是中国首批禁止出国（境）展览文物，是战国时期最复杂、最精美的青铜器。该尊盘装饰纷繁复杂，尊上用34个部件装饰着多条蟠龙和蟠螭，青铜尊的颈部和盘内底刻有"曾侯乙作持用终"七字铭文。

（5）错金银工艺自从春秋中晚期兴起后，到了战国时期工艺更加成熟，达到了历史的顶峰，这一技术应运到了温酒牺尊（参见右图）上，使得器物造型异常精美灵动。

（6）青铜樽从诞生之日起就是为了温酒。战国错金银龙凤纹铜樽（参见右图）1966年出土于湖北江陵望山墓，青铜樽隆起的盖顶上有四个鸟形钮，器身直壁向下内收，对称的铺首衔环便于酒液加热后提拿，器底有三个兽面蹄形足。该樽的周身以错金龙凤纹和云纹装饰，造型华丽。

战国早期曾侯乙尊盘
（湖北省博物馆藏）

战国中晚期青铜器牺尊
（台北故宫博物院藏）

战国错金银龙凤纹铜樽
（湖北省博物馆藏）

（7）战国时期青铜敦（参见下图左）上下部都是鬲的形制，器底三足易于生火，便于温煮食物和酒水。蒸制食物的青铜甗（参见下图右），底部虽然也有三足，但是由于缩口只适宜温煮酒水。

战国晚期镶嵌云纹敦　　　　　　　　　　　战国晚期攸武使君甗
（上海博物馆藏）　　　　　　　　　　　　　（上海博物馆藏）

（8）战国青铜盉（参见下图）存世量较大，器型极富想象力，生动传神。下有三足，圆形鼓腹，短颈，提梁，有流有盖，为凤鸟形制。作为酒具使用时，是调酒温酒器。

战国早期禾盉　　　　　　　　　　　　战国螭梁盉
（上海博物馆藏）　　　　　　　　　　　（北京故宫博物院藏）

（9）青铜瓿的形制西周时期就出现
了，祖形为陶缶，其形似尊，皆为圆腹，
敛口，圈足，为盛酒器。故宫藏有战国时
期的原始青瓷瓿，其功能也为盛酒器。而
南京博物院藏有的战国青铜瓿（参见右
图），铸纹精美，兽面衔环，推测可能为
温酒之器。恐于疏漏，也慎将战国时期青
铜瓿举为温酒器类别。

战国青铜瓿
（南京博物院藏）

（二）战国陶质类温酒器

战国时期随着商品交换的广泛开展，
刺激了陶瓷生产规模的不断扩大，专业化
水平更高，陶器出现暗花和彩绘工艺，并
很快得到推广。洛阳周王城一带出现大量
的陶窑厂，河北易县燕下、山西侯马以及
江南的越国故地萧山、绍兴等地都保存着
这个时期的制陶遗址[①]。彩绘陶鼎（参见
右图）也活跃在饮食温酒中。

洛阳八一路战国墓彩绘陶鼎
（洛阳宜阳县文物保护管理所藏）

（三）战国瓷器类温煮器

战国时期，原始瓷器的发展已达到了鼎盛阶段。早期在黄河中下游地区的河南、
河北、山西和长江下游地区的湖北、湖南、江西、江苏南部等地均有烧造，到了战国
晚期，原始瓷器的主要生产区域转移到江南地区。瓷器中釉的发明与使用，使得原始
瓷器更加密实和美观。战国时期，原始青瓷烧造量已经达到陶瓷总数的一半左右[②]，
出现大量适宜温酒的原始瓷器鐎斗（参见57页图上）、盖鼎（参见57页图下左）、提
梁盉（参见57页图下右）、三足缶等器物。

注：① 王士伦：《浙江萧山进化区古代窑址的发现》，《考古通讯》1957年2期。
　　② 文物出版社《中国陶瓷史》中原始青瓷的出现和发展一节，见80页。

战国原始瓷鐎斗
（北京故宫博物院藏）

战国原始瓷青釉划花水波纹盖鼎
（北京故宫博物院藏）

战国原始瓷提梁盉
（浙江省博物馆藏）

战国温酒热源产生变化，出现适宜为青铜器和瓷器盉、瓿、小鼎等器物温酒加热的可以独立使用的活链方炉，推测与后来两汉时期出现的温酒方炉有直接的联系。

1933年，在安徽省寿县朱家集楚王墓中出土了一件战国时期环链铜方炉（参见58页图），直壁，浅腹，平底。炉的两侧有四个铺首衔环，分别联以活链，向上合并可作提梁，移动方便。器身模印羽纹，器底四个蹄足。器沿留孔，疑似插架之用，方便矮足器物加热。此炉既可用于取暖，亦可煎烤食物，更可用作温煮酒水。

春秋时期封建帝王贵族阶层主要使用精美的青铜鼎、鬲、牺尊等器物温酒煮酒，一般官员使用青铜鼎、青铜鬲、彩陶和原始青瓷鼎煮酒温酒。战国时期封建帝王贵族

战国环链铜方炉
（安徽博物院藏）

阶层主要使用精美的错金银鼎、樽、牺尊、盘尊、铜鉴缶等青铜器温酒煮酒，一般官员使用青铜鼎、青铜鬲、青铜瓿、原始瓷器鼎、原始瓷器鐎斗以及青铜甗和敦的下部鼎（或称鬲）等器物温酒煮酒。百姓主要使用灰陶、印纹硬陶以及粗糙的原始青瓷鼎、鬲、缶等饮食器具温煮酒水。

<h2>第四节</h2>

两汉三国温酒器

一、西汉温酒器创新

秦二世滥用民力，激起农民大起义。经过楚汉之争，刘邦击败项羽，建国号为汉，史称西汉（公元前202年至公元8年）。西汉是中国历史上的大一统王朝，共历十二帝，享国二百一十年。

汉武帝为了加强中央集权，统领经济发展，实行盐、铁国家专营。于天汉三年（公元前98年）对酒类也实行专卖——榷酒酤，目的是"建酒榷以赡边"。西汉官府控制酒的生产和流通，不许私人自由酿酤，从而官府独占酒利。"元始五年，官卖酒，每升四钱。酒价始此[1]。"当然，期间也有过在依法纳税的前提下允许民间酿酒、

注：① 宋代窦苹《酒谱·酒之源一》。

自由买卖的记录。西汉官府专营酒业政策，虽然为规范酒业行为和增加西汉财政收入起到了积极的作用，但也制约了民间酒业的发展。加之西汉前期为防止酗酒后反对势力聚众闹事，酒流生祸，相国萧何制定："三人以上无故群饮酒，罚金四两"的"禁群饮"律令[1]，对酒业的发展也有一定的影响。

西汉时期不仅延续前朝青铜鼎、青铜鬲、牺尊等传统器具温酒，温酒樽也得到广泛的应用。陶制器具品质进一步提高，出现彩陶釜，同时增加了铁质温酒器，典型器物为三足铁釜和铁温炉。

（一）西汉青铜类温酒器

西汉青铜器制造业规模很大，质量上乘，被称为"中国青铜时代的最后闪光点。"

夏商周时期青铜器是人的地位和身份的象征。造型气势恢宏，形象威严狰狞，纹饰华美繁缛。青铜工匠把具象的实物和奇异的夸张结合起来，产生美轮美奂的艺术效果。到了汉代青铜器所代表的礼乐制度蜕变更为彻底，青铜器更多被自然写实的风格所取代，青铜器走向普通人们的生活。西汉时期青铜器的镶嵌技术和鎏金技术得到全面运用，器物造型生动，线条流畅（参见右图）。

西汉鎏金三足鼎
（湖北省博物馆藏）

1. 西汉青铜鼎

西汉青铜鼎的制作技术保持着较高水准，此后青铜鼎数量减少。西汉时期出现的缩口青铜鼎（参见60页图左），只适宜温煮酒水。还有一种多联鼎（参见60页图右），温酒的效率更高。

注：① 引自《汉律辑遗》卷八·杂律·刑法考。

西汉缩口青铜盖鼎
（仁缘温酒公司藏）

西汉四联铜鼎
（咸阳博物院藏）

2. 西汉错金银犀牛温酒尊

　　1965年出土于陕西兴平的汉代错金银云纹犀尊（参见下图），据专家考证，此犀尊极有可能是汉武帝刘彻的随葬品。此尊腹鼓中空，背有环盖，牛口右侧有一圆管状的流口，高34.1厘米、长58.1厘米。细如游丝的错金银云纹，熠熠生辉，华美无比。犀尊应当为重宝礼器，应用于朝廷大型祭祀、出征等活动中。

汉代错金银云纹犀尊
（中国国家博物馆藏）

3. 青铜温酒炉

全器由耳杯和炭炉上下两部分组成，炉内置炭火，耳杯中添酒，即可温煮酒水。炉上的耳杯为椭圆形，炉身周边雕镂上古时期四大神兽（朱雀、玄武、青龙、白虎），炉侧置便于提拿的长曲柄，器体四足为侏儒反手抬炉（参见下图）。

此类型的青铜温酒器在陕西兴平、山西浑源和咸阳等地均有发现，皆为西汉时期文物。

西汉四神温酒炉
（陕西省文物考古研究所藏）

西汉温酒炉
（仁缘温酒公司藏）

4. 三足青铜釜

三足青铜釜（参见右图）既可煮饭又可温煮酒水，广泛流行于西汉时期。三国的谯周在《古史考》中有"黄帝作釜甑"的记述。

5. 西汉青铜温酒樽

西汉青铜温酒樽出土数量较多，说明当时使用青铜樽的范围较大，群体较广。温酒樽为圆桶形，深腹直壁三兽足，器身有铺首衔环耳，盖顶有提环。

1962年，山西省右玉县大川村出土了两件刻有铭文的温酒樽（参见右图），是山西博物院十大镇馆之宝之一。该青铜樽通体鎏金，盖顶的中央有提环，边有三个凤形钮。该樽的腹部饰有龙、凤、虎、羊、骆驼、牛等十余种动物组成的图案，器底为熊形三足。器有阴刻铭文："中陵胡傅铜温酒樽，重廿四斤，河平三年（公元前26年）造。"

6. 汉代青铜三足壶

汉代青铜三足提梁壶（参见右图）形制与前朝青铜盉的形制相仿，都具有温煮酒水的功能。

（二）西汉铸铁类温酒器

2009年甘肃省临潭县出土了两块铁条，根据碳十四检测，距今3075—3090年，是我国境内目前发现的最古老的冶炼铁器。

西汉青铜釜
（仁缘温酒公司藏）

汉代青铜鎏金温酒樽
（山西博物院藏）

汉代青铜三足提梁壶
（湖北省博物馆藏）

　　世界上最早的人工冶铁是土耳其小亚细亚赫梯人。国外一般是先从块炼铁做起，经过长期缓慢发展之后才有生铁，而我国冶铁技术起步虽晚但发展很快，不久便出现了生铁。三门峡市虢国墓出土的西周晚期玉柄铁剑，成为较早使用生铁的国家。

　　生铁是以铁（Fe）和碳（C）两种元素为主的一种合金，强度高，韧性大。自战国以来，铁器在农业生产中就有较大范围的应用。西汉初，政府允许私人冶铸铁器，政府也强迫大批刑徒、士卒采矿。在产铁的郡国设有铁官，加强对铁务的管理，使得西汉时期铁制器具明显增多。西汉铁器的兴起和普及，逐步削弱和取代青铜器原有的主导地位，在手工业生产中铁器渐渐成为重要的原材料，出现了可以温煮食物的铁质温酒炉和铁釜（参见下图）。

西汉铁制温酒炉
（仁缘温酒公司藏）

汉代铁釜
（开封大学大观博物馆藏）

（三）西汉陶质类温酒器

　　西汉陶器装饰以加彩、铅釉和贴塑三个品种为上。加彩陶器又有粉绘、朱绘和彩绘之分。纹样繁缛，在器物腹部常绘青龙、白虎、朱雀或云气纹。彩绘色泽绚丽，线条流畅，画面活泼。比如河南灵宝地区出土的西汉时期鲜艳夺目的朱绘陶器，被古玩行里称为"猪血红陶器"。西汉铅釉陶器，优于黄釉、褐釉陶器。铅釉是以铅的化合物作为基本助熔剂，大约在700℃即开始熔融。如今看到出土铅釉器物的表面，多有玻璃质感。至于西汉贴塑陶器，又是另外一种更为立体的装饰方法，图案多为夸张的虎头形。

适宜温煮酒水的西汉彩陶釜（参见下图）在陕西蓝田、豫北多地皆有发现，器型均为弧腹三兽足，腹部及凸棱上部施彩绘。另外，西汉时期陶甗（参见下图）的下部鬲也可以温煮酒水。

西汉墓葬出土的鬼灶（参见下图），是专门用于陪葬的冥器，其形制有温酒功能。

西汉彩陶釜
（蔡文姬纪念馆藏）

西汉陶釜
（仁缘温酒公司藏）

西汉彩绘陶甗
（仁缘温酒公司藏）

西汉鬼灶
（仁缘温酒公司藏）

（四）西汉瓷器类温酒器

西汉原始瓷器制品，不仅在浙江和江苏南部一带有出土，而且在江西、湖南、湖北、陕西、河南、安徽、江苏北部等地的墓葬中也有发现，表明原始青瓷在当时已经成为人们所乐用的生活器物，作为一种畅销的新颖商品而远销外地[①]。

西汉适宜温酒的原始青瓷器有鼎、盉（参见右图）等，其中的瓷鼎由战国时期的原始青瓷鼎演变而来，装饰手法由原来的弦纹或水波纹演变成了凸弦纹。西汉青瓷盉的形制，是直接从战国的提梁盉承袭而来。

西汉原始瓷提梁盉
（北京故宫博物院藏）

总之，西汉称"天子"或"帝"的太祖、太宗们多使用青铜鼎、牺尊、樽等温酒器，一如前朝这些温酒任务皆由下人代劳，温好的酒以长柄勺舀到玉、漆耳杯或卮（卮）内饮用。列侯们多使用青铜鼎、樽、炉（含铁质类）以及原始瓷制的鼎、盉等温酒。身为"布衣"的平头百姓多使用陶制的樽、鼎、缶等器物温煮来之不易的酒。

西汉早期出土的成套饮酒器物（参见下图），耳杯确实在三只以内，并且一大二小，可能是受禁止三人以上群饮制度的制约。西汉时对粮食特别珍惜，酒是奢侈品，民间享用较少，下层人使用温酒器的机会更少。

西汉陶制成套饮酒器物
（仁缘温酒公司藏）

注：①《中国陶瓷史》中"秦汉原始瓷与早期原始瓷的差别"一节。

二、东汉温酒器

西汉末年爆发绿林赤眉起义，汉朝宗室刘秀趁势而起。公元25年，刘秀于河北鄗城（今邢台柏乡固城店镇）的千秋亭即皇帝位。为表兴汉之意，刘秀仍然使用"汉"的国号，史称后汉。唐末五代之后，根据都城洛阳位于东方，史称东汉（25—220年）。刘秀即为汉世祖光武皇帝。东汉是中国历史上继西汉之后又一个大一统的中原王朝，传八世共十四帝，享国一百九十五年，东汉与西汉统称为汉朝。

东汉刘秀以"柔道治国"为理念，退功臣进文吏，多数开国将帅皆享有列侯的优厚待遇归乡不再参政。

东汉时期政府专门设有"都酒"（督酒）官职，负责征收酒税和酿酒的工作。东汉末年尽管禁酒严厉，曹操主政期间忌讳说酒字，但难免官员操卮执觚宴饮。东汉时人们对酒的认识进一步提高，发现酒有药疗功效，可以医治不少痼疾顽症，第一章温酒机理一节中，介绍过东汉张仲景《伤寒杂病论》中的药酒汤方。

东汉时期官营和私营的手工业都有很大的进步，官府在许多重要铜矿区设有冶铜场或铸铜作坊，很多地主、商人也参与经营冶铁、冶铜业。东汉时期手工业中除了冶炼业外，漆器、纺织、制瓷业都有很大的发展。当时制作温酒器的主要材料还是延续西汉时期的四个种类：青铜、铸铁、原始瓷器和陶器，只是温酒器的器型变化较大。

（一）东汉青铜类温酒器

东汉中晚期，即汉和帝至汉献帝期间，青铜器发生了较大变化。一是在青铜器的种类中出现较多的日常用品器物。比如：钟、扁壶、盆、釜、鐎斗、灯、炉、熨斗、樽、耳杯、虎子、车马器、带钩、铜镜、玺印等青铜器具，其中可以用来温酒的青铜器有扁壶、釜、鐎斗、樽等种类。二是东汉时期的青铜器比前朝历代铸造的青铜器都要轻薄一些，有些器物向小型化发展。三是此时期青铜器错金银技术几乎消失，而鎏金器物增多。但从总体来看，东汉青铜器造型和制作水平依然很高，"马踏飞燕"这一器物便是当时杰出代表。

1．东汉三足提梁壶

壶肩上有三条细高相交的执柄，相对侧柄而言，更便于放置火灶和提拿，也便于倾倒酒液，防烫功能也较突出（参见右图）。

2．青铜扁壶

青铜扁壶的形制并非出自东汉时期，山西博物院就有西周时期的"陈信父"青铜双耳扁壶，2009年9月30日宝鸡眉县出土战国时期的青铜扁壶，高35厘米，厚9厘米，壶身直径31厘

东汉三系铜提梁壶
（洛阳博物馆藏）

米。故宫收藏的战国"魏公扁壶"铭文刻有"三斗二升取"的储酒量，通高31.7厘米，宽30.5厘米，重3.96千克。这些扁壶的体量尺寸都大，只适合储酒，不方便携带和温煮，故而此前一直未列入温酒类别。而藏于故宫的另一件汉代奔马纹小壶（参见下图左），器型小巧端庄，高仅为9.6厘米，口径也只是4厘米，不仅便于携带，而且还可以利用身体的热量温热酒水。所以，这只扁壶应是青铜器自温壶的鼻祖。

3．东汉温酒炉

东汉温酒炉（参见下图右）的形制与西汉时相比，炉架和耳杯同时缺少了执柄，

汉代奔马纹小壶
（北京故宫博物院藏）

东汉镂空花边铜温酒炉
（洛阳博物馆藏）

底部增加了便于搬移和清理炭火的灰盘①，改善了环境卫生。与此同时，炉膛加高，提高了火温，温酒炉可以当作小火锅涮煮，也适宜汉代分餐制使用，当然，温酒效率也更高。

4．青铜鐎斗

早在战国时期，原始青瓷的种类中已经有了鐎斗的形制，到了东汉时期，青铜鐎斗（参见下图）得到广泛使用。鐎斗也称"刁斗""酒铛"，因其大多数为三足，龙形执柄，所以也称为"龙头铛鐎斗"。宋赵希鹄《洞天清禄集》中有"以鐎为温器"的记录。

使用鐎斗时下面生火加热，就可温煮上面的食物和酒水。这种鐎斗延续时间较长，唐代李白在《襄阳歌》中提到的"力士铛"就是这种鐎斗的小号形制。同时这种鐎斗还有其他用途，司马迁在《史记》中提到：古代军中没有大锅大灶，士兵一人携一鐎斗，其容量一斗左右，"昼炊饮食，夜击持行"。

东汉青铜龙首铛　　　　　　　　　　　东汉青铜鐎斗
（仁缘温酒公司藏）　　　　　　　　　　（仁缘温酒公司藏）

5．青铜温酒樽

青铜温酒樽在东汉时期广泛使用，通过下图东汉墓葬壁画和砖雕图案，得以清晰地看到当时使用温酒樽的写实场景。

这一时期的温酒樽下部多有较大的盘（承盘），方便温酒樽放置，易于清理酒渍、炭灰（参见69页下图）。温酒樽通体鎏金，熠熠生辉。

注：①《周礼》中青铜尊彝的托盘为"舟"，作为礼器使用，东汉托盘用于盛灰。

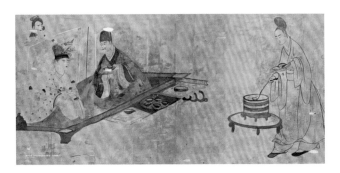

东汉壁画《夫妇宴饮图》
（王绣据东汉墓壁画摹绘）

成都羊子山东汉画像砖
（中国国家博物馆藏）

东汉鎏金箭形尊
（北京故宫博物院藏）

（二）东汉铁制类温酒器

东汉时期，冶铁工匠已经使用煤（当时称石炭）作燃料冶炼生铁，大大提高了炉温，使铁质较纯，强度较高，铁水流动较好，能够铸造更复杂的器物。

东汉王朝的陪都河南南阳，是当时全国最大的冶铁中心，铁制品广泛应用于生产和生活领域中，铁器仿青铜器形制，产生了铁制鐎斗、缶之类的温酒器物（参见70页图）。

东汉铁鐎斗
（仁缘温酒公司藏）

东汉"武阳传舍比二"铭铁炉
（贵州省博物馆藏）

（三）东汉瓷器类温酒器

东汉晚期或稍前时期，窑炉多生产印纹陶器和原始瓷器的产品，此后逐步发展为单独烧造青瓷。制瓷人通过反复实践不断摸索，改变了胎土原料和增添了装饰工艺，用高岭土做胎，用石灰石配黏土做釉，烧造出瓷质坚硬、釉面青绿光亮的瓷器，基本上已具备了瓷器的特征，这在制瓷史上具有里程碑式的意义，也是我国劳动人民对人类文明的又一贡献。所以，中国真正成熟的瓷器应该产生于东汉时期。

青瓷窑址首先在浙江上虞小仙坛发现，并且认为该窑址是汉代诸窑之冠。

酒具历来是瓷器生产品种的先行者，一旦有瓷器被烧制，瓷质储酒器、温酒器和饮酒器便应势而生。

现收藏于南昌县博物馆的三足带盖温酒鐎壶（参见71页图左），是一种仿青铜器形的青瓷温酒器，器体通高22.6厘米，口径10.5厘米，足高5.5厘米。

在浙江绍兴上虞禁山窑址出土了东汉时期遗址青瓷鼎或者青瓷洗瓷片（参见71页图右）。

东汉双系三足带盖温酒鐎壶
（南昌县博物馆藏）

东汉青瓷鼎或者青瓷洗瓷片
（浙江省文物考古研究院藏）

（四）东汉陶质类温酒器

东汉陶器是中国陶瓷历史上的一个重要转折点，瓷器出现以后，其耐火性、密实性、美观性等方面明显优于陶器，很多瓷器产品取代陶器，逐步占据生活用具中的主要地位。而此时期普遍兴起的绿釉陶器（参见下图），所生产的器物基本都转向了当时重视墓葬、视死如生的殉葬品——冥器。品种有：楼阁、仓房、灶台、兽圈、车马、井台、奴仆等生前生活器具，供死者在阴间享用。只是陶鼎的功能过于重要，作为炊具在生活中保留了下来，继续煮炙食物、温煮酒水。

东汉绿釉陶鼎
（南昌县博物馆藏）

　　总之，东汉帝王欲饮之酒，先通过从仆将鎏金青铜樽中的温酒，舀入白玉杯、玉卮①、玉耳杯等酒杯，然后献于面前再饮。列候们使用的温酒器很宽泛，有樽、壶、炉、铠等青铜器具，也有青瓷鼎、青铜及铁质鐎斗等器具，使用绿釉、灰陶耳杯饮用。下级官员使用陶瓷制的鼎、釜、樽、盆等器具温酒。老百姓可能只有在祭祀、婚丧等场合才能"浅尝"，平常喝酒那是主人的事，为主人温酒才是侍从下人的活。

三、三国温酒器的悲哀

　　公元220年，曹丕篡汉称帝，定都洛阳，史称曹魏。东汉时代正式结束，三国时代宣告开始。次年刘备称帝，定都成都，史称蜀汉。229年孙权称帝，定都建邺，史称东吴。历史进入曹魏、蜀汉、东吴三个政权鼎立时期，三国是上承东汉下启西晋的一段历史时期。

　　三国时期是我国历史上一个长期混战的时代，社会经济、文化遭受到严重的摧残和破坏。手工业中青铜产品偏重一些刀、剑、斧、矛、枪等武器以及生活中使用的青铜镜、青铜带钩之类的小器物，其他青铜器型退出了历史舞台。此一时期铁器制作武器和农具的比例较大，用来制作饮食器具较少，铁制温酒器更少。三国时期的陶器大都是粗糙的灰陶，建筑用陶较多。官府为了稳定手工业者生产，限制匠户逃跑，产生了独立户籍的手工业者"百工"，他们的地位高于奴隶低于平民，与士卒相当。

　　三国时期的酒政变化大，有过禁酒，也有过榷酒专卖。禁酒发生在兵荒马乱粮食歉收的年景，蜀国刘备章武年间禁过酒，有"天旱，禁酒，酿者有刑"的记载，但是为了应付战争花费，曾恢复过酒的专卖。孙权在后期也实行过榷酒专卖，以增加经济收入。不过禁酒历来针对的只是民间，皇家贵族从不缺好酒，不缺使用华美的温酒器。曹植在《七启》中说："盛以翠樽，酌以雕觞，浮蚁鼎沸，酷烈馨香。"温酒樽都要饰以绿玉。魏晋时期"竹林七贤"中的嵇康，"居丧（在家守丧），饮酒无异平日。"刘伶舍命纵酒，"常乘鹿车，携一壶酒，使人荷锸（锹、铲）随之，曰：死便埋我②。"

注：① 玉卮：玉制的酒杯。从考古发掘出土和传世的汉代卮来看，主要有玉卮、漆卮等，卮由盖和卮体组成，卮体呈圆筒状，有三足，一圆扳手。
　　② 宋司马光《资治通鉴》魏纪《竹林七贤》。

　　三国时期中国的北方和南方长期处于分裂和敌对局面，北方战争频繁，瓷业生产处于一个相对停滞的状态。东南方一些瓷场仍在持续生产，并且改进了制瓷的生产技术，将脚踏碓粉碎瓷器胎土的办法，改进为生产效率高、劳动强度较低的水碓粉碎瓷器胎土，使瓷器胎质更细腻，瓷器质量提高。三国时期瓷器造型沿袭了东汉的样式，较多地借鉴了陶器、青铜器和漆器的样式，大量生产碗、盏、罐、壶、盆、盒、杯、灯、熏炉、唾壶、水盂等生活器具。瓷器纹样保留着东汉晚期叶脉纹、水波纹、弦纹等特点，喜欢在谷仓上堆塑人物、走兽、飞鸟、佛像等造型。就在这时候，产生了纪年款瓷器。

　　浙江是中国瓷器的发祥地，东汉晚期已成功烧制出青瓷和黑瓷，到了三国时期越窑窑址在浙江省绍兴市上虞区发现了三十余处，比东汉时猛增四五倍[①]，窑场发展最快，质量最好。

　　三国时期的盘口壶和扁壶既是储酒器又是温酒器（参见下图）。

三国吴青瓷双系盘口壶　　　　三图东吴上虞窑青瓷扁壶　　　　三国青瓷带盖罍形扁壶
（江宁博物馆藏）　　　　　　（镇江博物馆藏）　　　　　　（湖北省博物馆藏）

　　三国时期帝王诸侯、公亲贵族使用鎏金、饰翠的铜质温酒樽，豪门望族使用纹饰简单的青铜樽、瓷质盘口壶和瓷质扁壶温酒，而民间可能使用瓷壶、陶樽等器物温酒。

注：① 中国硅酸盐学会主编的《中国陶瓷史》第139页。

第五节

两晋时期温酒器

一、西晋温酒器

公元265年，司马昭病死，其子司马炎废魏元帝自立，建国号为"晋"，史称西晋（266—316年），三国时代正式结束。

西晋是由司马氏以强大的军事力量建立的国家，经历了16年八王之乱，随后又遭遇匈奴入侵，以山东、山西为主要战场，北方战乱不休。此时，南方战乱较少，社会比较安定，经济得到一定的发展，吸引北方广大农民、手工业者、商人和士族地主南迁，使得南方人口激增。

西晋时期手工业迅速发展，中国西晋时期生铁和熟铁混杂在一起冶炼，钢铁的品质提高，生产效率更高，并在铁器热处理技术中发明了油淬火工艺①，使铸铁可锻造，铁制温酒器质量更高，铁铛的用途更广。《北史·列传·檀翥孟信》中，有西魏赵平太守孟信，使用铁铛温酒与老人对饮的记载。宋代窦苹在《酒谱·饮器十一》中将"鎗或作铛""鎗者本温酒器也，今遂通以蒸饪之具云。"魏晋时新造汉字"瓷②"，以区别瓷器和陶器。西晋时，越窑、瓯窑已经有了较长的制瓷历史，有了较为丰富的制瓷经验。已经使用瓷土作坯，胎质细腻，瓷器造型和装饰艺术都有了很大的提高。瓷器产品有扁壶、谷仓、把杯、砚、蛙形水盂、熏炉等，瓷匠把各种式样优美复杂的瓷塑、印划弦纹、佛造像和忍冬纹装饰在瓷器肩腹部或口沿，使得瓷器艺术效果更好。西晋时为了使器形更加稳重端庄，瓷胎比前期稍厚。

西晋时期高等级的宴饮活动场合，其温酒器具主要是樽，这一观点可以通过甘肃嘉峪关魏晋墓壁画（参见75页图）得到证实。另外，西晋时期还使用瓷器鐎壶、鸡首壶和扁壶等器具温酒。

注：① 淬火工艺是金属热处理工艺，以提高金属工件的硬度及耐磨性。

② 时至东汉，许慎的《说文解字》内尚无"瓷"字，说瓦为"土器已烧之总称"，按照"凡瓦之物皆从瓦"的理解，故后朝也有将"瓷"称为"土物"的情况。"原始青瓷"只是今人的说法。

嘉峪关魏晋墓砖画宴乐图

嘉峪关魏晋墓砖画《侍宴婢女》

1. 鸡首壶

　　三国末两晋初，战乱频发，人们渴望和平吉祥，因"鸡"与"吉"谐音，越窑和瓯窑便生产了一种称为鸡首壶（参见右图）的新产品，以后各地瓷窑均有烧制。初期的鸡首壶形制较为仿生，有头有尾，有桥形双翅。壶的一侧为实心短流，仅为装饰作用，与壶内并不相通，壶的另一侧造型如上翘的鸡尾。鸡首壶集储酒器、温酒器和斟酒器为一体，放置火上或者热水里皆可温煮酒水。

西晋越窑鸡首壶
（余姚博物馆藏）

2. 鐎壶

　　西晋洪州窑青瓷产品的质量较高，最有特色的温酒器便是1972年江西瑞昌码头西晋墓中出土的一件仿凤首铜鐎斗的鐎壶（参见右图）。器底三足，双系如翼，流为凤首，錾为鸡尾，首尾呼应，形象生动。

西晋青釉凤形鐎壶
（南昌县博物馆藏）

3．西晋瓷扁壶

西晋瓷扁壶（参见右图）沿袭三国以来的形制，口部比三国时期略高，肩部饰有模制瓷塑。瓷扁壶是西晋时期重要的储酒器和温酒器，特别适合出行和狩猎，扁壶内的酒既可水温也可火温，体量小的扁壶还可用体温自温。

西晋青瓷扁壶
（南京市博物馆藏）

二、东晋温酒器

东晋是由西晋宗室司马睿南迁后建立起来的政权，317年建都南京，史称东晋。因东晋疆域大体在淮河、长江以南，古称江左，所以江左也代指东晋。

东晋时北方基本处于分裂状态，黄河流域成了匈奴、羯、鲜卑、氐、羌等"五胡"族军阀争杀的战场。为躲避战乱，大量的人口南迁后，先后建立了16个国家，历称东晋十六国。由此，经济重心继续由黄河流域向长江流域转移。

东晋时期的温酒器大致有以下几种：

1．东晋鸡首温酒壶

东晋时人们将西晋的瓷器鸡首壶嘴通流，能够倾倒出液体，鸡尾也演变成为易于拿放的执柄，双系略有振翅之感，倒也不失鸡的意象，基本形成了执壶的雏形。

东晋鸡首壶嘴通流的这一变化，已经具备了集储酒、温酒和斟酒为一体的功能。理论上既能火温，也便于水温，盘口还能挡住酒浆受热膨胀外溢，但是鉴于鸡首壶底部烟火胎痕迹较少的情况，推测东晋鸡首壶主要以热水为温酒热源。

鸡首壶和盘口壶是东晋时期的典型器物（参见右图），当时著名的德清窑就生产此种产品。

东晋德清窑黑釉鸡首壶
（北京故宫博物院藏）

2．东晋铜方温酒炉

　　东晋青铜器中生活实用器具的数量明显减少，有的青铜器功能和用途更为广泛，比如南京市鼓楼区象山东晋王氏家族墓葬出土的青铜炉（参见右图），放置炭火可以取暖，可以温煮酒水。

东晋铜方炉
（南京市博物馆藏）

3．东晋银鼎温煮器

　　1998年，南京师范大学仙林校区翻修道路时，发现高崧家族墓地，在出土的文物中有一件东晋时期中的银鼎（参见右图），专家在鼎中发现残留云母残片[①]，说明当时将青铜鼎用作存放珍贵药物的罐子，其实只要是鼎类器皿就有温煮酒水的功能。

东晋高崧父母墓葬银鼎
（南京市博物馆藏）

4．东晋十六国陶樽和陶扁壶

　　1994年在修建京深高速公路时，在沿线发掘了十六国时期的陶樽、陶勺和陶扁壶。说明东晋的时候陶器依然是人们重要的饮食器具，这些陶器都可用作温酒的器皿。

　　十六国时期的关中地区与中原地区分属两个政权，关中王朝以长安为都城，中原王朝沿用西晋洛阳为都城。中原地区出土这些器物，推测十六国时期的中原地区可能使用陶壶储酒，陶樽和陶炉温酒（参见下图）。

十六国时期陶樽、陶炉和陶扁壶
（邺城博物馆藏）

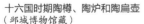

注：① 根据《抱朴子》记载："（云母）一年则百病除，三年久服，老公反成童子，五年不阙……"这句话介绍了云母有使人长生不老的药效，看来晋人也十分相信这种荒谬的做法，不知道食用它会导致人体重金属中毒痛苦地死去。

两晋时期的社会动荡较大，温酒器相对简单，主要温酒器有鸡头壶、方炉、鼎、陶炉、樽等器物。

第六节
南北朝温酒器

公元304年之后，中国历史进入南北分裂对峙的阶段。北朝（386—581年）是与南朝同时代并存的北方王朝的总称。主要包括由鲜卑族建立的北魏、东魏、西魏、北周以及鲜卑化汉人所建立的北齐等数个王朝。南朝（420—589年）有刘宋、南齐、南梁、南陈四朝。南北朝上承东晋十六国，下接隋朝。

南北朝时期社会阶层分为士族、齐民编户、依附户及奴婢。公元485年，北魏孝文帝实行多项改革，其中的均田制，扶助依附农民立户分田，限制普通地主使用奴隶，缓解了阶级矛盾，调动了农业、手工业劳动者的生产积极性，国力增加。北魏时期开始流行佛教，其中敦煌千佛洞、云冈石窟、龙门石窟等石窟成为中国佛教造像艺术宝库之中的瑰宝。南朝的农业和手工业有较大的发展，建康（今江苏南京）是南朝的政治中心，也是长江下游的经济中心，"商贾小者坐贩于列肆，大者转运于四方"。

南北朝时期北方多禁酒而南方多纵酒。北朝粮食喜获丰收，酿酒即兴，酗酒必然，如遇灾荒之年，谷物歉收，民不聊生，必然严刑禁酒。《魏书·刑罚志》记载，魏文成帝太安四年（458年）的禁酒令中"酿、沽、饮皆斩之。"北周保定二年也因"久不雨"在京城三十里实行过酒禁。北齐武成帝河清元年二月"年谷不登"而"禁沽酿"。当然，禁酒只在民间，而北齐文宣帝高洋纵欲酗酒，暴露残暴本性，"文宣之崩，百僚莫有下泪[①]。"《礼记·玉藻》云："君子之饮酒也，受一爵而色洒如也，二爵而言言斯，礼已三爵，而油油，以退。"天子不守礼数，事废自然。南朝时期民间饮酒大行其道，达官显贵和文人雅士们爱喝酒，宣传带动了百姓也喜欢饮酒。胡人酿制葡萄酒先在北方，后传入南方地区，成为南朝贵族与官僚经常饮用的美酒。

注：①《资治通鉴·北齐书卷》三十四中语。高洋醉酒后丑态甚多。

　　南北朝时期有多种制曲方法，北魏杨衒之在《洛阳伽蓝记》中记载，居住在洛阳市"西有延酤、治觞二里。里内之人多酝酒为业。"并有酿酒名人，"河东人刘白堕善能酿酒。季夏六月，时暑赫晞，以罂贮酒，暴於日中。经一旬，其酒不动，饮之香美而醉，经月不醒。"并为他酿制的酒取名为"骑驴酒"。

　　南北朝时期瓷器在江南迅速发展和壮大，东南沿海和长江中下游相继设立窑厂，其中越窑发展得又快又好。北齐的瓷器窑工们不断改进青瓷制作工艺，发现原料中降低铁元素的含量可以使瓷器变白，于是创烧了白瓷。白瓷的出现是我国陶瓷史上的大事，是各种彩绘瓷器的原始基础，它为制瓷业发展开辟了广阔的前景。

　　南北朝时期温酒器制作材料以瓷为主，铜器和陶器为辅。瓷器温酒器更趋实用，鸡首壶的形制发生了变化，大肚撇口的长颈瓶和盘口瓶开始温酒斟酒，佛教文化深刻影响了温酒器的纹样。

一、南北朝瓷器类温酒器

1. 南北朝青瓷盘口壶

　　南北朝青瓷盘口壶有龙柄盘口壶和带系盘口壶两种，它们都是易于温煮酒水的器物。南朝时青瓷有新的发展，胎质纯，硬度高，通体施均匀青釉。壶身明显比前朝拉长，重心上移，这种执壶的形制（参见下图），对后来唐代执壶的造型有直接的影响。此类壶易于在火上和热水里温烫酒水。

北齐青釉龙柄鸡首壶　　　　北魏青瓷龙柄盘口壶　　　　南朝湘阴窑青釉四系壶
（山西博物院藏）　　　　　（洛阳博物馆藏）　　　　　（上海博物馆藏）

2. 南北朝执壶

南北朝执壶上的仰覆莲大有缘由。

从西晋八王之乱至南北朝对峙以来，人们就渴望在和平环境里平静生活，从而得到生命、宗族和灵魂的延续，宗教恰好就是人们精神寄托的寓所，如港湾般能够让受伤的身体和灵魂得到休养。与此同时，宗教让人克服对老和死的焦虑，坚信自己能够走上幸福的再生之路。

道教文化在南北朝时期大行其道，就连温酒执壶都突出了宗教主题。虔诚的制瓷人为了将信仰深深地烧结在青瓷中，在瓷器温酒执壶上贴塑

南朝鸡头莲瓣执壶
（仁缘温酒公司藏）

有道教象征意义的莲瓣，或者是刻绘有莲瓣纹的图案（参见上图），使整个器物如几近盛开的莲花。南北朝莲瓣纹，对后世瓷器纹样有着深远的影响。

3. 瓷质长颈瓶和盘口瓶

瓷质长颈瓶和盘口瓶（参见下图）都是一种腹大颈长的容器。这种器具原来主要是用于汲水和盛酒，在南北朝时期大量出现。两种瓶型或者撇口或者盘口，都是细颈、垂腹、圈足，其造型对后来"瓶中三宝"之一的玉壶春瓶有重大的影响，无论放置火上或者在热水里都较适宜温煮清酒或浊酒。

北齐白釉绿彩长颈瓶
（河南博物院藏）

南朝青釉六系盘口瓶
（北京故宫博物院藏）

4.青釉鐎斗

2010年初，在河北省石家庄市赞皇县西高村发掘了一处由9座古墓组成的墓群，根据出土的墓志铭和文物，专家推断该墓群为北朝赵郡李氏家族墓。墓内的青瓷最引人瞩目，其中有一件用于温酒的青釉鐎斗，光素无纹，里外施以青釉，深腹，蹄足外撇，有易于执拿的长柄（参见右图）。

北朝赵郡李氏家族墓瓷器鐎斗
（河北博物院藏）

5.南朝青釉刻花单柄壶

南朝青釉刻花单柄壶（参见右图）是南朝青瓷的代表作品。壶体浑圆，肩部两侧有对称双系，短流管，高单柄。胎体厚重，呈灰白色，内外均施青釉，纹饰刻有仰覆莲瓣、忍冬纹和弦纹。该壶美观而实用，可以用于温煮酒水。

南朝青釉刻花单柄壶
（北京故宫博物院藏）

二、南北朝铜质类温酒器

南北朝时期的铜器实物较少，1993年9月，在长江北岸大约6千米的大桥镇果园场发现了一处距今1500年左右的南北朝青铜器窖藏。品种有碗、盆、盘、杯、盂等47件铜器，其中有可以用来温酒的带有流口的鐎斗（参见右图）。经权威考古专家认定，这批出土的铜器铸造精美，是研究南北朝晚期饮用器具宝贵的实物资料。

南北朝青铜鐎斗
（江都博物馆藏）

三、南北朝陶器类温酒器

北魏建国后，陶瓷进入复兴时期，产生许多陶器建筑构件，低温铅釉陶器又开始盛行。陶器中扁壶和执壶都易于温酒。

1971年春，河南安阳县的洪屯村发现北齐骠骑将军范粹（548—575年）墓葬，出土随葬器物77件，其中储酒、温酒的黄釉陶制扁壶（参见右图）有4件等。扁壶的外形如皮囊，壶身两面模印"胡腾舞"，高20厘米，宽16.5厘米，口径6厘米。

1994年在河北邯郸发掘了东魏北齐时期的素陶器（参见下图），有的还加以黄、褐、绿釉彩，温煮酒水的执壶，釉色明亮。北齐彩釉陶器，为后来唐三彩制作奠定了基础。

北齐黄釉扁壶
（河南博物院藏）

东魏北齐时期素陶碗和壶
（邺城博物馆藏）

总的来说，南北朝时期的社会形态复杂，温酒器的生产分布、使用群体、温酒热源变化都较复杂。龙柄青瓷执壶是帝王贵族主要使用的温酒器，官员多使用青铜、瓷器鐎斗、盘口瓶、长颈瓶等器物温酒。民间使用陶制执壶、扁壶以及樽、缶、盆等器物温酒。

第七节

隋唐五代温酒器

一、隋朝璀璨的白瓷温酒器

　　隋朝（581—619年）是中国历史大一统朝代，除南方的陈朝和江陵一隅的西梁外，全国得到了统一。

　　隋朝为巩固中央集权，在政治、经济、文化和外交等领域进行大刀阔斧的改革，初创三省六部制，强化政府机制。隋朝弱化世族垄断仕官的现象，不再实行古来通行的乡评士之德才选人办法，而是通过科举制度选拔优秀人才，只有攀蟾宫折桂者才能加入政府管理队列。经济上实行均田制，调动农民生产积极性。隋朝人工开凿了举世闻名的京杭大运河，也称隋唐大运河，有力地促进了南北经济文化的交流与发展。隋朝的繁荣与强盛，吸引了周边国家前来朝拜。隋朝的文化与制度对高昌（新疆吐鲁番市）、倭国（日本）、高句丽（东北辖区）、新罗（朝鲜国之一）、百济（夫余人在朝鲜西南所建国家）、东突厥（蒙古高原及贝加尔湖地区）等国均有较大的影响。

　　据《通典·食货典》上记载，"隋代储资遍天下"。隋朝时期各地物资储备充盈，民间粮食富余，酿酒原料丰富。朝内有人认为官府实行酒业专卖弊病多，是与民争利，于是"罢酒坊，与百姓共之，远近大悦。"隋朝是中国历史上唯一没有专卖、酒税的朝代（暂无记录）。

　　隋朝时期的主要窑址有：河北邯郸磁县贾壁村窑、河南郑州市巩县（现为巩义市）窑铁匠炉村隋代青瓷窑遗址、河南安阳窑、安徽淮南窑、湖南湘阴窑、四川邛崃窑等几处。

　　隋朝是中国瓷器生产技术的重要发展阶段，出现了白釉彩绘的柳叶纹图案，开创了瓷器绘画的先河。隋代瓷器的明显特点是，器物肩部或者腹部塑有圆戳式印花纹。隋代以青瓷产品为主，还出现了白瓷，在河北、河南、陕西、安徽以及江南等地皆有出土，其中也有白瓷温酒器。

　　在隋朝青瓷遗址、隋墓和博物馆收藏的隋瓷文物中，找到适宜温酒的器物有鸡头、盘口和单龙柄执壶，还有四系、五系罐，长颈、双龙柄、四系瓶以及桥形系罐、环形鸡头壶、传壶等器物。

（一）隋朝瓷质温酒壶类

隋朝以壶温酒，有诗为证。隋末王绩《田家三首》诗中："平生唯酒乐，作性不能无。朝朝访乡里，夜夜遣人酤。家贫留客久，不暇道精粗。抽帘持益炬，拔篆更燃炉。恒闻饮不足，何见有残壶。"说的"残壶"便是壶形温酒器。

隋代传统的温酒壶有单龙柄盘口壶和单龙柄鸡首壶（参见下图），它们的壶身高，盘口大，其壶颈长，双系一般位于壶肩两侧，龙身为执柄，龙口衔盘口。

隋代青釉环形鸡首壶
（河南博物院藏）

隋代鸡首壶
（望江县博物馆藏）

隋代白釉鸡首龙柄壶
（中国国家博物馆藏）

（二）隋朝瓶类温酒器

隋朝时期创烧了一种称为双龙柄瓶的瓷器新品种，也称"尊"，它也是适宜温酒的器物。1957年陕西省西安市李静训墓出土了双龙柄瓶（参见85页图），是隋代白瓷的精品，这一隋朝时期的典型器物，成为研究北方白瓷断代的标准器。

隋代白瓷龙柄传瓶
（中国国家博物馆藏）

隋代青釉双龙柄盘口瓶
（河南博物院藏）

隋代青釉双龙柄盘口瓶
（仁缘温酒公司藏）

　　隋朝还出现一种温酒瓶，配有钵，组成一套温酒套壶。而温酒套壶在温酒器历史上，令人特别关注，因为套壶的出现，开辟了温酒事业的新天地。1996年江西省南昌县小兰乡隋墓出土的青釉温酒瓶、钵（参见右图），为洪州窑产品。瓶高15厘米，口径6.7厘米，钵高5.1厘米，底径15.7厘米。它是目前发现的最早的瓷器成套瓶、钵，可能是温酒套壶的鼻祖。只是由于钵体低矮，只起到防洒防漏的作用，温烫效率低下。

隋代青釉温酒瓶、钵
（南昌县博物馆藏）

（三）隋朝罐类温酒器

　　瓷器罐的用途非常广泛，隋朝时期，罐可以放置火上或者热水中直接温煮酒水。该时期的四系罐（参见86页图），施以半釉，青釉明亮，罐的肩部有条形四系，高于罐口，罐口有圆形钮盖。

隋代四系罐
（溧阳市博物馆藏）

隋代四系罐
（濮阳市博物馆藏）

在中国历史长河中，隋朝只有短暂的39年，当时主要使用瓷质盘口壶、鸡首壶、罐、龙首壶、瓶钵套壶等器物温酒，而在群饮时使用樽、釜、盆等大器皿温酒，然后分到壶内斟酒。

二、唐代温酒器

唐高祖李渊为陇西成纪人，祖籍邢州尧山。李渊出身于北周的贵族家庭，七岁袭封唐国公，大业十三年（617年），拜太原留守。隋末天下大乱时，李渊父子乘势从太原起兵，攻占长安。618年5月，李渊接受隋恭帝的禅让而称帝，建立唐朝，定都长安。

唐代历经贞观之治、永徽之治、武周时期、开元盛世、安史之乱、元和中兴、会昌中兴、宣宗之治直至唐朝灭亡，共历21帝，享国289年。唐朝是我国继隋朝之后大一统的中原王朝。

唐朝在政治、经济、军事、文化、外交等方面都取得了辉煌的成就，成为中国历史上一个伟大的朝代。唐朝的疆域面积为1600万平方千米，历史上仅比元朝少400万平方千米。唐朝国力强盛，人民安居乐业，丰衣足食，吸引万国来贺。

唐朝从严管理酒业，对酿酒的商户进行登记纳税。《唐书·食货志》记载：唐代宗广德二年（764年）"定天下酤户纳税"，并且所征收的酒税额度较高，税前和税后的酒价由15文/升涨至30文/升，翻了一倍。另外，地方征收的酒税可以抵顶进奉朝廷的布绢之数，即"充布绢进奉"。

我国历史上常以王公贵族、达官贵人为饮酒主体，老百姓欲饮不能，特别是粮食歉收的年景官府更为限酒，但是到了强盛风华的唐代，民众也普遍饮酒。不仅很多男人嗜酒，很多女人也善饮，文人骚客更是大加赞赏女人喝酒是"醉美人"，酒后红晕上脸为"酒晕妆"，李隆基称贵妃粉面醉眠为"海棠睡未足耳"。唐代饮酒群体的扩大，为酒的发展提供了广阔的市场空间。

唐人饮用的酒水主要是黄酒和葡萄酒。《太平御览》记载，唐太宗贞观十三年（640年），唐军破高昌国（今新疆吐鲁番市），获得马奶葡萄的种子和葡萄酒酿制方法，带回长安后，便在皇宫御苑中开始种植葡萄和酿制葡萄美酒。这一技术传到宫外后得到很快的推广，王翰《凉州词》中有"葡萄美酒夜光杯"的诗句。

唐代铜制器具时有发现，主要有法器、车马器、摆件以及日用铜镜、盆、勺、刀、尺、锁等器物，铜制酒具、温酒器相对较少，而高等级的纯金、鎏金酒具偶有遇之，耀人眼目。

唐代普遍使用瓷器产品，瓷器渗透到生活中的方方面面，茶具、酒具、文具、玩具、瓶罐和各类陈设器等一应俱全。唐人审美水平提高，唐瓷造型富有气势，其精细程度远远超越前代。

执壶是唐代最重要的温酒器，样式也极为丰富。与此同时，唐代富有特色的温酒器为三足樽、三足鸡首盉、龙柄壶等，当然唐代纯金、鎏金温酒具也更为夺目。

（一）执壶是唐代温酒的主要器具

唐人称执壶为"注子""偏提"。《中国陶瓷史》中说"那些习惯上称为执壶的短流注子，不是茶壶，而是酒壶。"唐代韩偓《从猎》诗云："忽闻仙乐动，赐酒玉偏提。"

唐代的酒壶就是执壶，有温酒和斟酒的双重功能。

在陕西西安唐代大长公主墓中壁画上（参见下图），有使用执壶斟酒的画片。一幅壁画为仕女右手提长颈凤首壶，左手端高脚杯献酒，另一壁画中侍女一手提长颈凤首壶，另一托盘盏。说明执壶在唐代确实为酒器，易于放置火上温烫酒水。

西安唐代大长公主墓中壁画执壶一　　　西安唐代大长公主墓中壁画执壶二

唐代执壶的基本造型早在南北朝时期就完成了，有人说源于盘口壶，有人说仿制舶来品（后章第三节有专门叙述），冯先铭等则认为执壶很可能由鸡首壶演变而来。唐初越窑仍生产鸡首壶，唐代中期则多产执壶，到了晚唐多为瓜棱形执壶。唐代执壶的形制多为平底喇叭口，高柄六棱短流，晚期柄渐增长，器型走向挺拔轻盈。

唐代瓷器出现了"南青北白"的局面，同时还烧出成熟的黑、黄、花釉彩瓷以及中外闻名的唐三彩冥器，在这些瓷器品类中都有温煮斟酒的执壶。

1."南青"瓷器温酒执壶

唐代墓葬、遗址中出土的青瓷数量仍然多于白瓷，当时主要有以下几个瓷器生产窑口。

（1）越窑青瓷代表了唐代青瓷的最高水平，初时越窑制瓷作坊集中在上虞、余姚、宁波等地，随着瓷质提高和需要数量的增加，瓷场迅速扩张，诸暨、绍兴、镇海等县也相继建立瓷窑，形成一个庞大的区域瓷业体系。

1936年，陈万里得到绍兴古城唐代户部侍郎北海王府君夫人墓出土的越窑执壶，墓志记载确切年代为唐元和五年（810年）。1954年陈万里将此执壶捐于故宫博物院（参见右图），成为鉴定唐代越窑瓷器的标准器。

（2）唐代浙江省境内除越窑以外，还有瓯窑和婺州窑两个久负盛名的窑址。瓯窑的成就在我国陶瓷史上占有一席之地，婺州窑是对金华所属各县烧造窑口的统称，有着从陶到原始瓷漫长的烧造历史。

（3）唐代湖南瓷窑最为知名的要数岳州窑和长沙窑。

岳州窑窑址在湖南湘阴的窑头山、白骨塔、窑滑里一带。陆羽所著《茶经》中对岳州窑产品有过较高的评价[①]。岳州窑是唐代中国南方六大青瓷名窑之一，以出现"太官"瓷底款识而证明岳州窑是中国最早出现"官"款的窑口。岳州窑生产的盘口长颈壶，从其形制来分析具有温酒的功能（参见右图）。

唐代越窑青釉执壶
（北京故宫博物院藏）

唐代岳州窑青釉六系莲花纹壶
（岳州窑遗址博物馆藏）

注：① 陆羽所著《茶经》："碗：越州上，鼎州次，婺州次。岳州上，寿州、洪州次。或者以邢州处越州上，殊为不然。若邢瓷类银，越瓷类玉，邢不如越一也；若邢瓷类雪，则越瓷类冰，邢不如越二也；邢瓷白而茶色丹，越瓷青而茶色绿，邢不如越三也。"

　　1983年湖南望城兰岸嘴出土了一件唐代青釉龙柄鸡首盉（参见右图），也是易于温酒的器物。

唐代青釉龙柄鸡首盉
（中国国家博物馆藏）

　　长沙窑创烧于唐代而止于五代，期间的釉下诗文和图案执壶多地博物馆都有收藏。这种工艺是先将诗画作于瓷胎，罩以青釉后高温烧制，这一工艺是我国陶瓷史上的一件大事，长沙窑做了历史性的尝试。长沙窑瓷器产品的艺术成就较高，执壶的形制多样，装饰方面除了釉下诗文，还有人物、狮子、葡萄、园林等纹样的模塑贴花（参见下图）。

唐代长沙窑青釉褐彩诗文执壶
（湖南省博物馆藏）

唐代长沙窑褐釉彩绘执壶
（仁缘温酒公司藏）

唐代长沙窑青釉褐彩贴花人物纹壶
（湖南省博物馆藏）

　　（4）唐代江西的瓷窑主要有洪州窑、九江蔡家垅窑、临川白浒窑。福建有南安、将乐青瓷窑，广东有潮安窑、大岗山窑、三水县洞口窑等，这些窑口都生产一些壶、罐一类的器物。

　　唐代是洪州窑的鼎盛时期，窑址在现江西省丰城市一带，以烧制青瓷为主，从初唐至中唐，瓷器生产达到高峰。在该窑产品中，适宜温酒的盘口壶在装饰风格上比隋代时期简化。

　　唐代时期瓷器模塑贴花工艺，有明显来自西域中亚地区异域文化的风格，有波斯萨珊王朝时期金银器的特点，在温酒执壶上有明显的表现（参见右图）。

2. "北白" 瓷器温酒执壶

　　白瓷至唐代已自成一个体系，完全可与青瓷分庭抗礼。白瓷已经有"类银""类雪"的美誉，它不以纹饰取胜，而注重造型与釉色的相互衬托。

　　白瓷以邢窑为代表，"天下无贵贱用之"。生产地有河北邢窑、曲阳窑、山西境内的浑源窑、平定窑以及河南省境内的巩县窑、鹤壁窑、登封窑等。邢窑是唐代著名的瓷窑，在中国陶瓷史上有着重要地位。邢窑以素面白瓷为主，胎骨坚硬，叩击时有金属之声。段安节在《乐府杂录》中记载有乐师郭道原"以邢瓯、越瓯共十二只，旋加减水于其中，以箸击之，其音妙于方响也。"邢窑器物一般光素无纹，以生产碗为主，也不乏温酒执壶（参见下图）。

唐代青釉凤首龙柄壶①
（北京故宫博物院藏）

唐代白瓷人首柄执壶
（山西博物院藏）

唐代邢窑白釉执壶
（扬州博物馆藏）

唐代河南西关窑白釉执壶
（广州博物馆藏）

注：① 唐青釉凤首龙柄壶为唐代青瓷中的典型器物，又体现了唐代制瓷工匠的高超技艺，出土于河南汲县，
　　　釉色淡青微黄，造型优美华丽。2013年8月19日被列入《第三批禁止出国（境）展览文物目录》。

3. "色釉" 瓷器温酒执壶

（1）唐墓里经常出现一些黄釉瓷器，据《中国陶瓷史》介绍，唐朝时期已经有七个窑址生产黄釉瓷器，包括安徽寿州窑、萧县窑、河南密县窑、郏县窑、陕西铜川市玉华宫窑、山西浑源窑和河北曲阳窑等。这些窑口中的黄釉温酒、斟酒执壶（参见下图左），与同时期的执壶形制基本一致。

（2）北方黑瓷晚于江南地区，目前已发现在陕西铜川，河南巩县、郏县、密县、安阳以及山东淄博等窑口，唐代都曾烧造黑瓷，其中耀州窑黑瓷执壶的产量多于其他窑口（参见下图右）。

唐代寿州窑黄釉执壶
（寿州窑陶瓷陈列馆藏）

唐代黑釉瓜棱执壶
（耀州窑博物馆藏）

（3）根据《中国古代窑址标本·河南》记载，巩义窑在唐代烧造绿釉（参见93页图左）瓷器，其产品釉色偏青绿色，釉面绿色不很均匀。

（4）花釉瓷器（参见93页图右）是唐瓷中又一创新品种，古玩界称其为"唐钧"。因窑址位于河南省鲁山县段店，人们根据唐人南卓《羯鼓录》的记载，说"唐明皇命名了鲁山花瓷"，所以"唐钧"也称"鲁山花瓷"。这种高温釉变瓷器，是在黑釉、茶叶末釉、酱褐釉或灰白釉等地釉上点缀出蓝色、天蓝色、黄褐色、灰紫色或乳白色彩斑，给人以无穷的变化莫测之感。鲁山花瓷窑变温酒执壶，易于温煮酒水。

唐代巩义窑绿釉小壶
（北京故宫博物院藏）

唐代花釉浇壶
（中国国家博物馆藏）

（5）绞胎瓷器是唐代陶瓷业中又一个新工艺，唐代以前尚未出现，南宋靖康之变后失传。所谓绞胎，是将两种或两种以上不同颜色的瓷土糅合在一起，拉坯制形，浇釉烧制而成。存世量稀少，有的说十几件，有的说三十几件。陕西、河南的唐墓中出土过枕、碗、水盂、钵、炉、杯、三足小盘、长方形小枕等。绞胎的颜色主要有褐白、黑白、棕白等，以河南焦作当阳峪的生产规模最大，适宜温酒的绞胎执壶（参见右图）在维多利亚博物馆中有一件，日本回流的浑源庄窑绞胎盘口壶又是一件。

唐代绞胎执壶
（澳大利亚维多利亚博物馆藏）

4. 唐三彩执壶冥器

　　唐三彩是一种以黄、褐、绿为基本釉色的低温陶器，盛行于唐代。巩县窑唐三彩的烧制成功对后世影响深远，宋辽时期三彩瓷器以及元明清的珐花、素三彩、五彩瓷无不受唐三彩的影响。唐三彩吸取了中国绘画技法，采用塑形、堆贴、刻画和点染等多种形式的装饰手段，烧制而成。造型生动，色泽艳丽，器型华美。

　　唐三彩釉里加入铅的氧化物作为助熔剂，经过约800℃的烧制，使得各种着色金属氧化物熔于铅釉中并向四方扩散和流动，形成色彩斑斓的彩色釉面，显出富丽堂皇的艺术魅力。有资料显示，唐三彩陶器始作于唐高宗朝[①]，主要作为冥器使用，品种中人物、动物、碗盘、水器、酒器、文具、家具等器物较多，为死人陪葬用的温酒三彩执壶（参见下图）比例不大。河北省保定市曲阳县涧磁村出土的晚唐五代三彩凤首执壶，与同时期壁画图颇为相像。

晚唐五代三彩凤首执壶
（河北博物院藏）

唐代三彩色釉陶凤首壶
（上海博物馆藏）

唐代三彩执壶
（仁缘温酒公司藏）

注：① 唐高宗李治（628—683年），字为善，祖籍陇西成纪，唐朝第三位皇帝（649年至683年在位），唐太宗李世民第九子。

（二）唐代三足樽为广泛应用的温酒器

　　三足樽为温酒器，这在唐代画绢和铜镜中均有印证。唐代孙位创作的《高逸图》，又名《竹林七贤图》，是一幅彩色绢本人物画，画内有温酒三足樽和勺（参见右图和下图）。

　　唐代铜镜图案上也有宴饮的场景，1955年河南洛阳涧西墓出土的高士宴乐纹嵌螺钿镜（参见下图左、中），时间为唐乾元二年（759年）。螺片本身光泽莹润，此镜刻画极为清晰，清风明月，落英缤纷。三足樽（参见下图右）为温酒器，圆腹执壶为斟酒器，高足酒杯为饮酒器。

唐代《高逸图》温酒器三足樽局部放大图

唐代《高逸图》
（上海博物馆藏）

唐代高士宴乐纹螺钿镜
（中国国家博物馆藏）

唐代高士宴乐纹螺钿镜局部放大图

隋唐洪州窑青瓷三足樽
（吉安博物馆藏）

（三）唐代金属温酒壶

唐代民间主要使用瓷器温酒器，但是强盛的大唐，不乏纯金、鎏金以及铜制金属温酒器（参见下图），供王侯将相使用。这些温酒器物的形制有的带有本土文化又充满了异域风情。如铜质双龙耳盘口壶可以用来温酒，其形制承袭了南北朝时期的器物特点，又有中亚、西亚艺术风格。

盛唐著名的舞马衔杯皮囊形银壶（参见右图），出土于1970年陕西西安南郊何家村窖藏，器腹两面均锤出一马衔杯纹，马颈系飘带，昂首扬尾，似作舞状。舞马鎏金，形制优美，制作精致。该皮囊壶集储酒、温酒、斟酒和饮酒于一身。

另外，唐代贵族阶层常使用直柄三足壶（参见97页图），即可温酒又可煮水冲茶。壶嘴短流，带有旋纹，三足蹄形。

唐代舞马衔杯皮囊形银壶
（陕西历史博物馆藏）

唐代花鸟纹金执壶
（咸阳博物馆藏）

唐代铜鎏金提梁壶
（黑龙江辽金历史博物馆藏）

光辉的岁月总有灿烂的文化相伴，唐代物质文化生活水平很高，使用的温酒器绝不限于以上所述。纯金、鎏金执壶等级高，推断多为王室诸侯使用，贵族豪门常用铜质樽、壶等金属器具温酒，大唐民间广泛使用瓷器执壶、瓶等器具温酒。

晚唐三足直柄壶
（仁缘温酒公司藏）

三、五代时期温酒器

五代本质上是唐末藩镇割据和唐朝后期政治的延续，饱受诟病的朱温原为黄巢起义军的大将，大齐政权建立后他任同州御史一职，后来投靠唐僖宗，倒戈领唐军剿灭了黄巢起义军。907年朱温废唐哀帝，自立为王，国号大梁，定都开封。从朱温907年灭唐至960年赵匡胤陈桥兵变共计52年，十国自902年计起至979年止共77年。五代十国有：后梁、后唐、后晋、后汉、后周、吴、南唐、吴越、楚、北汉、南汉、前蜀、后蜀、南平、闽。

五代十国时期各国的酒政虽有不同，但整体对酒的管理较严格，特别是后汉，对酒曲的管理与贩卖私盐者有着同样严格的律令，如有犯科不计斤两，处以极刑。五代时期的越州酒政以专卖为主，设有酒务司，民间家酿自用不治罪。后唐明宗天成三年（928年）七月规定，酒曲税要在夏秋田苗税上每亩加收5文钱，两年后改为2文。京都及诸道州府县镇坊界内则专卖榷曲，制售私曲5斤以上即掉脑袋。

五代十国时期，后周皇帝柴荣大肆灭佛，废毁寺院，法器铸钱，世称一宗法难。将大批日用铜器和法器限定日期上缴熔炼铸币，金属手工业遭受空前的劫难，陶瓷业成为手工业发展的主流。

这一时期，南方制瓷水平和生产规模超过了北方。《中国全史》记载五代十国时期的越窑（绍兴）、西山窑（温州）、岳州窑（湖南湘阴）、潮州窑（广东）、琉璃厂窑（四川华阳）和景德镇胜梅亭窑（江西）六处窑址均在江南。这些窑口中的多数，为唐代时期的名窑。最能展示五代瓷业风貌的有三处：浙江越窑（属后晋）、陕西的铜川窑（属后唐）和河北的邢窑和定窑（属后梁）。

五代时期的瓷器形制虽然沿袭晚唐的风格，但又有所变化，器物的胎体从晚唐的浑圆厚朴走向了五代时期的轻薄俊美。执壶的器腹多呈瓜棱形，流嘴加长，口沿微撇或者卷唇。温酒碗和酒杯的造器规整，呈现葵瓣口。瓷器的装饰出现点彩工艺和堆贴花工艺。五代中晚期的温酒执壶，很多配制了温碗，出现了广泛使用的、影响巨大的温酒专用套壶。当然，瓷器罐、瓶和壶还继续承担着温酒任务。

1．越窑瓷器

越窑瓷器在五代时期被称为"秘色瓷"。它是为越国钱氏家族割据政权专门烧造的瓷器，庶民百姓不得使用。在钱氏原籍临安和吴越都城杭州的墓葬中，都发掘出了有代表性的"秘色瓷"标准器。1987年，在法门寺地宫出土了明确记载的唐代御用"秘色瓷"十三件。诗人陆龟蒙有"九秋风露越窑开，夺得千峰翠色来"的赞美。秘色瓷（参见右图及下图）在收藏界的高古瓷中，尤为难见，更为难得。秘色瓷多呈浅灰色，器壁较薄，釉光莹润，形制规整，轻巧灵动。

康陵出土天福四年（939年）越窑秘色瓷花口温碗
（临安市博物馆藏）

2．耀州窑瓷器

陕西黄堡镇的铜川窑是耀州窑的前身，五代时期耀州窑一改前朝主烧黑瓷的历史，重点转向烧造青瓷。耀州窑剔刻花工艺天下闻名，窑工们充分运用犀利的刀法，在瓷器的表面浮雕突出层次叠加的花纹，加之釉色温润，器型饱满俊美，产生了许多经典的耀州窑瓷器。国家级博物馆藏有五代时期耀州窑剔刻花产品，例如藏于耀州窑博物馆的剔花双凤首壶，证明耀州窑剔刻花技术至迟在五代时期已经成熟。

上林湖五代越窑秘色瓷执壶
（浙江考古所藏）

　　另外，在铜川遗址区还出土过"官"字款瓷器标本，证明耀州窑曾为宫廷或官府烧造过专用瓷器，说明耀州窑在当时有着较大的成就和社会影响力。

　　五代耀州窑剔花双凤首壶（参见下图左）和同时期的提梁倒流壶（参见下图右）都享誉中外，都很适宜温酒。

五代耀州窑剔花
双凤首壶
（耀州窑博物馆藏）

五代耀州窑青釉刻花提梁
倒流壶
（陕西历史博物馆藏）

3. 邢窑白瓷

　　邢窑白瓷一直到唐末五代影响力才渐渐暗淡下来，北方崛起了另一个白瓷体系，即曲阳县的涧磁村定窑白瓷。定窑承袭邢窑工艺，发展迅速，很快成为我国白瓷的主要产地。刑窑与定窑的烧制风格相类似，但是白釉色调有变化，早期白瓷釉面纯白，在积釉处泛青，后来白釉（参见下图）渐变到牙色。

晚唐五代白釉凤首壶
（河北博物院藏）

五代定窑白瓷执壶
（浙江省博物馆藏）

五代邢窑白釉穿带壶
（上海博物馆藏）

曲阳县涧磁村出土的晚唐五代白釉凤首壶，其形制明显受到波斯文化影响，这一造型流行于晚唐至五代时期。

4. 巩义窑瓷器

历史上巩义窑取得过巨大的成就，极富想象力的中国第一瓷——柴窑产品，传说为巩义窑烧造。五代时期的河南巩义窑，生产地主要集中在小皇冶、铁匠炉村、白河乡等地一带，由于窑址地处中原，战火不断，窑工不断外迁，给巩义窑的产品质量和生产规模带来一定的影响，逐渐走向了衰落。从现在流传下来的五代时期巩义窑瓷器温酒执壶看，当时的产品质量依然很高，器身装饰多有梅花点彩和塑花（参见右图），器物庄重饱满。

五代白釉塑梅花双系执壶　　　　五代白釉点梅花褐彩执壶
（仁缘温酒公司藏）　　　　　　（仁缘温酒公司藏）

5. 瓯窑瓷器

瓯窑是浙江省的古窑系，在温州、永嘉、瑞安、瓯海等地发现多处窑址，可见当时规模之大。瓯窑的成就在我国陶瓷史中占有一定的地位。瓯窑在五代时期以烧造青瓷最出名（参见右图左），晋杜毓《荈赋》中曰："器择陶拣，出自东瓯"。瓯窑产品胎质较细腻，呈灰或淡青色，釉层肥厚（参见右图右）。

五代青釉瓜形带盖小执壶　　　　五代瓯窑青釉刻鱼纹瓜棱
（温州市博物馆藏）　　　　　　执壶
　　　　　　　　　　　　　　　（温州市博物馆藏）

6. 岳州窑瓷器

　　岳州窑的窑址在湖南省湘阴县境内窑头山、白骨塔、窑滑里一带，五代时期烧造的青瓷产品主要以盘、碗居多，还有壶、罐、瓶等。岳州窑的制瓷工艺较为进步，在五代时期的堆基层内发现的烧窑工具基本均为匣钵，垫饼支烧改为支钉支烧，装饰技法多为刻划莲瓣纹（参见下图）。

五代岳州窑青釉划花莲瓣纹盘口瓶　　　　五代岳州窑青釉划花瓶　　　　　五代岳州窑青釉执壶
（北京故宫博物院藏）　　　　　　　　（上海博物馆藏）　　　　　　（上海博物馆藏）

7. 潮州窑瓷器

　　现今广东省潮安县在唐代时属潮州，所生产的瓷器称为潮州窑产品。该窑始于唐代，终于元代。五代时期潮州窑主要烧制碗、盘、碟、杯、瓶、壶、炉、盂、罐（参见右图）等产品，胎体较厚，釉面较薄，均开细小纹片。

　　潮州窑六耳高腰身罐可以直接放置火上或者热水中温酒。

南朝青釉六耳罐
（广东省博物馆藏）

8.景德镇瓷器

景德镇自然资源丰富独特，五代时期制瓷技术已经达到先进水平，很多瓷器产品大都创烧于此时，所以五代是景德镇陶瓷真正的开端，由此创造了千年辉煌的瓷文化。五代时期景德镇瓷器种类有碗、盘、碟、壶、罐、钵等，其中的瓜棱执壶（参见右图）与其他窑口的瓜棱执壶一样，在火上温煮酒水的时候受热面积大于平面执壶，在热水中提放的时候有沥水速度较快的优势。

五代青釉瓜棱执壶
（景德镇民窑博物馆藏）

9.五代温酒套壶

五代温酒套壶尽显华彩。五代中后期，饮酒主流人士或者瓷业工匠可能是出于温酒时防烫防酒的考虑，也可能是为了更有效地提高温酒效率，在隋朝瓶、钵一体基础上，为执壶配制了高腰身温碗，这种套壶自从五代十国产生以来一直沿用至民国，足足影响后世温酒一千余年。温酒套壶在温酒历史上留下了浓墨重彩的一笔，在温酒史上具有独特而突出的地位。

温酒套壶毕竟为泥土之作，制作难度与今日机械制造无法相提并论。执壶与温碗之间、执柄与帽盖之间、盖帽与壶口之间距离均都有限，整个套壶的结构复杂，虚实结合，寓意深刻，不止是对瓷匠技艺的高难度考验，而且对瓷胎的质量提出很高的要求，方能保证成器。套壶从里到外既要规整又要轻薄，整体协调配套。所幸的是五代时期制瓷的工艺水平和瓷胎质量，完全达到了制作套壶的要求。

套壶内的执壶体量明显小于单独使用的执壶，分析形成原因，一方面是器型的比例要协调，执壶的大小受到温碗的局限。另一方面可能从唐代以来浊酒进一步清榨，酒精度得到提高，温酒量变小，执壶相应变小。

目前尚未发现唐以前的高腰身温酒套壶，现在看到最早的套壶实物形制，出自五代十国时期中国十大传世名画之一《韩熙载夜宴图》中①（参见103页图）。该画以连环长卷的方式描摹了南唐巨宦韩熙载家宴行乐的场景，全长335.5厘米。这是当时上

注：① 五代十国时期北方强大的后周对南唐构成了严重的威胁，南唐后主李煜对在朝做官的北方人心有猜忌，闻听北方籍大臣韩熙载家举行宴会，为刺探情况，派顾闳中和周文矩潜入韩宅，以目识心记的方式，各自绘制了一幅《韩熙载夜宴图》，韩熙载这种沉湎声色的做法，使李煜大为放心。

五代《韩熙载夜宴图》
（北京故宫博物院藏）

五代《韩熙载夜宴图》局部放大图

流社会宴会的真实写照，也使人们清楚地看到了使用注子温碗的使用场景。

五代十国时期自上而下使用瓷器执壶温酒，到了中晚期，南方诸国上层人物使用以热水为热源的温酒套壶，北方诸国和南方民间主要使用执壶以水或者以火温酒。

第八节
宋、辽、金、西夏温酒器

一、宋代温酒器的"四大特色"

从后周大将赵匡胤建立宋朝，到宋真宗、宋仁宗当政，宋代步入全盛时期，加强了中央集权，解决了藩镇割据。1127年金兵入侵，北宋灭亡。宋高宗赵构南迁在应天府建立了南宋，后迁都至浙江临安。南宋分别在1142年和1164年与金签订丧权辱国的绍兴、隆兴和议，以秦岭——淮河为界暂获安稳。1276年元朝军队攻占临安，1279年南宋军队与元朝军队在崖山进行了近海大决战，宋军全军覆灭。南宋大臣陆秀夫背着8岁的少帝赵昺与十万臣民投海殉国，南宋灭亡。

宋朝是中国古代历史上政治、经济、文化与科技创新、高度繁荣的时代，当时的

GDP占世界比重虽然说法不一，单就经济体量来说，宋代无疑是中国历史上经济繁荣的黄金时期。中国四大发明中除造纸术外的三大发明，皆来自或者成熟于宋代。马克思在《机械、自然力和科学的运用》中写道："火药、指南针、印刷术——这是预告资产阶级社会到来的三大发明。火药把骑士阶层炸得粉碎，指南针打开了世界市场并建立了殖民地，而印刷术则变成了新教的工具"。

北宋有着较为开放的社会制度，允许商人中"奇才异行者"应试，可以成为大小官员，成为地主阶级的利益代表，扩大了统治阶级的政权基础。南宋后商贾子弟为官者甚多，官府与盐商长期以来合作。宋代对内打破了唐代完善的坊市制，市墙、坊墙均被拆毁，贸易进一步发展，产生了夜市、晓市、草市等。

北宋初年对民间实行禁酒政策，私酿治以重罪。《宋会要辑稿·食货二〇》中有：太祖建隆二年四月，诏："应百姓私造曲十五斤者死，醞（酿）酒入城市者三斗死，不及者等第罪之。买者减卖人罪之半，告捕者等第赏之。"这里提到的"曲"也称为酒母，是酿酒必须的酒引子，《古文尚书》里就说："若作酒醴，尔唯曲蘖"。宋朝对高附加值的酒曲，连同酿制、销售实行一条龙垄断管理，建立榷酒制度①，实行三级管理模式：官监酒务、特许酒户和买扑坊场②。官监酒务设置在州、府一级，负责酿酒卖曲、征收酒税。县一级酒务监管酿酒过程，打击私酿倒卖或酒肆不规。宋代地方官府自设酒楼、酒肆和酒库，并以此为中心辐射周边地区，零售网点特许专营的酒户提酒分销。南宋为缓解对金作战的军费剧增，迅速发展了允许军队直接经营的赡军酒库。像抗金名将岳飞、韩世忠所属部队，就分别经营着数十个酒库。酒税是宋代国库充盈的重要来源，有资料显示，南宋宋高宗时期的酒税占到财政总收入的四分之一。

北宋"上至缙绅，下逮闾里。诗人墨客，渔夫樵妇，无一可以缺此③。"都城东京开封府，酒肆门前酒旗飘动，向晚时候酒楼灯烛荧煌，映照着雕梁画栋的酒楼上下，政客、商贾、名仕进进出出，宛若仙子的歌、舞、乐艺伎数人，聚于主廊过道、木檐下，待客挑选使唤。南宋京城临安，处处酒楼林立。园林和郊外，也常有文人雅士聚集宴饮。官家的酒库必定设有奢华的酒楼，与官家相比略显逊色的私人酒楼也极

注：① 榷酒制度是古代酒类的术语，其特征是允许酿酒酤酒，但是由国家控制或者垄断酒的生产和流通领域，禁止一切非官府之外的酿酤行为，国家独享酒利。

② 买扑坊场为宋代熙宁变法中为改革官办工商业所推行的政策——买扑制度，如现在的招投标制度，朝廷把官营酒应缴的税钱提前计算好，然后出售这些坊场的经营权和管理权，朝廷不参与日常管理，只负责定期收税。

③ 宋代朱弘《北山酒经》卷上。

尽豪华。宋代饮酒常有文人风雅，大酒楼专门有一面墙壁留白，供饮客题诗作画。诗人描写酒的句子和故事颇多，苏东坡有"把酒问青天"的怅惘之情，李清照有"常记溪亭日暮，沉醉不知归路"的佳话。

宋代的酒名有很多，有专门的酒谱录。宋代张能臣曾著《酒名记》，收录了上自宫廷下至市井的一百多种酒名，有宫廷用酒和各地用酒：香泉酒、天醇酒、琼酥酒、瑶池酒、瀛玉酒、琼腴酒、河北保定银光酒、河东太原府玉液、福建泉州竹叶酒、广南广州十八仙酒等。酒楼酒名酒：丰乐楼的眉寿酒；忻乐楼的仙醪酒；和乐楼的琼浆酒；遇仙楼的玉液酒等。

在宋代酒政管理相对宽松和酒业发展繁荣规范的情况下，瓷器酒具有新的发展，铜制酒具却大量消减。究其原因，想来是我国的冶铜业在北宋时期已经很兴盛，但是由于长期与辽国契丹人对峙，与西夏党项人战事不断，其后遭到金人南侵，所以导致北宋军队对制造武器的铜金属需求量加大。加之北宋时期贸易发达，铸币繁多。太平兴国二年，江南转运使樊若水建议，铁钱老百姓使用起来不方便，希望官铸铜钱，铁钱改铸为农具。宋政府曾经一度要求寺观除已有的铜像、钟磬、铜轮等佛事铜器以及民间使用的铜镜保留外，其余铜器都要上缴。以上种种情况的出现，可能是造成或者是加剧这一时期铜质温酒器基本断档的重要因素。故而，宋代铜质类温酒器不作为重点研究对象，而手工业中的瓷器在宋代迅猛突起，独领风骚。

宋代对外贸易极为活跃，在延续唐朝以来"丝绸之路"的基础上，发展了"陶瓷之路"。宋瓷发达的贸易活动，使沿海口岸城市迅速走向了繁荣。率先发展起来的广州，以其为中心辐射和带动了泉州、明州（今宁波）、杭州、扬州等口岸城市的瓷器贸易也很快兴旺发达起来。有来自波斯、阿拉伯、印度和欧洲的"蕃客"，云集码头交易瓷器。在日本、巴基斯坦、菲律宾、文莱等国均有宋瓷的出土，朝鲜《高丽史》中有进口"土物"的记载，其中瓷器比例很大。中华人民共和国成立以来，在我国170个县境内发现古瓷窑址，其中宋代窑址就多达130个，宋瓷产量之大可见一斑。宋瓷质量很高，是历史上的巅峰时期，瓷器温酒器品级自然也很高，并有以下"四大特色"。

1. 宋代盛行注子、注碗组成的温酒套壶

成熟的瓷器温酒套壶在五代时期已经出现，这些年来各地陆续出土宋墓温酒套壶近二十份，专家通过对墓志铭以及其他陪葬品分析，发现温酒套壶最晚出现的时间在

宋徽宗政和时期，说明温酒套壶的主要使用时间在五代至北宋晚期时段内，所以吕梁市仁缘温酒公司的工作人员一直没有找到南宋官窑温酒套壶。出土的温酒套壶造型总体相似，由注子和注碗组成，不同区域又融入富有特色的文化元素，南方窑口的注子盖帽多为宝珠顶，福建为塔式顶等。北方窑口套壶盖帽的多为"狗头""狮头"或者"狻猊"等动物形象。

宋代温酒套壶使用广泛，宋人孟元老在《东京梦华录·会仙酒楼》中记载："凡酒店中，不问何人，止两人对坐饮酒，亦须用注碗（执壶与温碗组成的套壶）一副，盘盏两副，果菜碟各五片，水菜碗三五只，即银近百两矣。"从中可以看出当时汴京城饮酒，已经普遍流行使用注壶、注碗组成的套壶。

北宋温酒套壶大行其道的原因，从直观意义上讲，与以热水温酒既环保又安全有关。执壶以火温酒不可避免地出现烟尘缭绕、提拿斟酒时容易烫手也容易洒滴酒液等问题。执壶加温碗，以热水温酒，这些问题可以迎刃而解。从深层意义上讲，套壶的广泛使用，可能与当时社会重文轻武的文化背景有关，与上流社会主流文化引导有关。五代十国的建国者绝大多数都是以节度使的身份起家，北宋建立者赵匡胤深知节度使的权力过大是唐朝灭亡及五代动乱之源，后来听取宰相赵普的建议，剥夺了节度使的财权，消除了地方割据势力生存的物质基础。同时为了防止拥兵作乱，又下令各州府挑选精兵强将送往朝廷，组成禁军，一半驻京一半分守各地，使得节度使掌握的地方武装战斗力大大削弱。宋代随着中央对地方军队、财力等方面的控制，逐步建立和推行了影响后世的文官体制。宋真宗在《劝学诗》中说"书中自有黄金屋""书中自有颜如玉"。政治上昏庸无能的宋徽宗赵佶，艺术上却取得极高的成就。北宋年间著名学者汪洙在《神童诗》中也说"万般皆下品，唯有读书高"。在北宋的文化背景下，使用优雅而富于仪式感的温酒套壶完全符合文化人凡事讲究的理念，而且还顿生庄重仪式感。如此一来，专注饮酒品质的专业温酒套壶便在风雅的北宋中晚期流行起来。当然，套壶不适宜煮酒只是适合温酒，或者灌装煮烫的酒，作为斟酒器使用（套壶使用办法见第三章第一节四中的内容）。

宋代温酒套壶的使用群体十分广泛，墓葬壁画（参见107页图）中温酒套壶的形象屡见不鲜。山西稷山马村段氏砖雕墓（参见107页图左），有一幅表达夫妇之间"开芳宴①"

注：① "开芳宴"是指宋金时期黄河流域中小型墓葬内反映主人夫妇恩爱和睦的雕砖壁画。通常夫妻对坐，小桌上摆放茶酒、果盘，身前身后立有小孩或侍女。

山西稷山马村宋代段氏砖雕墓　　　　　　　河南禹县白沙宋墓开芳宴壁画

的砖雕，其中放置桌子上的温酒套壶特别醒目。也有专门用来陪葬的温酒套壶，体轻器小（参见下图）。

宋代白釉温酒小套壶冥器
（仁缘温酒公司藏）

2. 北宋时期执壶以水温酒比例加大

　　如下两幅宋墓壁画（参见108页图），从它的环境、穿着、年龄等因素辨析，两者之间的身份地位相当，使用的却是两类温酒器：左为火温执壶，右为水温套壶，说明宋代时期既使用执壶温酒，同时也使用套壶温酒。

　　宋代执壶和套壶的流口比唐代执壶的流口细长。说明宋代比唐代时候的黄酒浑浊度进一步降低，"压""榨"出来的黄酒更清冽，能够从细长的流口中倾倒出来。

河南登封宋代温酒图壁画

山西稷山北宋彩绘砖雕壁画

同时，执壶细长的流口能够有效防止倒酒时外溢，说明宋代酒盅小于唐代的酒盅，宋代的酒精度可能高于唐朝时期。

使用宋代与唐代的执壶温酒，其热源水火皆可，宋代时期也有使用执壶在火炭上煮酒的证据。国家博物馆藏有在河南巩义市发掘的厨娘温酒图砖雕（参见右图），便是宋代以火温酒很好的证

宋代厨娘温酒图砖雕
（中国国家博物馆藏）

宋代厨娘温酒图砖雕局部放大图

明，同时也折射出温酒在宋代饮酒中是很重要的一环。砖雕的美妇头顶元宝冠，云鬓清晰，对襟上衣，裙摆及地，手拿火钳，照看火炉上的温酒执壶。

但是通过对唐代执壶烟火灸明显多于宋代的实例，可以看出，宋代同样是温酒，虽然保留着以火温酒的方式，但较多采用以水温酒，环保漂亮的水温执壶远比烟熏火燎、黑炭污手的火温执壶儒雅许多。

3．宋代玉壶春瓶加入温酒行列

　　玉壶春瓶是宋代具有时代特点的典型器物（器型来源在第三章第一节十中内容有讨论），玉壶春瓶有弧度优美的"S"造型，撇口、细颈、圆腹和圈足是永远不变的造型，自产生以来，因其优美而实用就备受人们的喜爱，流行地区广，延续时间长。人们将玉壶春瓶、梅瓶、赏瓶称为"瓶中三宝"，玉壶春瓶居首位。

　　玉壶春瓶又称玉壶赏瓶，从诞生之日起它就是装饰的摆件，也是实用的温酒兼斟酒器（玉壶春瓶失去温酒功能的时间见第三章第一节七中内容）。宋代中原墓葬中玉壶春瓶多作为花瓶，辽金墓中多见作为温酒、斟酒器使用（参见下图）。通过"千年等来客"的墓葬宴席，见证既温酒也斟酒的大肚子玉壶春瓶。

山西稷山马村宋金墓砖雕
（局部）

采自辽代张文藻墓壁画

局部玉壶春瓶图

巴林左旗宋代墓葬局部壁画
（辽上京博物馆）

4．宋代温碗可以单独温烫酒水

随着温酒套壶在宋代的普遍盛行，套壶内的温碗（参见下图）成为广泛的温器。很多人认为只要有温碗就应该有配套的执壶，如果失缺了执壶，只剩下温碗总有一种遗憾之感。其实通过一般平民墓葬，比如在磁州窑分布地区的部分墓葬中，就发现单独摆放的温碗，完全可以肯定温碗是可以单独完成温酒任务的。温碗可以配置多种类型的执壶，故而当时瓷器窑口有单独烧造温碗的情况。

通常情况下，温碗的内底较平，底不施釉，便于稳坐执壶。温碗的壁直且深，可以容纳较多的热水，以便提高温酒效率。

宋代青瓷温碗
（日本东京国立博物馆藏）

宋代磁州窑白釉温碗
（仁缘温酒公司藏）

宋代磁州窑褐釉温碗
（仁缘温酒公司藏）

二、宋代"五大名窑"以及其他窑口生产的温酒器

宋代开辟了瓷器美学的新天地,引领后世上千年。宋代出现的瓷质陈设器,是瓷器价值的新发现,证明瓷器功能已经突破了实用性,进入了精神层面的美学境界。宋代主要使用瓷器执壶、温碗、套壶、玉壶春瓶温酒。长此以往用作温酒的樽,宋代时期已经改变用途成为宫廷陈设器[①]之一。而宋代形制优美、令人爱不释手的长颈瓶和梅瓶,挺拔秀丽,虽然在王公贵族、文人商贾们的生活中经久不衰,但长颈瓶更多作为观赏器摆放,梅瓶在实用功能方面仅是储酒。这两种器物的口部都较小,温煮酒水时外溢不易掌控,不便作为温酒器考查。

宋代瓷器温酒器,有很多来自于著名窑口的产品。汝窑温碗莹润如脂;钧窑温碗灿若晚霞;景德镇窑套壶色泽如玉;龙泉窑温碗青翠莹润。现在,通过温酒器领略一下宋代美不胜收的哥、官、汝、钧、定五大名窑,以及龙泉窑、景德镇窑、耀州窑和磁州窑等窑系的瓷器风采。

1. 汝窑瓷器

汝窑为魁誉满天下。目前在全世界仅存的汝窑瓷器由原来67件增至94件,能够拥有一件汝瓷便是博物馆的梦想。汝窑窑场位于河南宝丰县大营镇清凉寺一带,在北宋烧造二十多年,多数精品是为宫廷烧造的,称为"汝官窑"。汝窑的胎呈深灰色,极细腻紧致,世称香灰胎。汝窑的精品均通体施玛瑙釉,多为天青色,芝麻钉痕支烧。汝窑器铭文仅见两种,一是宋高宗宠妃所居"奉华"堂字号,二是蔡京或者其子蔡绦(为驸马都尉)的"蔡"字题款。

台北故宫博物院著名的汝窑莲花式温碗(参见112页图左),造型如半开的莲花,釉面温润,色泽典雅,开片纹路细碎如蟹爪,在传世不多的汝窑器中更显珍贵。据说当年建造台北故宫博物院时资金不宽裕,美国人得知后,甘愿以提供所有建馆花费为代价,换取此件汝窑温碗,但遭拒绝。由此,可见这只汝窑温碗的珍贵。英国大英博物馆藏有一件宋代汝窑玉壶春瓶(参见112页图右),具有温酒器的功能。

注: ① 见《中国陶瓷史》宋辽金陶瓷·宋瓷的造型与纹饰。樽,宋时宫廷陈设瓷之一。

宋代汝窑莲花式温碗
（台北故宫博物院藏）

宋代汝窑玉壶春瓶
（英国大英博物馆藏）

2．定窑瓷器

宋代定窑的主要产地在今河北省保定市曲阳县涧磁村一带，当时以生产白瓷著称于世。宋室南迁之后，部分定窑窑工到了景德镇和吉州，分别生产了"粉定"和"南定"。定窑原为民窑，北宋中后期开始烧造宫廷用瓷，其后风靡一时身价大增，多地纷纷仿制定器，在甚多"土定"中，有的产品质量也很高。被列入宋代定窑系的诸多窑口中，有山西境内的平定窑、盂县窑、阳城窑、介休窑，另外还有四川彭县窑。

北宋中期定窑采用覆烧方法，因为有芒口，后使用金、银和铜等贵金属在碗、盘等器物的口沿上镶边。定窑单色釉瓷器的装饰，主要有刻花、划花与印花三种方法。定窑曲阳正窑口生产的定器，历来为皇家收藏，也是历届拍卖会上受追捧的对象。在定窑众多的瓷器产品中，酒具中的执壶和温碗也是重要的产品（参见113页图）。

执壶中的葫芦形温酒执壶更有其丰富的文化内涵，因为葫芦与"福禄"谐音，有给人以福分与禄位美好祝愿的寓意，也因为葫芦多子，有子孙满堂的象征意义，葫芦枝蔓的"蔓"字与"万"字谐音，又有家族绵延之意，所以与葫芦的相关内容也多用于婚礼的仪式上①。

注：① 古代的上有"合卺"仪式，把葫芦一分两瓢，新婚夫妇各执一瓢，斟酒以饮。

北宋定窑莲花瓣白釉温碗
（台北故宫博物院藏）

北宋定窑玉壶春瓶
（纽约大都会博物馆藏）

宋代定窑白釉莲花瓣纹葫芦形执壶
（英国大英博物馆藏）

北宋定窑白瓷穿带瓶
（曲阳文物保管所藏）

葫芦温酒执壶在唐代以后就出现了，宋辽时期盛行。另外，北宋时期也生产便于携带的集储酒、温酒、斟酒为一体的白釉穿带瓶。

3. 哥窑瓷器

宋代哥窑的窑址至今尚未发现，是我国陶瓷史上的一大悬案。明人曹昭《格古要论》中对哥窑有明确记载，哥窑有新旧之分。哥窑的器物见于国内外各大博物馆中，但是在宋皇室陵寝中，却不见哥窑随葬品。清代乾隆皇帝将宋代哥窑瓷器视为珍品，现在台北故宫博物院和北京故宫博物院所藏有的宋代哥窑器，均是历代宫廷的旧藏。全世界的宋代哥窑的数量总共也只有300件左右。

哥窑青瓷釉上有细碎的开片（参见下图左），称为"百圾碎"，更小的称为"鱼子纹"。宋代瓷器窑工们能够熟练掌握和控制瓷器开片的规律，把原有的瓷器釉面缺陷变成了特有的装饰。哥窑葵口碗（参见下图右）是常见的宋代碗类造型，有典型的"金丝铁线"冰裂纹特征，这种碗盏更适合用来温酒。

宋代哥窑八方碗
（北京故宫博物院藏）

南宋哥窑葵口碗
（上海博物馆藏）

4. 官窑瓷器

今天所称的官窑瓷器，泛指的是历朝历代"官厂"和"官监民烧造"的、专供皇室后宫使用的瓷器产品。而宋代官窑专指为宫廷烧制瓷器的三个窑口：浙江余姚越窑、河南开封的北宋官窑和浙江杭州的南宋官窑。

宋代越窑是专门为钱氏皇家贵族烧造秘色瓷器的窑口，臣僚及百姓不能使用①。

注：① 宋赵麟著《侯鲭录》"今之秘色瓷器，世言钱氏有国，越州烧进，为供奉之物，不得臣庶用之，故云秘色"。

汴京窑口为北宋官窑，窑址虽未找到，可有文字记录在案。顾文荐在《负暄杂录》中云："宣政间京师自置窑烧造，名曰官窑。"遗憾的是北宋官窑遗址深埋开封6米以下，未能出土实物证实。南宋官窑遗址有两处，一个是杭州凤凰山麓老虎洞窑址，另一个郊坛下窑址建有南宋官窑博物馆。

南宋官窑瓷器凸显皇家气势，规整对称，高雅大气（参见下图）。因为官窑瓷器胎土呈深黑褐色，含铁量极高，手感沉重，烧成世称"紫口铁足"。官窑瓷器的釉色沉稳幽亮，釉厚如堆脂，温润如玉，开片自然，纹路清晰。器物多用作陈设，在国内博物馆内适宜温酒的葵口碗较少。

南宋官窑温碗
（台北故宫博物院藏）

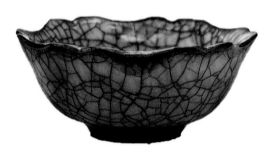

南宋官窑温碗
（美国大都会艺术博物馆藏）

5. 钧窑瓷器

宋徽宗时期钧窑的烧造达到了高峰，制瓷工匠对瓷器釉色、纹理变化基本掌握，创烧出了色彩瑰丽的铜红、玫瑰紫、海棠釉等钧窑瓷器。钧窑瓷器将铜氧化物为着色剂，其工艺对后世元代釉里红、明清宝石红、祭红、郎窑红都有着深刻的影响（参见116页图）。

钧窑瓷器的釉内加入玛瑙成分，乳浊光肥厚、莹润、晶亮，类翠似玉，美艳如霞光。钧窑釉面的另一个特色是蚯蚓走泥纹，气泡自上而下呈爬行状。钧窑器物以挂红者为佳，民间有"钧瓷挂红，价值连城，钧不挂红，一世受穷""入窑一色，出窑万彩"等说法。后来历代虽有仿制，其釉色实难与宋代均窑真品同日而语。

在高等级的博物馆中没有找到宋代钧窑温酒套壶和执壶，可能与钧窑的胎体厚重有关。

宋代钧窑天蓝釉红斑花瓣式碗
（北京故宫博物院藏）

北宋—金钧窑天蓝釉玉壶春瓶
（北京故宫博物院藏）

6. 景德镇窑瓷器

景德镇窑是中国宋代重要的瓷窑之一。在宋代之前，景德镇曾称新平镇、昌南镇、陶阳镇。真宗景德年间（1004—1007年），皇帝赵恒命人制御瓷，底书"景德年制"四字，于是后人沿用景德年号至今。

宋代烧瓷遗址有湖田、湘湖、南市街、柳家湾、杨梅亭、石虎湾、黄泥头窑等多处，其中以景德镇市东南的湖田窑遗址规模最大，产品丰富，质量精良。其原因主要是靖康之变后宋室南迁，北方窑工部分南下至景德镇，他们仿制定窑器，生产出著名的影青瓷器。

宋代影青瓷器又称"映青""隐青""罩青"瓷器，灯光下通体透影，微微泛红。器物的胎质洁白细腻，胎薄坚致，釉质清澈，白中泛青，莹润如玉，轻盈秀雅，在宋代就有"假玉器"之美称。南宋词人李清照在《醉花阴》"佳节又重阳，玉枕纱厨，半夜凉初透"中说的"玉枕"，便是影青瓷枕了。

景德镇窑大量生产民间生活用瓷，酒具的比例也大，高等级的影青温酒器主要有两种：执壶（参见117页图）和大名鼎鼎的"狗头"温酒套壶。

宋代影青喇叭口执壶
（武汉博物馆藏）

南宋影青执壶
（仁缘温酒公司藏）

　　在所有的温酒套壶中，等级最高当数景德镇窑湖田窑生产的影青温酒套壶，多为贵族阶层使用。

　　湖田窑影青温酒套壶（参见右图）也称"狗头壶"或"狮头壶"，它是由温碗和酒壶配套组成。温碗高圈足，深腹直壁，口沿呈七瓣莲花状，禅味十足。温碗的内底平整不施釉，有四个平整的覆烧痕。执壶为六瓣瓜棱形，其盖顶塑有蹲着似狮似狗的狻猊——传说中吞云吐雾的龙四子，文化寓意极为高深。整件套壶结构精巧，胎骨细腻洁白，叩击有金属之声，照射有青黄之影，尽显影青瓷透彻莹润的特性。温酒套壶造型整体美轮美奂，匠心十足，历来为世人所赞赏。

　　考古工作者在1963年安徽省宿松县发掘了北宋吴正臣夫妇墓，其中有精美的影青温酒套壶，准确纪年为元祐二年（1087年）。此外，北京故宫博物院、深圳博物馆、英国大英博物馆、海宁市博物馆等地都藏有景德镇窑影青温酒套壶。

宋代影青注子温碗套壶
（安徽博物院藏）

7. 耀州窑瓷器

宋代耀州窑位于今陕西省铜川市的黄堡镇，在宋时北方的青瓷窑场中久负盛名。从神宗元丰（1078—1085年）至徽宗崇宁（1102—1106年）的三十来年间，曾为朝廷烧制贡瓷。宋代耀州窑系还包括河南宜阳窑、宝丰窑、新安城关窑、广东西村窑、广西永福窑等多个窑场，各窑产品的造型、工艺均与铜川窑相似，只是由于胎土、釉浆的原料有差别，导致胎质与釉色有些细微不同。

耀州窑受越窑的影响，创烧刻花青瓷。采取刻、印、划、雕、堆、镂等技法，以刀代笔，挥洒自如，一气呵成，似行云流水。施以透明的青绿色釉，烧成后更显器物淡雅秀丽，立体感极强。宋代耀州窑青瓷胎体较为坚薄，胎色灰褐或灰紫，釉质莹润透明，釉色青绿如橄榄色。

宋代耀州窑生产的酒器较多（参见右图上），或粗犷或纤巧，器型和色泽丰富多彩，精美之作纷繁呈现。陕西省蓝田县吕氏家族墓出土的北宋耀州窑青釉瓜棱注壶、菊瓣温碗（参见右图下），做工令人叹为观止。

宋代耀州窑执壶
（仁缘温酒公司藏）

8. 龙泉窑瓷器

龙泉窑系在今浙江省龙泉市境内，北宋时有20多处窑址，到南宋时有窑址40多处，其中以大窑、金村两处窑址最多，质量也最精良。龙泉窑生产瓷器历史悠久，时间长达七、八百年之久，最兴盛的时期要数南宋中期。龙泉窑瓷器产品，在宋代的时候就远销西亚、欧洲等国家和地区，影响十分深远。

北宋耀州窑青釉瓜棱注壶、菊瓣温碗
（陕西省考古研究院藏）

龙泉窑石灰碱青釉有两种，一种为高温下流动的釉，另一种为高温下不易流动的釉，这两种釉共同作用，烧成的瓷器表面釉色苍翠。北宋时多为粉青色，南宋时呈葱青色，釉面没有开片，瓷釉均很厚润，龙泉窑在装饰上较少刻花、划花（参见下图）。

北宋龙泉窑青瓷刻划花执壶
（浙江省博物馆藏）

南宋龙泉窑莲瓣纹碗
（台北故宫博物院藏）

9. 磁州窑瓷器

宋代时期，河北邯郸的彭城镇和磁县的观台镇一带称为磁州，北宋中期开始创烧瓷器，故名磁州窑。它是富有民间特色的瓷窑，是北方最大的民窑体系，烧造历史一直延续到元明清时期。磁州窑系分布在河南、河北和山西三个省内，以河南为最多。

磁州窑一改宋代之前南青北白的单色釉装饰方式，釉色丰富，有白釉、黑釉（参见右图）、酱釉和绿釉等，尤以白釉最为出名。磁州窑在装饰上采用黑白对比的方法，有较为强烈的视觉效

北宋至金黑釉线条执壶
（日本大阪东洋陶瓷美术馆藏）

果，开创了白地黑花的瓷器装饰先河，与山西长治窑创烧的"红绿彩"两项成就，共同确立了磁州窑在世界陶瓷史上的地位。

磁州窑的黑釉剔花瓷和铁锈花瓷有着较高的艺术效果，属于磁州窑中的名品。黑釉剔花瓷是在未干的黑釉上剔刻纹饰，留出原胎白地，烧成后黑白对比分明。黑釉剔花瓷器在宋代时期就已经流行，铁锈花瓷器多出现于宋代以后，本文在金代磁州窑温酒器内另做介绍。

北宋磁州窑执壶见右图。

综合以上情况，北宋皇室主要使用的温酒器具有：定烧的定窑白釉执壶、套壶以及汝窑温碗等。南宋皇室多使用官窑生产的葵口温碗、名窑套壶等器具温酒。贵族、文人雅士也

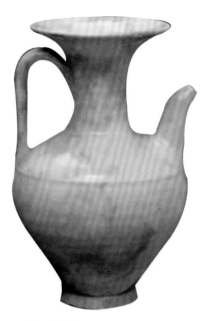

北宋磁州窑执壶
（美国波士顿博物馆藏）

能够使用湖田窑影青套壶、龙泉窑和耀州窑套壶温酒，当然这一阶层的群体还可能使用其他窑口生产的执壶、温碗、套壶和玉壶春瓶温酒。百姓阶层广泛使用磁州窑、吉州窑等民窑窑口生产的套壶、执壶、温碗和部分玉壶春瓶温酒。

三、辽代温酒器

站在华夏的版图前放眼望去，游牧民族、渔猎民族和农耕民族顺着地势从北向南上下排开。

当所有的目光聚焦在黄河流域和长江流域汉文化的时候，耳畔突然传来号角连天、战马嘶鸣、惊天动地的声音，原来是一队彪悍的少数民族铁骑，旌旗猎猎，征尘飞扬，一时间便冲杀到了农耕民族的家门口。一些夜郎自大的汉人，在一夜之间便再也不敢自诩是"国之中"了。

那些以肉食①为主的游牧、渔猎民族的英雄，以野狼和野猪为图腾，个个充满了

注：① 恩格斯在《自然辩证法》关于人类的进化中谈到"既吃植物也吃肉的习惯，大大促进了正在形成中的人的体力和独立性"。

血性和智慧，率领着血脉贲张、如狼似虎的忠诚将士，开疆拓土，逐鹿中原。农耕民族儿女世代以来春播秋收，带着文化积淀很深形成的沉荷，顽强抵御着外来入侵。

华夏文明辉耀世界几千年，汉民族文化是一个精彩的单元。少数民族在华夏大地上建立过长时期的政权，尽管种族人群之间存在的肤色、骨骼、饮食、习俗、认知、教育等方面不同，但因共同生活的协作和共同的命运，极富特色的各种文化在碰撞中包容，便也趋同了语言、趋同了习俗、趋同了价值追求，构成了新的多元而又富于个性的民族，这或许是完整而坚韧的中华文明体系形成的过程。蔡美彪在《辽金元史十五讲》的第一讲中说："辽朝建国以前，突厥——回纥文化对契丹人发生了较大影响。辽朝建国后，唐文化逐渐扩展影响……耶律大石西迁以后，虽然唐文化也随之西传，但突厥文化逐渐又成为西辽文化的主体。"

辽国是契丹人建立的少数民族王朝，历时210年，传9帝。

唐朝初年，契丹八部开始组成部落联盟。唐太宗贞观时，契丹大贺氏联盟长接受唐朝旗鼓之赐，表示对唐朝地位的认可。贞观二十二年，唐朝在契丹人住地设置松漠都督府，酋长任都督。五代时契丹迭剌部的首领耶律阿保机乘中原内乱之际，统一各部，于907年即可汗位，916年3月17日建立契丹国。辽又以燕云十六州为基地攻占开封并灭后晋，改国号为大辽。982年12岁的辽圣宗继位，随后辽代进入鼎盛期。辽在对宋的战争中屡屡获胜，俘获号称"杨无敌"的杨继业。辽军与宋真宗订立了"澶渊之盟"和约，之后辽圣宗结好西夏，西夏也摇摆于宋、辽之间以图存，形成辽宋夏三朝鼎立的局面。

澶渊之盟以后，辽国进入长达百年的和平安稳时期，草肥水美，六畜兴旺，粮食富余，酒业发达。从五京到一般的州县，甚至是乡村酒肆都较为繁荣。当时既有粮食酒，也有乳酒、羊酒和菊花酒、茱萸酒以及用芍药配制成的麦尾酒、白葡萄酒、酒果子等。为了便于对酿酒行业进行管理，实行政府专卖，辽国在上京专门设立了酿酒"麹院"，在东京设有"麹院使"。

辽代中期以后，以公元1000年为界，进入了被气候学家竺可桢称为的中国历史上第三个寒冷期。《辽史》中，有农历四月大雪冻死牛马的记载。北方冬季寒冷的气候条件，饮酒御寒自然不过，加之辽国悠然的生活习惯以及契丹汉子的铁血个性，铸就了豪放的饮酒风格。无论是国宴还是家宴，故交与新友齐聚一堂，一定是醒了再醉。《新五代史》记载辽世宗"性豪隽，汉使至，辄以酒肉困之"。唐末军阀混战期间，北汉刘崇为了讨好契丹老大，派宰相郑珙前往进贡，因为饮酒却出了外交事故。"辛未，北汉礼部侍郎、同平章事郑珙卒于契丹。"有后人推测，郑珙既达虏廷后，饮酒过量……一夕卒于毡堵间。汉人宰相架不住契丹人"恩礼周厚"的宴饮狂灌，醉死在毡帐里。

辽代契丹皇族开怀畅饮，还数在外出渔猎的时候。辽朝建国后，皇族依然保持了称为"四时捺钵"的渔猎骑射传统，四季都要出猎。春天在长春捕鹅，又在混同江垂钓；夏天在永安山或炭山放鹰；秋天在庆州射鹿；冬天在永州猎虎。每遇皇帝亲射猎物，隆庆之气定是撼天动地，挈榼提壶一场豪饮。当然辽道宗死后，孙子天祚帝继位，荒于游畋，不问朝政，终为金兵所俘。

辽代的手工业取得了不菲的成就。辽代的金银、佛器和镔铁技术工艺高超，马具被宋人称为"天下第一"。辽瓷在我国陶瓷发展史上是一朵耀眼的奇葩，辽代窑厂已知有七处，在上京、东京、中京、南京和西京这"五京"中都有窑场，最著名的是赤峰缸瓦窑烧制的官窑瓷器。另外，龙泉务窑烧制的大型罗汉等塑像，也是世界各大博物馆争相收藏的艺术精品。辽代制瓷的工匠，主要来自俘虏的汉人。

辽墓中出土的温酒器类别多样，除了有产自中原的执壶和套壶，也有融合民族特点的仿制器，还有极富民族特色的鸡冠壶、皮囊壶、穿带瓶、凤首瓶、马镫壶、鱼鸟人形三彩陶瓷壶这六类器具。实用性较强，符合迁徙民族出行时便于携带又能节省空间需求。温酒器制作材料除使用辽代"五大窑口"瓷器外，还使用贵金属、玛瑙等材料。

执壶依然是辽代时期重要的温酒器具，如下图雕绘作品中有当时使用执壶温酒的情景。

辽代雕绘作品
（辽上京博物馆藏）

辽代雕绘作品局部放大图

（一）辽代"五大"窑口生产的瓷质温酒器

辽代政府很重视陶瓷业的发展，在继承唐朝"三彩"传统技术的基础上，吸收五代和北宋时期定窑、磁州窑的工艺技术和装饰风格，生产出辽白瓷、白釉剔花瓷等产品，同时结合本民族特色，生产出日常生活实用的辽三彩、辽黄釉瓷器。

1．林东南山窑瓷器

林东南山窑当时主要烧制三彩陶器，白音戈勒窑当时烧造茶叶末釉和黑釉大型粗瓷器物，都具有鲜明的民族特色，只有辽上京窑受中原定窑的影响最深，以烧制白釉和黑釉精细瓷器为主。

林东上京窑的窑址在巴林左旗林东镇的辽上京临潢府内，故也有人称其为"临潢窑"，辽道宗时期开始烧造，是辽代晚期的官窑场。

辽代中期出现了不少的精美温酒执壶和套壶、凤首瓶（参见下图），间接说明契丹贵族此时已经结束了以游牧为主的生存状态，充分追求和享受较高的生活品质。

宋—辽凸雕莲瓣纹白瓷执壶
（中国国家博物馆藏）

辽代注子、注碗温酒套壶
（赤峰市博物馆藏）

辽代凤首瓶
（仁缘温酒公司藏）

2. 赤峰缸瓦窑瓷器

辽代最大的窑场是赤峰缸瓦窑，窑址在今内蒙古赤峰市的缸瓦窑屯。当时的生产规模很大，烧造的时间也较长。主要以烧白瓷为主，兼烧白釉黑花、三彩以及茶叶末、绿釉器及黑瓷等单色釉瓷器。白瓷胎质微黄，有黑色杂点，釉色浑浊偏黄。

缸瓦窑生产的瓷器温酒套壶轻薄美观（参见下图），装饰以珍珠纹样，颇具民族色彩。

辽代缸瓦窑蕉叶文执壶、温碗
（首都博物馆藏）

辽代彩色釉陶刻花璎珞纹盘口穿带壶
（上海博物馆藏）

3. 辽阳江官屯窑瓷器

辽阳江官屯窑的窑址，在今辽阳市文圣区小屯镇江官屯村。该窑口始建于辽，金代时为全盛期，至元渐渐衰废。辽代时期窑场规模很大，是主要烧造生活用瓷的民窑。当时以生产白釉粗瓷为主，白釉黑花和黑釉瓷器较少，也烧少量的三彩器（参见125页上图）。

江官屯窑虽说烧制粗瓷，但也不失如下白釉黑彩矮葫芦执壶一类的精美之作。

辽代江官窑白釉黑彩矮葫芦执壶
（辽阳博物馆藏）

辽代绿釉皮囊壶
（辽上京博物馆藏）

辽代鸳鸯形三彩壶
（赤峰市博物馆藏）

4. 北京龙泉务窑瓷器

　　北京龙泉务窑的窑址在北京门头沟龙泉务村，故而得名，属辽金时期著名的瓷窑。龙泉务窑的生产技术，受到定窑的影响很大。所烧造的细白瓷，其釉面微微泛青，呈半透明状，其工艺和花纹特征与定窑有明显的相似之处。龙泉务窑烧制的三彩类建筑陶瓷最为著名，大型菩萨、罗汉等彩塑享誉世界。

　　龙泉务窑烧造的温酒执壶很精美，其造型和纹饰承袭了较多的定窑特点（参见右图）。

辽代龙泉务窑白釉刻菊莲纹葫芦式执壶
（首都博物馆藏）

辽上京博物馆藏辽代鸡首壶和首都博物馆藏辽代酱釉黄马镫壶见下图。

辽代鸡首壶
（辽上京博物馆藏）

辽代酱釉黄马镫壶
（首都博物馆藏）

5．大同浑源窑瓷器

大同为辽代西京，所属的浑源县城东南的庄窑在当时瓷器生产规模较大。20世纪70年代冯先铭、李知宴相继考查，经山西省考古研究所的专家小规模地试掘，发现唐代窑址及辽金窑址两处。辽金时主要烧制白瓷、黑瓷、褐釉、钧釉和绞胎瓷等，装饰手法主要有印花、划花、刻花和剔花。白釉虽不及邢定、定窑白瓷出名，但釉色也很纯净，剔划后的露胎部分为咖啡色。

如下图浑源窑生产的瓷器温酒执壶，造型别致，另有一番情趣。

辽代浑源窑白瓷执壶
（山西博物院藏）

辽代浑源窑白瓷执壶
（山西博物院藏）

（二）辽代金属温酒器

1. 辽代实用型金属温酒器

契丹民族过着以畜为食，以皮为衣，"转徙随时，车马为家"的生活。金属器具的耐用性和多功能性更适合在游牧时使用，深受草原民族的喜爱。

辽代铜鎏金双凤皮囊壶（参见右图），集储酒、温酒和斟酒于一身，它同辽代银质鎏金提梁壶、铜执壶（参见下图左）一样，可以作温酒器使用，使人感受到辽代贵族生活的华贵，但要比起银执壶及尊形银温器（其实就是温酒套壶，参见下图右），显然皮囊壶不适宜定居时使用，可能使用银质温酒套壶的主人级别会更高。

辽代铜鎏金双凤皮囊壶
（黑龙江辽金历史博物馆藏）

辽代铜执壶
（赤峰市博物馆藏）

辽代银执壶及尊形银温器
（赤峰市博物馆藏）

2．辽代信仰型温酒器

契丹人崇拜太阳，故以东为尚。辽代在晚唐和五代时期没有经历灭佛运动，较多地保留了中唐密宗教的遗风。辽建国后，契丹人改变了只对自然界原始崇拜的萨满教，逐渐接受和传播佛教文化。

辽代的佛塔遍布五京，有北京天宁寺砖塔、宁城（中京）砖塔、山西省应县的木塔、赤峰林西的白砖塔等佛教重地。寺院建筑风格八角七层，风格独特。僧人接转原来领主征收的税赋，财力大增，置田买地，广收信徒。辽圣宗重修房山居云寺，命高僧可元校勘整理佛教文化。

辽代摩羯形银鎏金提梁壶
（赤峰市博物馆藏）

辽代时期流行的摩羯纹，源于印度神话，早在唐代之前就随着佛教传入我国。摩羯神兽为鱼身鸟翼，能够驱邪护法。辽代摩羯形银鎏金提梁壶（参见右图），是用信仰和佛法滋养过的灵物。

（三）辽代玛瑙温酒器具

辽代玛瑙可能出自辽宁阜新，因出土过辽代玛瑙双陆棋，推测更可能来自黑龙江嫩江地区的红玛瑙，还有人说辽代的玛瑙源于矿脉失传的古夫余国赤玉。

辽代玛瑙原来属于玉器的一部分，曾经用作宗教器具，后来逐步地下降了与神沟通的功能，成为了实用器物，多了些许生活气息。

辽代玛瑙也是能够凸显契丹民族特色的器物。一般多为坠饰，各色相间细如游丝的缠丝玛瑙珠子，极富辽代少数民族的特征。当时实用玛瑙器物并不多，辽代陈国公主墓出土的精美玛瑙杯实属难得，有幸所获的辽代镶金边葵口玛瑙温酒碗（参见右图），也较少见。

辽代镶金边葵口玛瑙温酒碗
（仁缘温酒公司藏）

总的来说，辽朝皇帝贵族主要使用上京窑、缸瓦窑和龙泉务窑定制的官窑瓷壶、瓷瓶以及银鎏金执壶、银质套壶温酒，出行携带金属类的铜鎏金、银鎏金皮囊壶温酒。一般官员使用来自北宋的套壶、执壶以及各类民族特色的普通壶、瓶。牧民使用辽阳江官屯民窑烧制的草原民族特色壶、瓶温酒较多。

四、金代温酒器

金朝是女真族建立的王朝，女真族也是满族的祖先。女真族源自3000多年前的肃慎，汉晋时称为挹娄，南北朝时称为勿吉，隋唐时称为黑水靺鞨。辽早期，女真部落向辽朝缴纳贡品。辽阳一带的女真部落，接受辽文化入编辽籍，称为"熟女真"，松花江以北宁江以东的女真部落，散居在林间河谷的木屋内，穿皮毛衣，为"生女真"。大约在辽兴宗时，女真的完颜部落发展为强大的部落。1115年，金太祖完颜旻在今天的黑龙江阿城建国。金建国后联合西夏攻打并灭了辽国，1126年灭北宋。第二年即靖康年4月，金军俘虏宋徽宗、宋钦宗二帝以及宗族470多人、臣民3000之众北返阿城，二位皇帝分别被封侮辱性的"昏德公"和"重昏侯"，史称"靖康之耻"。1234年元军与南宋军队联合灭金。金代传10帝，共120年。

金代的文化遗存相对较少，有关酒政、酒种、手工业发展的详细资料有限。一是因为金人最初没有文字，随着国势的增长，金人不满足于采用契丹字，太祖阿骨打命尚书左丞相希尹，仿汉人楷书、袭契丹字规律，才编撰出不很完善的女真文字，致使金代早期的史料记录受限。二是因为后来较为完整的金朝实录，战乱时被元朝将领张柔独入史馆所攫取。后来元朝在中统二年编修辽金史时，张柔才将金朝实录交出来，但其内容是否完整不得而知。现今读到的《金史》，大多取材于金末元初元好问编定的《中州集》中以诗为史的事件以及金末刘祁的《归潜志》书载的列传和轶事。

生活在白山黑水间的女真人，酒为冬季的必备之物。北方寒冷的冬天，漫天大雪铺在黑龙江、松花江流域，铺在大、小兴安岭一带，始终也不能融化，万物在霜天里失去了自由，只有女真人轮番宴请，大家围坐在炕头，一盅接着一盅酣畅地饮酒，享受着漫长的冬季。当春回大地，已经是温暖的季节，但酒还要继续喝下去。期间如遇大小祭祀、婚丧嫁娶、时令节日、迎宾送客，更是倾囊豪饮。

金代饮酒之风弥漫朝野，当权者不得已只能采取控制措施。通过阅览清李有棠撰写的《金史纪事本纪》，金朝面对饮酒导致的朝惰廷荒、军纪涣散、风雅难存、频频惹事等问题，据卷二十三《海陵淫暴》中记载，金海陵王完颜亮决意禁酒，出台"禁朝官饮酒，犯者死"的规定，"六年春正月丁丑，判大宗正圖克坦贞等饮酒，杖之。"《世宗致治》中有"地有余而力不赡者，方许招佃（汉人租种），仍禁农时饮酒。"金代官职人员不能染指世间美好之物，然而皇帝却酗酒。据《金史》记载，金景祖完颜乌古乃"嗜酒好色，饮啖过人"。皇统二年夏五月，"帝自去年荒于酒，与近臣饮，或继以夜。"民间大众每遇大贺也得畅饮，《金史纪事本末》卷三十四中记载，"御紫宸殿受贺，赐诸王宰执酒，敕有司以酒万尊置通衢，赐民纵饮。都人寻进酒三千二百瓶。"大贺众饮，好大的阵势！

金代历史上有口嚼酒，《魏书》卷一百《列传第八十八·勿吉国》中写道："嚼米醞酒，饮能至醉。"这恐怕是目前见到最早的关于中国口嚼酒的文字记录。可见当时的勿吉人已经掌握了口嚼酒的酿制方法——妇女将米（应为糜）在口中嚼过，吐纳于罐、瓶、盆类器皿，然后放置箱柜内发酵，数日后便成带甜酸味的"醴酒"了。金代对于酿酒的方法、酒品的种类记录的文字不多，宋宇文懋昭撰《大金国志》中有："酿糜为酒"的记载。另据南宋翰林学士的周麟之在《海陵集》中，自述赴金受到金主完颜亮的赏赐，喝过"金澜酒"，可见该酒为金代名酒。

金世宗完颜雍在位期间，心胸开阔，任人唯贤，启用政敌海陵王的旧臣张浩为宰相，册封与自己作对的纥石烈志宁为王。崇尚节俭、减土木、禁馈献、抑佛教。励精图治，革除弊政。重用汉文人，废止"绍兴议和"中部分对宋朝不利的一些条款，边境休战近30年，获得和平发展的机会，兴修水利，促进生产，经济得到了恢复和发展，出现"家给人足，仓廪有余"的富裕局面，是金国最为鼎盛的时期，史称"大定之治"，金世宗完颜雍也获得了"北国小尧舜"的尊称。在此期间，手工业、酒业都得到较好的发展。金代广泛采煤炭冶炼，铁器制品最为突出，产生四大类铁制品：铁铲、铁斧、铁镰等生产工具；有铁釜、铁盘、铁罐、铁熏炉、铁宫灯等生活用具；有铁链、铁矛、铁铐、铁铠甲等兵器；还有铁镫、铁车辖以及整套的铁流金马具等。如今，遗憾的只是暂未发现金代铁制温酒器。

金代温酒器具主要是瓷器执壶、铜器玉壶春瓶以及金代典型器物胆式瓶温酒。在一些群饮的场合，这些温煮器物之间可以相互替代，交叉使用，但是更多的时候，还是以执壶火上温酒、胆式瓶斟酒为主。2007年山西陵川县附城镇玉泉村出土的金大定九年（1160年）壁画，还原了当时执壶和胆式瓶温酒、斟酒的场景（参见下图）。

金代奉茶进酒图　　　　　　　金代奉茶进酒图局部——执壶温酒　　　金代奉茶进酒图局部——胆式瓶斟酒

（一）金代瓷器温酒器

金代时期形成了以曲阳的定窑、磁县砚台窑、禹县钧窑和铜川耀州窑为骨干窑口，另外金代还有淄博磁村窑、徐淮地区萧窑、宿州窑、泗州窑等。在众多窑口中，河南窑口兴起较多，产品丰富。山西瓷业发展更快，瓷质更高。

金代瓷器温酒器重要的特点就是迁都前后瓷器质量的差别较大。

金代与宋代、辽代、元代的政治、经济、文化、习俗等方面的关系纵横交错，期间各时期瓷器的造型和装饰既有特点也有共性，产品质量随着金代迁都前后对比明显，变化复杂。金朝曾经先后有四个都城：第一个都城是上京会宁府（阿城）；第二个是1153年海陵王迁都燕京的中都；第三个是1214年迁都南京（今开封）；第四个是蔡州（汝南），直至公元1234年金朝灭亡。金代未迁都前，利用和延续辽瓷旧窑烧造，生产的瓷器产品做工粗糙①，淘洗较差，器物多有变形，器物纹饰也简单。迁都燕京后烧制的瓷器产品较精，胎料淘洗干净，胎骨较为致密，采用涩圈支烧，产量大增，纹饰内容也丰富多彩。金代盆、碗、罐、壶、瓶等瓷器器物，器底施釉为一大特点。

注：①《中国陶瓷史·金代陶瓷》：金前期的陶瓷生产。

金代时期的温酒器发生了较大的变化，原来辽代的皮囊壶、鸡冠壶等温酒器物逐步退出，取而代之的是执壶、胆式瓶、玉壶春瓶、三系壶、温碗和套壶等温酒器具。

1. 金代利用辽时期旧窑口生产的瓷器温酒产品

金代利用辽时期旧窑口生产的瓷器温酒产品，虽然风格粗放不羁，但是也不乏一些优秀作品（参见下图）。如出土于辽宁彰武公社金白釉黑花葫芦形倒装壶（参见下图右），被誉为"一件别有风格的艺术珍品"。据《辽宁省出土文物展览简介》介绍：此壶器顶无口，装酒时将壶倒置，通过圈足内圆孔注酒，壶的底孔与流口的注管相通，装满后正置，由流口出酒。

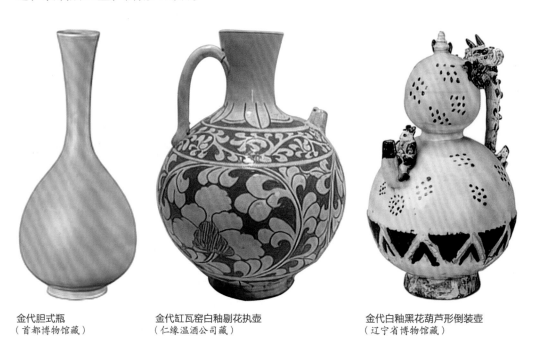

金代胆式瓶
（首都博物馆藏）

金代缸瓦窑白釉剔花执壶
（仁缘温酒公司藏）

金代白釉黑花葫芦形倒装壶
（辽宁省博物馆藏）

2. 金代引进定窑制作的新产品

金代引进定窑制作的新产品，胎质细白，釉色莹润，器型规整，多呈乳白色。虽然比不上北宋定瓷的质量，但可以看出金代定瓷直接继承了宋代定瓷制瓷技术。烧造技法最大的区别就是金代定瓷采取"砂圈叠烧法"，也称为"涩圈支烧"。即在器物的内底刮圈釉，露胎处叠烧。

台北故宫博物院藏的北宋—
金时期定窑白瓷三系壶（参见右
图），是集煎药、煮茶、温酒于一
身的多功能温煮器。

3. 河南钧窑瓷器

河南钧窑是北宋时期五大名窑
之一，也是金代时期的重要窑口。
生产的温碗、玉壶春瓶和胆式瓶温
酒器具，都具有钧窑明显的特征。
金代禹县钧窑与宋代钧窑产品风格
相近，较易混淆，但器型有别，北

北宋—金定窑白瓷三系壶
（台北故宫博物院藏）

宋钧窑流釉有更明显的"蚯蚓走泥纹"特征。金代钧窑温酒器多为温碗、胆式瓶和
玉壶春瓶（参见下图），从目前掌握的情况看，金代钧窑生产的执壶和套壶温酒产品
较少。

金代钧釉花口温碗
（鲁山县段店窑文化研究所藏）

金代钧釉胆式瓶
（英国维多利亚阿尔伯特
博物馆藏）

金代钧窑天蓝釉玉壶春瓶
（仁缘温酒公司藏）

　　金代河南地区除钧窑外，也兴起了一批地方窑口，如临汝窑，宋、金时以烧制青瓷为主。鹤壁窑始烧于唐代，盛于宋代、金代，而终于元代。密县窑创烧于唐代，而终于金代。登封窑始烧于唐代，繁盛于北宋，终于元代。鲁山窑宋、金时期产品丰富，终于元代。在这些窑口中，有白瓷、黑瓷、黄瓷、青瓷、珍珠地划花、三彩陶器等瓷器品种，其中白釉珍珠地划花瓷器最具特色。同时，在这些窑口中都有温酒执壶、玉壶春瓶和温碗的影子（参见下图）。金代河南窑从器表和彩釉装饰上分，温酒器基本上有三类：黑白彩釉类、凸线类和瓜棱类。

金代白地黑褐花龙纹玉壶春瓶　　　金代白地黑花执壶　　　　　金代黑釉凸线纹执壶
（河南博物院藏）　　　　　（鲁山县段店窑文化研究所藏）　　（鲁山县段店窑文化研究所藏）

金代青釉花口瓜棱温碗　　　　　　　金代青釉花口瓜棱温碗
（仁缘温酒公司藏）　　　　　　　（鲁山县段店窑文化研究所藏）

4. 耀州窑制品

耀州窑在宋代北方的青瓷窑场中就久负盛名，在金代得到延续和发展。耀州窑青瓷纹饰刻划刀刀见泥，刀法犀利，简洁清晰，风格粗犷，带有北方人明显的性格特点。金代耀州窑器物通体施青釉（参见下图左），釉色青中泛黄，底足外直内"八"，足心施一点釉。金代耀州窑名品是月白色釉瓷器，它以乳白色为基调，白中闪青，给人以如冰似玉之感。

金代耀州窑产品中，几乎包括了当时所有流行的温酒器物：胆式瓶、温碗、执壶等（参见下图），其中不乏月白釉温酒器。

金代耀州窑月白釉执壶
（陕西历史博物馆藏）

金代月白釉温碗
（陕西历史博物馆藏）

金代耀州窑青釉瓷器
（陕西历史博物馆藏）

金代传统的耀州窑制品质量也很高，保存于故宫博物院的金代耀州窑钱文执壶（参见右图）即是一例。该壶小口，溜肩，鼓腹，圈足，形制美观。肩部一侧为流口，一侧为高位柄，饰有莲瓣纹，腹部钱纹相连，刻花清晰。

金代耀州窑钱文执壶
（北京故宫博物院藏）

5．金代磁州窑制品

金代磁州窑系的范围基本与宋代一致，仍然是民窑窑口，散布于今河北、山西、河南三省。磁县砚台窑也是金代时期的重要窑口，曾被称为"巨鹿陶瓷"。磁州窑系烧制瓷器品种在宋金时期最为丰富，其中有很多饮食器具。

磁州窑生产的温酒器（参见下图），纹饰选用日常生活中喜闻乐见的素材，有浓郁的乡土气息。

金代磁州窑绿釉黑地花执壶
（仁缘温酒公司藏）

金代磁州窑白釉褐彩玉壶春瓶
（磁州窑博物馆藏）

金代时期山西受战争破坏较少，在磁州窑的窑系中发展既快又好，从北至南有众多瓷器窑口。雁北地区大同窑、浑源窑，朔州地区怀仁窑，阳泉地区平定窑、盂县窑，晋中地区榆次窑、介休窑，吕梁地区交城窑、柳林窑、兴县西磁窑沟窑，长治地区八义窑，临汾地区霍州窑，晋城地区晋城窑等诸多窑口中，有一些窑口深受定窑工艺技术和装饰风格的影响，窑口基本可以分为定窑类窑口和非定窑类窑口。生产的瓷器品种最多的是白釉碗，其次是盆、罐、瓮、枕等一些生活用瓷，只是生产的温酒器具相对少一些。

（1）金代山西定窑类窑口温酒器

金代山西定窑类的窑口主要有：平定窑、盂县窑、介休窑、霍县窑和交城窑等。

平定窑和盂县窑的窑址都与河北邢窑、定窑相距较近，瓷器造型、装饰以及成型烧制工艺相互之间有很多共同之处，它们都以烧白瓷为主，还烧印花、剔花等器物。

介休窑亦称"洪山窑"，始烧于宋代，历经金代、元代、明代、清代，烧造历史久远。受定窑影响，宋金时期以烧制白釉瓷器为主，又烧造黑釉、白釉黑花以及黄褐釉印花器（参见下图）。

交城窑金代时期生产瓷器品种与介休窑相类，不再赘述。

霍县窑就是彭窑，以烧白瓷为主。曹昭在《格古要论》中说霍器"土脉细白者与定相似""卖骨董（古董）者称为'新定器'"。

金代白釉瓜棱注壶、注碗　　　　金代白釉玉壶春瓶　　　　　金代褐釉执壶
（大同市博物馆藏）　　　　　　　（山西博物院藏）　　　　　　（仁缘温酒公司藏）

（2）金代山西非定窑类温酒器

金代山西非定窑类的温酒器主要有黑釉剔花和彩釉两类。

第一类金代黑釉剔花瓷器（参见138页图），是在黑漆光亮的瓷器上，通过技法娴熟的剔花装饰，显示出黄白色底子衬托的黑色花纹，与白釉剔花瓷器一样，都有底色和图案的鲜明对比，具有较好的装饰效果。生产地主要有大同窑、浑源、怀仁等窑口。

大同西郊瓦窑村等地发现古代窑址，经专家考察，认为该窑口始于金代，终于元代。当时以烧黑釉器为主（参见138页图），最具代表性的装饰工艺为剔花技法。浑源窑金元时期窑厂扩大、品种增多，曾出土大量"镶嵌瓷"。怀仁窑也始于金代，历经元、明两代。主要以烧造黑釉瓷为主，也生产划花及剔花瓷器。

金代磁州窑系黑釉剔花玉壶春瓶　　　　金代大同窑黑釉剔花深腹温碗
（顺德区博物馆藏）　　　　　　　　　（山西博物院藏）

第二类金代山西彩釉类瓷器，主要有山西众多磁州窑生产的"铁锈花"、长治八义窑生产的"红绿彩"和兴县西磁窑沟生产的"柿色釉"彩瓷（参见139页图左、中），共三个大类。

"铁锈花"瓷器在生产时，先在黑釉瓷坯上使用含有氧化铁的釉水描绘出飞鸟、花卉图案，再入窑高温烧制，成品的瓷器上便会呈现铁锈色花纹。这种"铁锈花"瓷器品种，属于高温釉下彩瓷器。山西和河南地区的不少窑口在宋金时都有烧造，主要有罐、碗、盘、嘟噜瓶、玉壶春瓶（参见139页图右）等多种日常生活用品。

"红绿彩"是在烧制好的白釉器物上描绘红、绿彩纹饰，再经800℃左右的窑温烘烧而成，是高温成型、低温成彩的釉上彩瓷器。多出土于金代墓葬，北宋墓内未见，故又称"金三彩"瓷器。"红绿彩"创烧地为山西长治八义镇窑，它开创了我国瓷器史上多彩装饰的先河，引领黑白瓷器进入缤纷的彩瓷世界。金代"红绿彩"器物多为碗、盘、杯、枕、儿童玩偶等，不见温酒类器物，到了明代"红绿彩"执壶、玉壶春等器物才多起来。

北宋时期在河北定窑、陕西耀州窑中出现"柿色釉"彩瓷，近年来，又在山西境内的兴县魏家滩镇西磁窑沟村发现宋金时期"柿色釉"瓷器，为此山西省考古研究所的同志们不辞辛苦，对遗址进行了认真的发掘和深入的探讨。西磁窑沟发现的"柿色釉"瓷器（参见下图）与"铁锈花"瓷器，同属于釉下高温彩瓷。从该遗址发掘的实物标本来看，"柿色釉"瓷器生产时间主要集中在北宋至金初，产品主要有碗、盆、盏、盘、罐、盒、盖等多种日用器物，温酒执壶自然不可或缺。

兴县西磁窑沟出土金代执壶残片
（山西省考古研究所藏）

兴县西磁窑沟金代柿色釉执壶
（仁缘温酒公司藏）

金代铁锈花玉壶春瓶
（山西博物院藏）

（二）金代铜质温酒器

金代时期，政府很重视手工业中金银矿的采掘、冶铸，中都地区的官营手工业占主导地位，民间手工业也有一定程度的发展。金代为了规范手工业的发展，建立了专门的手工业管理机构，使采掘业和冶金业的生产和管理日趋完备。

金代时期出现的铜质玉壶春瓶，很适宜温酒、斟酒，为玉壶春瓶在后来元代大放异彩做了宣传和铺垫。

金朝贵族用温酒器既有皇宫定制的定窑系执壶、三系壶，也有钧窑胆式瓶和玉壶春瓶等，更有适宜频繁战争、迁都使用的金属玉壶春瓶（参见右图）温酒器、斟酒器。下级官员和民间百姓多使用本民族特色的高腰身瓷壶、瓷瓶、玉壶春瓶温酒。群饮场合多用锅、盆等大型温煮器具。

金代铜玉壶春瓶
（黑龙江省博物馆藏）

五、西夏党项贵族用温酒器

西夏前期与辽、北宋并列，后期与金、南宋和元并列。从公元1038年李元昊称帝至西夏保义二年（1227年）灭亡，历经10帝，享国189年。西夏疆域包括现在的宁夏及陕西北部、甘肃西北部、青海东北部及内蒙古部分地区。

西夏是由党项族在中国西部建立的政权，党项族原属于羌族的一支，居住地在现在的青海东南部黄河曲一带。从唐到北宋，党项族的拓跋氏一直以中原王朝节度使的身份，统辖着银、夏、绥（今陕西绥德）、宥（今内蒙古鄂托克前旗境内）、静（疑为现今山西兴县、静乐、河曲一带）等五州之地。公元1038年李元昊称帝，国号大夏，史称西夏。1044年西夏取消帝号，宋册封夏国王，宋朝名义为"岁赐"实际为岁贡西夏银、绢、茶。金朝崛起灭掉辽和北宋后，西夏臣服金朝。1227年，元军攻破西夏国都兴庆府（今银川），西夏灭亡。元军因"恶其狡诈多变"，西夏遭到元军挖断黄陵龙脉、斩草除根的血洗。

西夏历史中多为称臣时间，不断利用宋、辽、金相互之间的矛盾周旋，趋利而不遵道。西夏的政治制度和军事制度设置基本上模仿北宋，正史不以西夏为朝，只是附属国的地方政权。

西夏天盛年间为盛世，出现过反映党项族特色的温酒器（参见右图），值得关注和讨论。

西夏天盛年间，富足的经济和繁荣的文化促进了酒业的发展，推动了酿酒工艺的改进，党项人仿照中原制度建立了酒政与酒法，设立专门管理酒业的部门，控制税源。《西夏天盛律令研究》手工业酿酒中规定：酿酒实行许可证，酒曲官卖。无证酿酒"至百斤，有官罚马二，庶人徒三个月，百斤以上，一律徒六个月。"西夏官府管理的酒曲也很严，西夏不准私制或者从宋朝进口酒曲，禁私酿醅酒（味道醇香的酒）、普康酒等。

西夏地区盛行饮酒，每有征战从不离酒。据《西夏书事校证》卷十二记载，元昊谋鄜延（今陕西富县）州，"悉会诸族豪酋于贺兰山坡与之盟，各刺臂血和酒置髑髅中共饮之"。西夏可能主要饮用葡萄酒。

党项族农业不太发达，有些史料中将其描述为"不知稼穑，土无五谷"，但是手工业发达。西夏有铜、银、铁矿的开采与冶炼，主要以犯人为苦役。当时金银器主要为官制，民间没有或者很少有金银器的手工作坊。西夏金银器造型和工艺，即沿袭了唐以来制作金银器的遗风，吸收了宋辽金以及外来文化的元素，工匠的黄金拉丝水平高超，细如丝线，可以编织进毛、丝、棉纺织物中去。党项人创造了北方草原灿烂的金银文化。西夏对金器管理有明确的律令，尽管皇家"人马皆衣金"，但据《天盛改旧新定律令》中规定，一般的官员和百姓不允许穿戴黄色的衣服，更不允许使用金器。另外，西夏手工业中的锻铁技术相当先进，"夏国剑"和"契丹鞍"令世人称赞，被宋代太平老人在《袖中锦》中称为"皆天下第一"。西夏陶制的瓷蒺藜炸弹，器表布满锐利的尖状瓷钉，引爆后杀伤威力很大，成吉思汗就是受此武器的伤害而落马，不久病逝。

《天盛律令》中将行政机构分为上、次、中、下、末五个等级，砖瓦陶瓷在末等司管理之内。马文宽在《宁夏灵武窑》中介绍，西夏的生活用瓷主要有：碗、盘、盆、钵、釜、杯、高足杯、盒、壶、扁壶、瓶罐、缸、瓮、灯、铃、钩等，其中釜、壶、扁壶都是可以用来温酒的器具。

西夏最富特色的温酒器就是西夏鸭嘴流铜壶（参见下图）和瓷扁壶。

西夏鸭嘴流铜壶
（宁夏博物馆藏）

（一）西夏金属温酒器

西夏铜壶具有典型的民族特色。1971年出土于甘肃武威西夏墓，高27厘米，口径14厘米，足径8.5厘米，通过该器物反映了西夏高超的冶铜水平。

（二）西夏瓷器温酒器

关于西夏瓷器的起源，有学者推测，可能源于西夏从占领地晋北河曲一带掳掠回的窑工，成全了党项人的瓷业。

西夏窑址主要集中在宁夏银川贺兰山、灵武市和甘肃省武威一带。西夏粗瓷的胎质粗松泛红，西夏细瓷的胎质细密泛黄或浅白。西夏日常瓷器中壶、瓶、罐、碗、盆比例大，富有游牧民族生活的特色产品是四系瓶、瓷铃、帐钩、牛头埚，最具代表性的典型器是剔刻釉扁壶。西夏瓷的装饰技法主要有剔刻釉、剔刻花及少量印花瓷器。

流传至今的瓷器扁壶（参见下图）时有见到，集储酒、温酒、斟酒、饮酒为一身。

西夏扁壶
（台北故宫博物院藏）

西夏扁壶
（武威西夏博物馆藏）

西夏受宋文化的影响很大，也使用瓷器执壶和瓶（参见下图）温酒、斟酒。

西夏民窑黄釉瓜棱执壶
（临夏州博物馆藏）

西夏黑釉瓶
（武威西夏博物馆藏）

西夏人崇尚白色，白瓷质量普遍较高，白釉温碗（参见下图）就是例证。

西夏白釉温碗
（仁缘温酒公司藏）

西夏白釉温碗
（武威西夏博物馆藏）

西夏人居家温酒时多使用瓷质执壶、葫芦瓶、温碗以及鸭嘴流铜壶，迁徙中多使用扁壶储酒、温酒和饮酒。

第九节

元代温酒器

一、元人嗜酒，酒政如风

　　唐朝亡后，辽、宋、夏、金、吐蕃、大理诸国先后对峙，没有任何一方有足够的力量征服他方。一代天骄成吉思汗建立蒙古国，开启了统一全国的宏图霸业，他的孙子忽必烈（元世祖）继位后，率领强大的蒙古军队经过艰苦卓绝的战斗，于1271年建立了元朝，1279年灭亡了南宋，结束了各民族长期分裂的局面，创建了多民族的蒙古汗国。成吉思汗的影响力动荡着当时的世界格局，成为中国历史上的杰出人物、世界历史上的风云人物。

　　元朝是一个多民族国家，特别是在北方更是"诸民相杂"，除蒙古人和汉人外，还与蛮子、契丹、女真、高丽以及回回教徒、基督教的也里可温人、伊斯兰教的答失蛮人、部分回鹘人畏兀儿等不同民族、不同信仰的人群。元朝为了镇守边疆，约有10万蒙古族人南迁定居云南。随着元朝的强权统治，蒙古族人在政治、经济、文化活动中已经成为社会发展的主流群体，很快冲击和动摇着其他民族固有的生存状态，皇权贵族为了维护特权利益，推行民族歧视政策，严格划分了各族的社会阶层（现在的教科书中删除了元朝"四等人制"相关内容）。把人划分为四个等级：蒙古人、色目人（西北各族、部分中亚和东欧人）、汉人（原属金朝、汉、女真、契丹、高丽人等）、南人（原属南宋汉族及原属各族）以及比这四个等级还低一等的"驱口"[①]。元政府针对不同群体分而治之。《通制条格》卷二十八中有"如有蒙古人殴打汉儿人，不得还报，指立证见，于所在官司陈诉。如有违反之人，严行断罪。"蒙古人即便打死汉人不过"断罚出征"和"全征烧埋钱"便可以了事。元人享有至高的权利，元人中的"怯

　　注：① "驱口"也称"怯怜口"。据《通制条格》卷28，为了防止这些"驱口"逃跑，往往"使饮哑药""用火烙足"或"富势之家奴隶有犯，私置铁枷钉项禁锢"。在元大都、上都设有马、牛、羊集市，也有可以随便买卖的"人市"。

薛"①地位很高，一度成为元代高级军政官员的主要来源，规定即使是蒙古千户与怯薛争斗，也要治千户的罪。元代"驱口"的社会地位非常低下，他们一般由战场上的俘虏形成，服务于贵族手工业，世代当牛做马。"到道宗时，才说国法不可异施，命更定律令②"。

元人尚饮，熏风酷烈。元代饮酒群体十分庞大，上至皇室下至平民，包括文人士大夫也大盛宴饮。饮酒需求推动了酒业长足发展，就连蒙元庞大的僧侣群体，也把寺观酒当作寺院主要经济支柱产业。民间每逢花朝、清明、端午、七夕、秋社、中秋、冬至、新岁节日皆有聚饮，家家婚嫁丧娶务必要以酒相礼。元大都酒的生产和消费均居首位，江浙一带紧随其后。元代酒种增多，形成北方草原宫廷马奶酒、中原及南方且歌且诗的汉人黄酒、西域和中亚地区歌舞助兴的葡萄酒、一醉不解愁苦的民间杂酒……多民族的文化自然有多样性的兼容喝酒办法。各家酒肆为了招徕顾客别出心裁，除了现金买单，还有实物交换、赊账、借贷，还出现"酒牌侵钞"的酒牌当钞票现象，至于饮酒之时酒伎佐酒更是常事。

元代酗酒频频引发事端，遇到灾年粮食歉收，政府不得不屡次下令实施酒禁。元朝禁酒前后竟达七十多次，为历朝历代之最。天年有所好转，酒政又毫无定数地松弛，元朝的酒政弛禁多变也为罕见。《元史纪事本末》中有，世祖至元二十二年二月，"民间酒课太轻，宜官给纱行古榷酤法，仍禁民私酤。"到了同年九月，"罢榷酤""听民自造"。老百姓对官府的这种酒政干预，有了应对性总结，有一紧二慢三宽四了之说。

元朝时期葡萄酒无酒禁，官酿民也酿。户部认为葡萄酒不用米曲，对葡萄酒发展给予了强有力的税收政策扶持。至元十年时，粮食酒的税率是25%，而葡萄酒的税率为6%。御史台提议增加葡萄酒税率未成，反而从至元十年的6%下降为3.3%。由于葡萄酒政策宽松，酿造技艺进一步提高，葡萄酒的品级极高，成了皇室宴饮和赏赐群臣的御制酒。美妙的御酒也勾起盗抢者的邪念，在《元史·顺帝纪》中记载："西番盗起……劫供御蒲萄酒，杀使臣。"元代文人墨客对葡萄酒赞不绝口，葡萄酒在元曲③

注：① 怯薛是指由成吉思汗亲自在蒙古帝国和元朝组建的一支禁卫军，是草原部落贵族亲兵，带有浓厚的父权制色彩，是元代官僚阶层的核心部分，发展到后来怯薛中汉人也占有一定比例。

② 吕思勉《中国简史》第三十九章元的制度。

③ 元曲是金、元两代雅俗共赏的文体形式。杂剧是从宋代滑稽表演发展而来的戏曲形式，散曲是没有说白的曲子形式，这些艺术形式在我国文化发展史上具有相当重要的地位。

中也有多处记载。元代著名剧作家关汉卿在《朝天子·从嫁媵婢》中有"若咱，得他，倒了葡萄架。"刘诜在《葡萄》诗中有"露寒压成酒，无梦到凉州"的诗句。

元政府注重对手工业的管理，允许私人交纳矿课后采炼矿产资源，更鼓励开发边疆地区矿产。元政府在大都和其他地方有直接经营管理的手工业，也有地方政府经营的手工业。元代还有一种名为头下主①的贵族手工业，他们的生产规模经营很大，得到元政府的特许，可以制造经营军队武器。元朝时期的手工业者称为"匠户"，主要在官府中服役。工匠们的手艺世代相传，官府对工匠们的家属给予经济补贴。据《通制条格》卷十三《禄令·工粮则例》，工匠本人每月可得到米三斗、盐半斤，家属以十五岁为限分别收米二斗五升和一斗五升。

元代时期北方的很多窑口渐衰，只有河南、河北、山西一些为数不多的地方窑口在烧造，其制作水平与宋时期差距较大。河南钧窑系继续生产月白釉、天蓝釉等传统产品，不见了玫瑰紫和海棠红釉色产品。而此时南方瓷器却如雨后春笋般迅速发展起来，特别是景德镇的瓷器得到了长足的发展，是全国制瓷的中心，工艺水平又上一个新台阶，瓷业发展取得了巨大的进步和成就。元代制瓷工匠采用磁石加高岭土的"二元配方"做胎，提高了烧成温度，减少了胎体变形。继而又把中国绘画技术植入瓷器中，给瓷器赋予了更深的文化内涵。与此同时，窑工们熟练地掌握了各种矿物质在特有温度下的呈色特性，成功烧造出了釉里红、青花、枢府、铜红釉和钴蓝釉瓷器，实现了瓷器历史性的突破。

另外，元代瓷器的出口量也非常大，刺激瓷质生产迅猛发展。据元代汪大渊《岛夷志略》记载，元代时期我国瓷器出口至日本、菲律宾、印度、越南、马来西亚、印度尼西亚、泰国、孟加拉、伊朗等国②。

二、元代温酒器的特点

根据《通制条格》卷第九，元代制定的茶酒"器皿除鈒（取镶嵌之意）造龙凤文（纹）不得使用外，壹品至叁品许用金玉，肆品伍品惟台盏用金，陆品以下台盏用镀

注：① 头下：《元代白话碑集录》。注释"头下"又做"投下"，是指称诸王妃子等各支系宗亲。
　　② 《上海博物馆藏瓷选集》，文物出版社，1979年。

金，余并用银。"庶人"酒器许用银壶瓶，台盏、盂镟，余并禁止。"

依上推断，元代蒙古族人允许使用金属酒具，政令上也明确官人、庶民也可以使用银器，元代应该有大量纯金、银鎏金、铜鎏金以及纯银打造的温酒注壶，可是偏偏一器难求。

元代的北方地区金属酒具更少，金银器物多为铜钵、铜权、饰品、金马鞍等生活器物，更多的是双眼铜铳、矛戈等武器制品。可能是元代统治者抱有征服世界的雄心，决定了北方官制手工业和头下贵族手工业基本服务于军工制造，以此保证战争机器的运转，材料和工匠趋紧，难以兼顾制作大量的酒具。

元代南方地区有所不同，1955年10月，在安徽省合肥孔庙旧基的古槐树下陶瓮内，发掘了102件保存十分完好的元代金银酒器，其中有玉壶春瓶（参见右图）9件（包括带盖玉壶春瓶4件），又称胆式瓶，也称长颈带盖银壶。时间为至顺癸酉（1333年），有的器物底部錾刻八思巴文，显示这批金银器是泸州丁铺工匠章仲英所造，推测元末为了躲避乱世而埋。从器物未曾使用和使用等级标准不统一来看，可能为定制未交付或者为待售商品，使用该器物的主人大部分是蒙古贵族或者汉族地主，但是根据《通制条格》庶人也可使用银壶的规定，该玉壶春瓶使用的群体范围应该在四品官员至庶民之间，这对金银器从来都是贵族文化的认知有些冲击。

总的来说，元代时期金银酒具的文物遗存相对较少，待积累丰厚后再讨论。

后文探讨元代时期瓷器温酒器。

自宋辽金以来，玉壶春瓶一直就是温酒器具。元代前期继续沿用玉壶春瓶温酒，较少使用宋代流行的温酒

元代玉壶春瓶
（原藏安徽博物院，现藏中国国家博物馆）

元代玉壶春盖瓶
（原藏安徽博物院，现藏中国国家博物馆）

套壶和高手柄执壶，到了元代中后期温酒器具发生了重大的变化，出现了器型小、长流口、低手柄的温酒执壶。引起温酒器这一变化的根本原因，就在于元代蒸馏酒的生产（蒸馏酒起源在第三章第一节六中内容进行专述）。

元代时期的瓷器温酒器特点，主要表现在以下两个方面。

1. 玉壶春瓶在元代早中期是使用最广泛的温酒器

玉壶春瓶在元代广泛用于温酒。推测其原因，一是因为自宋以来热水温酒多于火炭温酒，玉壶春瓶低腰身更便于在热水中温烫。二是玉壶春瓶结构简单，材料要求等级较低，易于制作。另外，玉壶春瓶器型优美，不温酒的时候可以当作装饰品摆放。所以，元代时期各大窑口皆可生产这种集赏器与实用器于一身、共温酒与斟酒功能为一体的器具。

在山西和内蒙古地区相继发现了兴县红月村、文水北峪口、太原瓦窑村、长治司马乡、平定东回村等元墓壁画（参见下图），其内容有玉壶春瓶温酒、斟酒的描绘，生动翔实地再现了元代时期的温酒场景。其中以山西省兴县疙瘩上乡牛家川元代石板壁画①为例，就有反映元代时期使用玉壶春温酒、斟酒的清晰画面。

山西省兴县疙瘩上乡牛家川元代石板墓葬壁画
（山西博物院藏）　　　　　　　　　　　山西长治南郊司马乡元代壁画及局部放大图

注：① 牛家川石板壁画共有六幅，内容分别是夫妇并坐图一幅，出行图两幅，备宴图、侍宴图和献宴图各一幅。画面内容为墓主人居家生活与出行等场景，展现出墓主人生前曾拥有或来世所期待的生活情景。

再以山西省兴县康宁镇红月村元代墓葬壁画（参见下图）为例，元代使用玉壶春瓶温酒更明确。该墓有"维大元至大二年岁次己酉蕤宾有十日建"的墓志铭，经推算下葬时间为元武宗在位时期的1309年5月10日。

山西省兴县康宁镇红月村元代墓葬壁画
（山西博物院藏）

山西省兴县康宁镇红月村元代墓葬壁画局部放大图

山西省阳泉市河底镇东村发掘了元代中期墓藏壁画（参见150页图），名为"夫妇对坐图"，即宋金以来的"开芳宴"。壁画的中央方桌上立着祖宗的牌位，女主人一侧的桌子上摆放着盆、勺以及两只玉壶春瓶，显然这里的玉壶春瓶是用于温酒和斟酒使用的。元代大量的玉壶春瓶出现在宴饮场合时温酒，可见元代使用玉壶春瓶温酒的广泛性。

2. 元代中后期温酒器明显变小

蒸馏酒带来温酒器革命性的变化就是器型变小。在元代中后期，随着蒸馏酒制备技术的发展，蒸馏酒的酒精度三倍于酿造酒，酒具的容量相应也缩小为原来的1/3～1/2。包括酒盅在内的酒具都变小了，这样一来就局限了斟酒器的流口，也必须变得细长，以方便将酒液倾倒入小杯内。元代前期的玉壶春瓶的大流口，已经不便于给小酒盅注酒。所以从元代中期以后，玉壶春瓶逐步退出了温酒队伍演变为观赏器，而长流口低手柄执壶在温酒舞台上崭露头角，逐步成为温酒新主角。

山西省阳泉东村元代墓葬壁画

山西省阳泉东村元代墓葬壁画局部放大图

元代早期玉壶春瓶的容量与唐宋时期的执壶相当，为1.5~2宋升（600~660毫升/唐宋升），折合如今2.5瓶左右白酒。元代中期以后的梨形执壶可以容纳的量，以现藏于北京故宫博物院元代青花凤穿花梨形执壶（参见右图）为例，高23.5厘米，口径4.7厘米，足径7.3厘米，腹径13厘米。推测其容量不会超过元代计量的一升（950毫升左右），折合如今1.5瓶白酒（500毫升容量/瓶）。明显可以看出，玉壶春瓶远大于梨形执壶的容量。

元代青花凤穿花梨形执壶
（北京故宫博物院藏）

三、元朝各个阶层使用温酒器有别

蒙古人严格划分了各族的社会阶层，占有和享受高低不同的物质财富，当然包括以下四个阶层使用的温酒器。

（一）元代蒙古皇室用温酒器

四大蒙古汗国：金帐汗国、察合台汗国、窝阔台汗国、伊尔汗国。在元代所有的宴饮中，莫过于举行大汗君主即位时的加冕礼最为隆重。有礼必有酒，饮酒离不开温酒，元代温酒、斟酒器以玉壶春瓶为主。

在中东地区的馆藏内有元代典礼、教子类的壁画（参见右图），内容上往往呈现出酒具：在帐前小桌上，摆设有玉壶春瓶和盅盏。

德国国家图书馆保存有一幅反

元代典礼、教子类壁画节选局部放大图

映伊尔汗国大汗登基典礼的壁画，其上展现了皇上太后与众臣饮宴庆贺、敬酒和赐酒的场面。

通过壁画可以看出为可汗敬酒的时候，先将釜放置火上连续温煮酒水，然后将温煮好的酒液先用长柄勺舀到盆内，再从盆内分到金、银、玉或者玛瑙酒盅、酒碗中，按照等级依序为大汗献酒。

可汗赐酒时，使人将温煮过的酒水装到玉壶春瓶内，再分倒入酒碗、高脚酒杯内，文臣武将一齐举杯道贺（参见152页图）。估计赐酒的温度，适当低于敬酒的温度。

皇室人员过着稳定的生活，日常使用的瓷器温酒器以龙凤纹的玉壶春瓶居多，对釉里红和青花瓷也情有独钟。那些富有本民族特色的扁壶形温酒器，皇室人员只有在战争、迁都、牧猎等场合才会使用。

伊尔汗国大汗的登基典礼壁画（一）
（德国国家图书馆藏）

伊尔汗国大汗的登基典礼壁画（一）局部放大图

伊尔汗国大汗的登基典礼壁画（二）
（德国国家图书馆藏）

伊尔汗国大汗的登基典礼壁画（二）局部放大图

1. 元代皇室釉里红温酒器

　　釉里红瓷器是陶瓷史上的一次伟大的创新，堪称华夏文明的瑰宝。元朝在江西饶州（鄱阳府）设有御窑厂，生产釉里红青黑色戗金瓷。这种瓷器使用金粉施釉，在光照下呈现灿烂的金色，颇受皇家贵族的青睐。

元代釉里红的烧造与元青花制作的办法大体相同，它们均为釉下彩瓷器。釉里红以铜为呈色剂，在还原焰气氛中才能烧制成功。烧成时温度极难控制，产量很低。传世与出土的釉里红瓷器数量很少，有些釉里红瓷器已经流失海外，这些瓷魂一直在召唤着中国人。有一张定格在脑海中的画面挥之难去：英国大英博物馆内，马未都先生单膝跪地，隔着玻璃橱窗与元青花釉里红大罐合影。有幸的是，可以温酒、斟酒的釉里红龙纹玉壶春瓶和扁壶（参见下图），一直保存在北京故宫博物院内。

元代釉里红玉壶春瓶
（北京故宫博物院藏）

元代釉里红地白花暗刻云龙纹四系扁壶
（北京故宫博物院藏）

2．元代皇室青花温酒器

元代皇室青花温酒器是元代景德镇的新成就。它的产生走过一条漫长的道路，早在唐代时期，湖南长沙窑就以铜和铁作呈色剂，成功烧制了釉下彩瓷器。到了北宋时期，磁州窑也用铁矿物质为呈色剂，烧出了釉下彩"铁锈花""柿红釉"等瓷器。所以，元代之前我国瓷器的釉下彩技术已经成熟。使用钴料作为呈色剂，这在唐三彩陶器中已经应用到了，只是当时陶胎烧成的彩瓷温度较低，当时还达不到呈色的效果。到了元代，前朝的制瓷技术得到综合的应用，产生了以钴料为呈色剂的釉下彩高温青花瓷器。

青花瓷在元代大放异彩，它一经出现，很快确立了在瓷器业中重要的地位。青花色彩与蒙古人的尚白传统有关，也与元大军征服中亚、西亚后，波斯人、土耳其人"尚蓝"的需求有关。景德镇学院廖倩副教授在《明代景德镇青花瓷的发展》一文中也写道："青花瓷最适合波斯地区一些国家的需求，他们常常把青花装饰于教堂的壁上和地上，色彩鲜艳典雅，给人一种庄重的感觉。"

使用国产青料生产的元青花，主要有云南玉溪窑和浙江的江山窑。距离云南玉溪最近的宜良，还有会泽、榕峰、宣威与嵩明都出产珠明料，浙江江山就是青花釉料的产地。这些国产青花，颜色淡雅，白底蓝花对比不很强烈。而另一类元青花，使用的苏麻离青（或称苏泥勃青）属低锰高铁类钴料，全部从波斯地区进口，当时的价格三倍于黄金。高温下可以呈现出蓝宝石般的光泽，有银黑色"锡斑"，摸之有凹陷感，明净素雅，色泽永不褪脱。

元青花市场价值表现很高。2005年7月12日伦敦佳士得举行的"中国陶瓷、工艺精品及外销工艺品"拍卖上，元青花鬼谷子下山罐拍卖价加佣金折合人民币2.3亿元，创下了当时中国艺术品在世界上的最高拍卖纪录。

如下图的元代青花凤首扁壶和元青花龙纹玉壶春瓶都有温酒功能，价格不菲。

元代青花凤首扁壶
（首都博物馆藏）

元代青花龙纹玉壶春瓶
（江西省博物馆藏）

元代早期的青花玉壶春瓶，腹部图案花纹较少，后期的青花玉壶春瓶形制更优美，装饰更精美。元代还产生了具有少数民族特色的带有中原文化风形流口和执柄的青花扁壶。

　　另外，土耳其和伊朗还保存有元代时期的青花瓷器，其中土耳其的托普卡帕皇宫里收藏的中国瓷器总数超过1万件，约有4500件产于元朝和明朝时期。伊朗国家博物馆收藏有28件元青花瓷器，均来自于阿迪比尔陵清真寺，器物全部来源于伊朗的宫廷旧藏，由国王阿巴斯·萨菲于公元1611年奉献（参见下图左）。

　　日本出光美术馆藏的元代青花云肩双龙戏珠四系扁壶和美国波士顿艺术博物馆藏的元代玉壶春瓶见下图。

元代青花凤凰瑞兽扁方壶
（伊朗国家博物馆藏）　　　　　元代青花云肩双龙戏珠四系扁壶
（日本出光美术馆藏）　　　　　元代玉壶春瓶
（美国波士顿艺术博物馆藏）

（二）元代蒙古贵族用温酒器

　　元代以蒙古贵族的利益为出发点，无限制地长期占有奴隶和土地。波斯史学家术外尼在《世界征服者史》中说："任何人不得离开他们所属的千户、百户或十户而另投别的地方。违犯这条法令的人在军前处死，接纳他的人也要严加惩罚。"太宗窝阔台、宪宗蒙哥在对外作战中，把人户作为论功赏赐的奖励。元灭宋时，蒙古贵族掳掠大批人户作为私有财产，甚至迫令降户为奴。成吉思汗建立的元朝，实质上是一个奴隶制国家。

　　蒙古贵族依仗政治上的特权，通过如下手段，日益占有和控制着更大的地盘。赐田——蒙古初期只赏赐奴隶人户，忽必烈灭宋后，把南宋官田也赐给蒙、汉臣僚；强占——蒙古贵族恃势强占民田或官田，冒立文契，据为己有；投献——蒙古诸王"头下"在各地自成势力，各州县官员、地主主动将官私田地、人户行贿于"头下"，即可规避赋役，换取更好的生存环境；职田——各路府州县官员的职田，都超规格占用。对租种职田的佃户，恃势任意增租。此外，蒙古贵族地主每年还接受皇室大批金银布帛等赏赐。

从蒙古诸王到"怯薛"子弟等世袭贵族，他们的政治权势和经济财力上都超越于一般汉族地主，因此蒙古贵族使用的温酒器品级很高。

元代瓷器（参见右图）中枢府釉的成就也很高。枢府瓷器是元代枢密院（掌管军政大权的"二府"）在景德镇定烧的瓷器，因釉色如鹅蛋色，也称卵白釉瓷器。枢密院定

元代青白釉模印云肩纹执壶
（台北故宫博物院藏）

烧瓷在盘、碗器的纹饰中印有"枢""府"二字，故又称之为"枢府"釉瓷器。枢府瓷不是宫廷定制的皇室用器，在菲律宾以及朝鲜海捞瓷器中都有发现，故而未将这一品种的温酒器列入皇室用瓷，只作为蒙古贵族器用考察。

元代龙泉窑的窑火旺盛，在继承宋代瓷器制作的基础上，产品的形制和装饰还有创新。不仅能够制作硕大的器物，还能制作精良的小件器物。元代龙泉窑产品广泛受到当时蒙古贵族和地主阶级的喜爱，也受到许多外国人的垂青，当时以福州为出口港远销海外。有资料说，从1975年在韩国新安海底发现沉船以来，到1987年由韩国政府组织先后进行了十多次大规模的打捞，共出水22040件瓷器，其中元代瓷器17000余件，仅龙泉窑精品瓷器就达9000余件，由此看出龙泉窑瓷器在元代出口量比例之大。

元代龙泉窑成品（参见157页图上）造型优美协调，釉泽肥润，多为豆绿色、艾绿色和青黄色。黑胎类龙泉窑器物多仿南宋官窑产品，白胎类龙泉窑器物的胎釉结合处多有明显的火石红。元代龙泉窑产品在装饰方面的鲜明特点是：一是印模、贴花和雕花（即镂花）；二是釉面点缀褐斑；三是露胎处施轻薄的清亮釉。但是，以梨形、葫芦形执壶为代表的元代龙泉窑温酒器，多为单色釉产品，少有装饰。

元代景德镇窑以及其他窑口生产的温酒执壶（参见157页图下）和玉壶春瓶精品，往往被蒙古贵族率先使用。

元代龙泉窑青釉执壶
（北京故宫博物院藏）

元代龙泉窑执壶
（土耳其托普卡帕皇宫藏）

元代龙泉窑青瓷葫芦形执壶
（杭州博物馆藏）

元代青花八棱执壶
（河北博物院藏）

元代执壶
（仁缘温酒公司藏）

（三）元代色目群体用温酒器

色目群体在元代很吃香，他们有获得在官府中任职的机会，他们是汉人、南人的统治者和压迫者。这个群体中回回人居多，他们恃权牟利，从事垄断的商业活动，遭到汉族人民极大的厌恶和敌视。《马可波罗游记》中说："你们必须知道，所有契丹人（汉人）全都痛恨大可汗的统治权，因为他叫鞑靼人和许多回回教徒来统治他们。这叫他们看起来，是拿他们当作奴隶。"又说忽必烈"对这地人民（指汉人）没有信任心，但只相信自己随从中的鞑靼人、回回教徒和基督教徒，他们都忠心于他，所以叫他们去治理这地"。

色目人多为贵族，这一群体使用的温酒器，很多富有民族特色。

伊斯兰教是世界性的宗教之一，与佛教、基督教并称世界三大宗教。中国旧称伊斯兰教为大食教、清真教、回回教。根据教规，宗教信徒是不能饮酒的，但从存世的器型看，元代时期的藏族地区、回民地区以及蒙汉地区也有精美的酒具、温酒器（参见下图）。

元代青白釉多穆壶
（中国国家博物馆藏）

元代青白釉僧帽壶
（中国国家博物馆藏）

元代时期高丽瓷业正处于巅峰，贵族使用的瓷质温酒器很精美，太平老人在《袖中锦》中，将高丽青瓷纳入当时天下第一的行列，但《格古要论》中说高丽窑"与龙泉窑相类，上有白花朵者不甚值钱。"如今，美国、日本等著名博物馆都收藏有高丽青瓷，其中不乏温酒执壶和温碗（参见159页图）。

元代高丽莲盖青瓷执壶
（美国旧金山亚洲艺术博物馆藏）

元代高丽青瓷莲花温碗
（日本大阪东洋陶瓷美术馆藏）

（四）元代汉族地主使用的温酒器

元朝把南方、北方的汉族区别为汉人和南人，这两种人的生存状态不同、生活享受有别。北方的汉人（包括汉化的契丹、女真人）地主与江南的南人地主，其社会经济状况也有明显的差异（参见下图）。

北方原属金朝统治的区域，女真族和汉族的地主势力都在不断壮大，到了元代时期，汉人地主军阀是仅次于蒙古贵族和色目达官贵人的特权阶层。金元之际的北方汉人地主豪强，组织武装自保山头，同时如蚁附膻趋附元人势力，接受元朝封官，从而形成大小不等的军阀地主。他们在各自统领的地盘上掠取财物兼并土地，是汉人地主阶级中最富有的阶层，他们不但有权而且有钱。

元代售鱼图壁画（也称贩鱼图）
（山西博物院藏）

元代售鱼图壁画局部放大图

　　元朝的南人地主早就随着南宋租佃制的确立，购置大量田产出租，是田连阡陌的大地主。元军在南下作战之前，已经建立了稳定的统治秩序，不再以掳掠奴隶和财富为目标，注意保护江南的社会稳定和经济发展，因而南宋灭亡后，南方汉人地主庞大的财富得以较为完整地保存下来。这些江南地主大肆盘剥佃户，引起元政府不满，"自大德八年，以拾分为率，普减贰分，永为定例"。

　　元朝委派蒙古、色目官员去江南各地统治和管理，但这些官员只知贪求财富，不知江南之事，因而往往被南人富豪所操纵。《元典章·刑部十九》收载大德十一年杭州路呈文："始以口味相遗，继以追贺馈送。窥其所好，渐以苞苴。爱声色者献之美妇，贪财利者赂之玉帛，好奇异者与之玩器……贪官污吏，吞其钓饵，唯命是听。"江南大地主肆无忌惮地扩大财富，生活竭尽奢华，在享受生活、怡情养性方面绝不逊色北方汉人地主，他们大都也使用精美的玉壶春瓶、葫芦瓶执壶温酒（参见下图）。

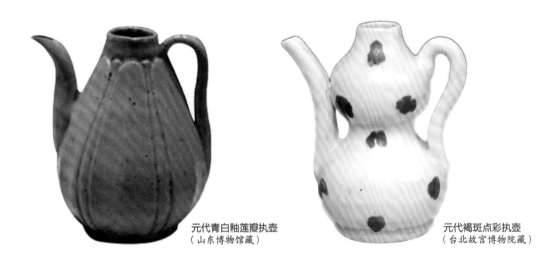

元代青白釉莲瓣执壶　　　　　　　　元代褐斑点彩执壶
（山东博物馆藏）　　　　　　　　（台北故宫博物院藏）

（五）元代文人雅士与贫民用温酒器

　　元代时期，雅致讲究的温酒套壶已经基本绝迹，汉人（含南人）中的文人雅士主要使用磁州窑、吉州窑生产的带有纹饰图案或者刻花剔花的玉壶春瓶、执壶等瓷质温酒器。对于一般市井生活的大众，没有官僚地主的奢华生活，也有别于"驱口"悲催的苦难，他们总以民窑生产的较为粗糙的玉壶春瓶、执壶温酒，打发艰苦的日子，并且这一群体使用玉壶春瓶温酒的概率应该高于执壶温酒（参见161页图）。

元代白釉褐彩玉壶春瓶
（山西博物院藏）

元代青釉刻花玉壶春瓶
（山东博物馆藏）

元代磁州窑黑釉温酒执壶
（仁缘温酒公司藏）

　　元代"驱口"群体甚众，但酒历来为奢侈物，富人虽长醉，穷人难闻香。偶遇佳节主人大悦，赏来几杯欢笑，偶有自酿其量也少，温酒也难择器，可能使用锅、盆一类较多，故也不讨论"驱口"用温酒器。

<h2 style="text-align:center">第十节
明代温酒器</h2>

一、温酒器伴随明史跌宕起伏

　　明朝（1368—1644年）是中国历史上一个由汉族建立的王朝，传16帝，共计276年。明代的历史总是夺人眼球，如果从朱元璋建立西吴政权开始算起，历经王者风范的永乐大帝，复振国势的弘治中兴，回光返照的万历中兴，景山树上崇祯皇帝自缢，直至奉明正朔的明郑覆灭，台湾被清军攻占，明朝前后延续319年。

　　明代农业文明基本进入成熟阶段后，不仅解决了当时一亿人口的糊口问题，而且为农业人口流向手工业部门创造了条件。明代手工业内容丰富，在宋应星《天工开物》中描绘的130多项生产工具、工序中，绝大部分为手工业生产技术。私营手工业势不可当地崛起，渐渐取代了官办工场、作坊，成为主导手工业生产的新兴力量。

1421年朱棣迁都至顺天府（今北京），将原来的应天府（今南京）改为陪都，明代进入了永乐盛世。盛世总有璀璨的艺术品作纪念，体大思精、征引宏富的《永乐大典》就出自这一时期，气势恢宏的永乐大钟如今还传来悠远的回声。永乐皇帝命三宝太监郑和率领两百多艘海船、2.7万多人七下西洋，开创了史上最为浩大的一场海上远航活动，最远到达东非、红海和美洲，郑和和他带领的船队成为"大航海时代"的先驱，向所到之处彰显着明朝的强盛。船队还带回了产自东南亚的四大名贵宝石：红宝石、蓝宝石、祖母绿、金绿宝石，用于镶嵌桂冠和皇家用器，也带回了大量的苏麻离青料，应用于更广泛的青花瓷器。

宣德皇帝亲自督导宣德炉的铸造，把我国的铜器铸造工艺水平推向了高峰。宣德炉选型出自《宣和博古图》《考古图》等典籍中，宣德皇帝亲审制样，方可开铸。

从正统三年（1438年）开始起，瓷器发展遇到了黑暗期，官府禁止民窑烧造与官窑式样相同的青花瓷器，正统十二年（1447年）又有不准民窑私造黄、紫、红、绿、青、蓝、白地青花等瓷器的禁令。景泰五年（1451年）有减饶州岁造瓷器三分之一的记载，天顺三年（1459）将原定烧造13.3万余件的瓷器减烧为8万件。但是从传承下来的器物看，正统、景泰、天顺这三朝内官窑、民窑器都曾有烧造，只是此时期的官窑瓷器未署年款，学术界有"空白期"或"黑三代"之说。

明代由盛转衰与"土木之祸"有关。正统十四年（1449年），瓦剌（西部蒙古民族）太师也先率部屡犯边境，明英宗朱祁镇草率数十万大军亲征，在土木城决战（明长城内张家口怀来县境内），明军很快土崩瓦解，明英宗惨败被俘。待明英宗南归后，皇权争夺激烈，朝臣左右摇摆，事无定式。

景泰年期间，铜胎珐琅手工艺得到了发展，制作技术日臻成熟。传世的珐琅彩温酒器，在博物馆内至今还熠熠生辉。

成化皇帝随万贵妃薨而驾崩，太子朱佑樘继位，改号为"弘治"，出现了短暂而辉煌的"治世"。弘治朝御窑瓷器品种虽有减少，但浇黄釉、青花矾红等瓷器品种还是久负盛名。

万历帝年幼，军政大权交由张居正裁决。张正居不辱使命，"以天下为己任"，推行的"一条鞭法"改革取得卓越成效，使暮霭沉沉的大明王朝，落日时露出了最后一抹光辉，经济的重振也激活了瓷器的再生，创烧了瓷中翘楚——万历五彩。

天启的时候，明熹宗朱由校不理朝政，朝野大事由宦官魏忠贤处置。崇祯登基后诛灭了魏忠贤为首的阉党势力，启用不作为的东林党人，庞大的文官势力把持朝政，国运日衰。崇祯十七年又发生了恐怖的鼠疫，夺走山西、直隶、河南三省40%的人口，十室九空，白骨嶙峋。明王朝晚期积重难返，国力虚弱，气数将尽。此时农民起义野火燎原，1644年李自成攻入北京，勤勉的崇祯皇帝在景山老树上自缢，明朝灭亡。

明代中后期在运河沿线、江南等地区首先出现了专门的手工业生产部门，接着在苏、松、杭、嘉、胡五府地区形成了30多个原料集散地。明代商贾众多，他们以血缘乡谊为纽带，自发组成相互依存的商业网络，进行贸易活动。货币白银的广泛使用，使得商品交换更加便捷。明朝手工业不断扩大，逐步形成了规模化的工场手工业。生产工艺流程不断改进，在冶矿、纺织、陶瓷、造纸、印刷和造船等方面取得长足进步。随后大量商业资本转化为产业资本，自由雇佣劳动力，在明代末年资本主义开始萌芽。

正是在明朝民族工业和商业发展方兴未艾的时候，朝廷却依然坚持重农抑商政策。明武宗下令"禁商贩、吏典仆役、倡优、下贱不许服用貂裘"，贬损商人，加重税赋，严禁民间出海贸易。新经济因素未能得到进一步激活，生产力未能得到顺势而为的发展，反而成为生产力发展的桎梏。

明代早中期的瓷业开出璀璨之花，代表了明代制瓷器业的最高水平，为攀登大成时期的清代瓷器巅峰奠定了雄厚扎实的基础。到了明末，景德镇官窑处于停废状态，只有民窑在逆境中倔强地续烧。此时瓷器温酒器上的画片内容，最多见的是山水画，多有古诗、茅屋、草亭、渔翁、樵夫、高士等，总体感觉画意显得较为娇弱。

明代温酒器基本能够佐证明代手工业辉煌的成就以及衰微的历史，手工业产品中的重头戏为江西景德镇瓷器。

二、明代温酒器多出自景德镇的缘由

明代时景德镇瓷器一统天下，斐然中外的瓷器均出自景德镇，而钧窑、龙泉窑、磁州窑等其他窑口的瓷器产品根本无法与之匹敌。明代景德镇瓷窑林立，窑火正旺，明代王世懋在《二西委谭摘录》中有这样的描述："江西饶州府浮梁县，科第特盛，离县二十里许为景德镇官窑设焉。天下窑器所聚，其民繁富甲于一省。余尝以分守督运至其地，万杵之声殷地，火光烛天，夜令人不能寝。戏目之曰：'四时雷电镇'。"

景德镇明代瓷器中最精美的代表当之无愧要数酒具，酒具中首屈一指的是温酒、斟酒的执壶。一把执壶独领风骚几百年，一把泥土窑火里求真金。是什么原因造就景德镇瓷都千年的辉煌？又是什么原因造就温酒执壶的优美和奢华？其中必有缘故。

（一）景德镇得天独厚的制瓷条件

资源好。景德镇周边蕴藏着丰富的高岭土、瓷石、釉果等耐火材料，不仅储量大，品级也很高，杂质少、成型好、耐高温，是制瓷最为理想的原材料。该地盛产火焰长达一两米的松柴，是窑火升温和恒温较为理想的燃料。同时，景德镇地处昌江及其支流的汇合处，水力资源丰沛，便于淘洗瓷土，带动水碓、水磨粉碎瓷土，还可以通过畅通的水运，批量外运瓷器，顺流而下至鄱阳湖，然后再转往九江、南京、扬州等地。

窑工好。明以后，随着景德镇瓷业的崛起，其他窑口日趋衰落，大批制瓷工匠和学徒涌向景德镇，一时间制瓷匠人才济济。在市场竞争中，万历十二年官窑瓷匠打破了"轮班制"的铁饭碗，改为竞争上岗的"雇佣制"，生产积极性和劳动技能被极大地激发出来。制瓷分工越来越细，一件器物要过手几十道工序，力克成器。好工匠发明了新技术：一是用吹釉法代替蘸釉法，施釉更加均匀光泽。二是旋坯工艺成功地造就了薄胎瓷、玲珑瓷和镂空瓷的产生。三是一改元代以前的刻、划、印、塑等装饰手法，转为彩绘为主，植物、动物、文字、山水、人物、花鸟、鱼虫等无不入画。四是永乐后开始瓷器落款，多以青花书写，官窑款工整端庄，民窑款则多种多样，以吉祥语款为多见。五是定型葫芦窑，使窑火的氧化气氛和还原气氛更稳定，该葫芦窑沿用时间较长，一直到清初镇窑出现后才弃用。

窑务好。瓷器自唐代以来就有了专为朝廷烧制的官窑器，为了强化官窑瓷器的管理，唐代设有司务，宋代在民窑设有窑监，到了元代则专设"浮梁磁局"。明代的窑务官责任重大，性命攸关。《明宣宗实录》记载"癸亥，内官张善伏诛。善往饶州监造瓷器，贪酷虐下人不堪，所造御用器，多以分馈其同列，事闻，上命斩于都市，枭首以狗。"窑务因把御瓷送人还要搭上性命。《明英宗实录》记载：正统三年（1438

年）十二月丙寅"命都察院出榜，禁江西瓷器窑场烧造官样青花白地瓷器于各处货卖，及馈送官员之家。违者正犯处死，全家谪戍口外。"由此可见管理官窑瓷器之严格。

明代前期，景德镇管理严格的御窑厂有58座，驻有朝廷委派监制官员（一说杆陶官），类似于后代清朝的督陶官。他们霸占优质瓷土，独享上等原料，聚集优秀瓷匠，不惜人力工本，烧造出令世人瞩目的官窑瓷器，把中国制瓷工艺推向一个新的高峰，洪武、永乐、宣德、成化等官窑制器大都出自御窑厂。明代后期由于官窑瓷器生产效率低下，成本节节攀升，腐败愈演愈烈，使得官窑难以为继，渐渐没落下去。为应对官窑瓷器的需求，明政府只能采取"官搭民烧"的办法解决，一时间民窑崛起，多达二三百座，窑身比官窑大三四倍。监制官员对民窑众多的瓷器成品进行苛刻的挑选，使景德镇瓷器工艺水平一直保持着一个很高的水准。

（二）明代酒政振兴酒业，酒业催生精美温酒器

明朝政府采取轻徭薄赋的方针，废止元代时期所有的杂税。起初，朱元璋因粮食不足有过短时间禁酒，限制过造曲用糯米的种植，但随着经济的好转很快就废止了。明王朝对酒不专卖不设局，实行低税政策，并将收入大都留存地方，地方政府也积极扶持民间酒业的发展。大凡买曲酿酒或是造曲酿酒时，只需缴纳为数不多的税，酒税虽低，但要严格执行，否则处罚很重。《续文献通考》记载，洪武十八年（1385年）规定："凡卖酒醋之家不纳课程者笞五十，酒醋一半没收入官，其中以十分之三付告发人充赏。"民间开设酒肆时"报官纳课，肆罢则已"。到了明代后期，政府有加税之势，崇祯十一年（1638年）十一月，"江南征酒税[①]，官为给票，每酒一斤，纳钱一文，改槽坊为官店，违者依私盐律治罪"。

酒政的宽松必然带来酒肆的繁荣，根据李时珍《本草纲目》、宋应星《天工开物》等资料和一些诗赋记载，明代酒类至少有50多种：金华酒、葡萄酒、砸嘛酒、麻姑酒、秋露白、五加皮酒、白杨皮酒、当归酒、枸杞酒、天门冬酒、术酒、松液酒、竹叶酒、虎骨酒、羊羔酒等，在这其中有很多为养生之酒，非甜即药[②]。

注：① 引自谢国模《明代社会经济史料选编》。

　　② 明代高濂《遵生八笺》酿酒类"此皆山人家养生之酒，非甜即药，与常品迥异，豪饮者勿共语也。"

　　自古酒作诗来诗有魂，明人赞美酒的诗篇流传于世，对葡萄酒更是情有独钟。林鸿在《过高逸人别墅》中有"兹晨饮客青山墅，新压葡萄酒如乳。绿树穿窗鸟当歌，红条拂地花能舞。"苏葵赞美《葡萄酒》："袅袅龙须百尺苍，露花清沁水晶香。等闲不博凉州牧，留荐瑶池第一觞。"

　　明代酒业的发展催生着酒具、温酒器高质量、高速度发展，很快形成了金、银、瓷、漆、木等材料制作的形制、纹样各异的温酒器。这些酒具的繁荣，为明代建立的温酒斟酒器用制度奠定了基础。

三、明代明晰的器用制度

　　明代温酒器分为三个层次：一是皇室、后宫及祭器用温酒器；二是根据明洪武二十六年制定的器用制度，一至九品官员使用的等级有别的温酒器；三是庶民用温酒器。

（一）明代帝王用温酒器

1. 明代皇帝主要使用纯金镶宝石温酒器

　　金器出身高贵，从诞生之日起就与上层社会为伍。明代高档纯金制品主要是供皇帝和皇族人员享用，它显示的不仅是财富，更象征着地位。

　　山西汾阳田村后土圣母庙明代女神壁画（参见167页图上）东山墙所绘内容为《迎驾图》，表现了后土圣母出宫巡视时盛大的奉迎场景。壁画上执壶的颜色，通过与壁画侍女如意云纹金锁的颜色对比，颜色极为一致，认为此执壶为金色。充分表明在明代，黄金酒具是皇上、王爷所用之物，其等级自然最高。

　　宫廷用的金器、银鎏金器均由宫廷工匠进行加工，充分运用浇铸、锉磨、錾花、抛光、焊接或铆接等工艺，制作的酒具美轮美奂，巧夺天工。皇家金器的纹饰中，龙凤形象或图案占有极为重要的位置。同时高级别金银器往往镶嵌红宝石、蓝宝石、祖母绿等名贵宝石珠宝，皇室温酒器具（参见167页图下）便是一例。

　　定陵明神宗朱翊钧棺内出土的黄金注壶、金盂（参见167页图）是专业温酒壶。该注壶腰身以上皆为宝石镶嵌，腹侧玉龙镶红宝石三块，肩部镶嵌宝石七颗，盖顶镶玉，红宝石为钮，造型端庄雍容华美。

山西汾阳田村后土圣母庙明代女神壁画　　　　　　　山西汾阳田村后土圣母庙明代女神壁画局部放大图

明代嵌宝石龙纹带盖金执壶　　　　　明代定陵出土万历皇帝黄金酒壶　　　明代黄金酒壶底部金盂放大图
（首都博物馆藏）　　　　　　　　　　（首都博物馆藏）

2. 明代帝王用青花龙纹温酒执壶

永宣时期的青花瓷器历来为人称颂，随着苏麻离青钴料特性的进一步掌握，生产出色泽浓淡不一、晕散如水墨画的青花瓷器。这些青花瓷器，同样也受到皇家的喜爱。1969年四川省成都市在明代墓中出土宣德（1426—1435年）时期青花龙纹执壶（参见右图），依照明代典章规定为帝王用器。

明代宣德青花龙纹执壶
（四川省博物院藏）

3. 明代帝王用玉质龙纹执壶温酒

明代玉雕（参见下图）继承了前朝工艺特点，造型粗犷，胎体较厚，广泛运用镂雕技法，平面雕两层花，俗称"花上压花"。玉雕作品出现诗、书、画等内容，文人气息浓厚，集文学艺术和实用于一体。

明代的宫廷玉雕作品多出自苏州，宋应星在《天工开物》中记载，当时的"良工虽集京师，工巧则推苏郡。"书中有一段关于明代时期玉器加工的方法值得注意，先用解玉砂剖玉，再用镔铁精细加工，"得镔铁刀者，则为利器也[①]"。

明代莲纹玉执壶
（北京故宫博物院藏）

明代青玉六方执壶
（北京故宫博物院藏）

注：①《天工开物》"镔铁亦出西番哈密卫砺石中，剖之乃得。"这种出自新疆哈密类似磨刀石的岩石中，有人讲为炼取所得，有人讲为天然锤炼的硬铁或者陨石。

4.明代帝王用斗彩温酒执壶

斗彩瓷器创烧于宣德时期，成化时期制作技艺达到顶峰，根据《明史》记载，成化以后官窑停烧了一段时间，从弘治以后斗彩就基本上不再生产。斗彩是釉下青花彩和釉上红、黄、绿、蓝、黑、紫等多种色彩组成的花纹图案，上下内容呼应，相映成趣，争奇斗艳。画染风格，色彩鲜艳，造型逼真。

明代成化绿彩釉龙纹王侯用执壶
（台北故宫博物院藏）

提到斗彩，会不由自主地想起成化皇帝玩赏的斗彩鸡缸杯，其实成化龙纹斗彩执壶（参见右图）也很雅致，是帝王温酒、斟酒的用器。

（二）明代祭祀用温酒器

明代大量单色釉官窑器皿都是皇宫祭祀时使用的高级别器物。《大明会典》中规定："嘉靖九年定。四郊各陵瓷器。圜丘青色。方丘黄色。日坛赤色。月坛白色。行江西饶州府如式烧解。"其中也有执壶类的温酒斟酒器。

明代单色釉瓷器最具代表性，最为名贵的三个品种是：永宣时期的铜红釉瓷器，人称"宝石红"，"霁红"因祭奠之用也称为"祭红"；永乐的蓝釉有"宝石蓝""霁蓝"之称，其色深邃（参见下图）；还有御窑厂烧制的甜白釉和弘治时期的黄釉都很出名。

明代宣德蓝釉刻花莲瓣纹执壶
（台北故宫博物院藏）

明代宣德霁红僧帽执壶
（北京故宫博物院藏）

明代祭蓝釉执壶
（武汉博物馆藏）

（三）明代后宫用温酒器

明代官窑瓷器中除了皇族御用和祭器用品外，宫内侍从的定制器质量也很高。主要有以下几类：

1. 明代后宫用永乐甜白釉温酒执壶

明代永乐甜白釉瓷（参见右图）的烧造成功，是景德镇单色釉瓷器发展过程中了不起的进步，选料胎土含铁量极低，再经过特殊的淘洗，使胎土洁白，然后施以透明釉烧制出来。祭祀月坛也使用白色瓷器。

明代永乐甜白釉执壶
（英国大英博物馆藏）

2. 明代后宫用青花温酒执壶

后宫青花瓷器质量上乘，即便到了明代中期以后"官搭民烧"的民窑青花瓷器，其色调、纹饰、胎釉甚至可与官窑产品相媲美（参见下图）。

明代洪武釉里红缠枝花卉纹执壶　　明代宣德青花三果纹执壶　　晚明青花葫芦形执壶
（英国大英博物馆藏）　　　　　　（北京故宫博物院藏）　　　　（法国吉美博物馆藏）

3. 明代后宫用五彩执壶

佛说来世，道言今生。嘉靖皇帝沉迷于道教，寄希望于改变子嗣繁衍、长生不老、得道成仙，而炼制丹药，其实长期服用会重金属中毒。当时流行的器物葫芦形执壶，具有温酒斟酒的功能，都赋予了道教的文化内涵。

这一时期的五彩瓷器发展成熟，成就很高。五彩与斗彩同为釉下青花，五彩是釉下平涂青花（参见右图），斗彩是釉下青花勾图，釉上填彩烘托。

嘉靖五彩八卦纹葫芦执壶
（台北故宫博物院藏）

4. 明代皇室后宫使用的玉质温酒执壶

明代皇室后宫使用的玉质温酒执壶参见下图。

北京故宫博物院保存的明代青玉八仙纹执壶（参见下图中、右）造型优美，盖钮镂雕寿星骑鹿，颈部有两首五言诗：一首为"玉斝千巡献，蟠桃五色匀。年来登鹤算，海屋彩云生。"末署"长春"。另一首为"芳宴瑶池熙，祥光紫极缠。仙翁齐庆祝，愿寿万千年。"末署"永年"。其中"玉斝"就是玉质温酒斟酒器物，说明此壶的温酒功能。瓷壶在制作中需要掏膛、连接、雕饰等一系列高超的加工技艺，其手工难度可想而知。

八仙图案多流行于嘉万时期，器盖寿星骑鹿，寓意为福禄寿。明代规制中一品文官使用的"仙鹤"图案，丹顶鹤年龄一般为60～80岁，"登鹤"应为60岁，又因器柄

明代莲花纹活链玉执壶
（北京故宫博物院藏）

明代青玉八仙纹执壶
（北京故宫博物院藏）

明代青玉八仙纹执壶颈部放大图

上雕有三、四品武官常用的虎豹^①，推断该青玉执壶可能是嘉万时期，一名三、四品武官进献给一品文官六十岁生日的祝寿礼物。该执壶流口与执柄不为龙形，故未列入帝王用器。

（四）明代各级官员使用温酒器类别

洪武二十六年（1393年），明政府曾明文规定各阶层饮酒的器用制度^②："凡器皿，洪武二十六年定，公侯一品二品，酒注、酒盏用金，余用银。三品至五品酒注用银，酒盏用金。六品至九品，酒注、酒盏用银，余皆用瓷漆木器。并不许用朱红及抹金描金雕琢龙凤文。庶民酒注用锡，酒盏用银，佘瓷漆。"该器用制度内的酒注即饮酒时用于温酒、斟酒的执壶。执壶成为明代乃至后来最主要使用的温酒器具（其后辨析第三章内专门讨论）。

明代官员的设置等级较为复杂，官职由正一品到从九品，共计十八级。明代公侯一品二品使用金壶、金杯以及其他银质酒具，可谓极尽奢华。三品至五品达官贵人使用银壶温酒、金杯饮酒，也很华贵。六品至九品使用银壶、银杯以及瓷、漆、木器具，虽然无大红朱漆、金水装裱、龙凤呈祥的纹样，但是用器范围较为广泛，场面足够气派。民间只能使用锡制执壶温酒，至多使用银杯饮酒，其他配套酒具只能以瓷器为主。

该器用制度内规定的公侯一品二品使用黄金注壶，三品至九品之间全部为银注壶。现在以此器用制度为主要依据，以金质注壶为分水岭，分别介绍温酒执壶。

1．明代一至二品官员使用的温酒器

（1）明代一至二品官员使用的黄金温酒器

明代正一品是明代官职中最高的级别，以洪武十三年（1380年）重定百官岁禄，为1000石米。包括左、右宗正；左、右宗人，太师，太傅，太保；左、右都督；初授特进荣禄大夫，升授特进光禄大夫（文武散阶）；左右柱国（武官勋级）以及洪武十三年前还有中书省左右丞相、衍圣公（孔子后代，文臣之首）。

注：① 明代文官，一品画仙鹤的补子，二品画锦鸡，三品画孔雀，四品画云雁，五品画白鹇，六品画鹭鸶，七品画鸂鶒，八品画黄鹂，九品画鹌鹑，杂职画练鹊，风宪官画獬豸。武官，一品、二品画麒麟和狮子，三品、四品画虎豹，五品画熊罴，六品、七品画彪，八品画犀牛，九品画海马。
　　②《大明会典》卷之六十二，凡器皿。

明代正二品以洪武十三年（1380年）重定百官岁禄，为800石米。包括文官：六部尚书、左右都御史、太子少师、太子少傅、太子少保、正留守。武官：都督金事、都指挥使勋官；初授资善大夫、升授资政大夫、加授资德大夫。文勋：正治上卿。武散阶：初授骠骑将军、升授金吾将军、加授龙虎将军。武勋：上护军。

明代一品二品官员也使用黄金酒注温酒，虽然没有使用宝石装饰点缀，华美程度与皇帝用器有天壤之别，但纯金制器已经使人感到尊贵和奢华。

湖北省博物馆藏有明代梁庄王墓出土的金壶、金盂（参见下图左）。

蕲春县博物馆藏有嘉靖三十四年铭杏叶金壶（参见下图右）。

明代梁庄王墓出土金壶、金盂
（湖北省博物馆藏）

嘉靖三十四年铭杏叶金壶
（蕲春县博物馆藏）

（2）明代诸王享用的景泰蓝温酒执壶

明代金属器的应用更为广泛，铸铜技术远胜于前朝，宣德年间出现了宣德炉，景泰年间出现了掐丝珐琅，都反映了明代铸铜工艺的特殊发展。

我国景泰蓝的起源，不同于埃及和欧洲的錾胎珐琅，明代景泰蓝（即掐丝珐琅）工艺是在元代大食窑的基础上发展起来的。明代曹昭在《格古要论》古窑器论中说：大食窑（鬼国窑）的产品"以铜作身，用药烧成五色花者，与拂郎（应为珐琅）嵌相似。"这种器物供"妇人闺阁中用，非士夫文房清玩也"。

明初为珐琅器创烧期，永乐时期则较多地称作"珐琅嵌"，即以铜丝或金银丝在铜胎上做好纹样，再把珐琅料填注在纹样的空格之中，然后入窑烧造，出炉后打磨透亮。创烧期内制作的珐琅执壶应为王爷温酒、斟酒用器。

景泰年以来，更盛行以蓝色作为色地的器皿，是景泰蓝制作成熟期，精美华贵，经久耐用，景泰蓝彩料从国外进口，价格昂贵，很快成为了帝王用器。

保存于台北故宫博物院的明代掐丝珐琅葫芦式扁瓶（参见右图左），根据明代文官图案规定，应为正一品官员用温酒、斟酒器具，一般在出行时便携使用。另一把藏于英国大英博物馆的明中期掐丝珐琅执壶（参见右图右），图案中有似鹿的独角兽——解𧴩，曾为风宪官（纪检官）所用。

明代掐丝珐琅葫芦式扁瓶
（台北故宫博物院藏）

明中期掐丝珐琅执壶
（英国大英博物馆藏）

（3）明代武官一品享用的麒麟铜铸温酒器

四川泸州地区出土的明代麒麟青铜温酒器（参见右图），铸工高超，文化内涵深厚。该器集中了狮、虎、鹿、豹、龙等吉祥动物的造型特点，腹腔为炉膛，尾部

明代麒麟青铜温酒器
（泸州市博物馆藏）

添加木炭燃料，随着水温的升高，置于腹侧两个圆鼓内酒杯里的酒温也随之升高，由于受器物内部通联和温差的影响热水会自然循环。也有人推测，酒液直接灌注器内，温热以后，酒液从器口中倒出。如此情趣生动、巧夺天工之物，根据明代补子使用麒麟图案制度，推断其为武官一品用温酒器。

2. 明代三品至九品官员使用的银质温酒执壶

明代三品至九品之间官员队伍庞大，体系复杂，他们的社会地位和经济收入以及享用器具差距较大。以洪武十三年（1380年）重定百官岁禄，正三品为600石米，而正九品为60石米，只是正三品的十分之一。但是，值得注意的是他们使用同样器用制度限定的银质执壶温酒。

另外，王爷的后妃也使用这一等级的器具。通过湖北省博物馆藏明代梁庄王墓出土的金壶、金盂，与合葬在一起的魏妃使用的银壶（参见右图）、盂相比较，明显看出明代地位等级制度森严。

明代梁庄王葬墓中魏妃用银壶
（湖北省博物馆藏）

3. 明代六品至九品官员还可使用瓷、漆、木器温酒器

根据明代典章规定，六至九品官员除使用银质酒壶、酒盏外，其余配套酒具可以使用瓷、漆、木器，这些瓷、漆、木器酒壶、酒盏逐步成为王侯贵族心爱的掌中之物（参见右图）。

（1）明代六至九品官员使用的紫砂温酒壶

紫砂泥料的化学成分为含铁质黏土砂岩，使用紫砂制壶始于明武宗正德年间，创始人为供春。嘉万时期紫砂"四大家"为时鹏（时大

明代徐有泉仿古盉形三足壶
（香港博物馆藏）

彬父）、董翰、赵梁和元畅，他们的紫砂制品价格昂贵，有"一壶重不数两，价每一二十金"之说。明末周高起撰写的《阳羡茗壶系》一书，是第一部关于宜兴紫砂的专著，系统地描写制壶技艺和当时的制壶名手。

紫砂壶一经面世，使用范围和影响力便节节攀升，很快就成为贵族的新宠，紫砂茶壶多于酒壶，束口高腰身的温酒执壶不易见到。

（2）明代六至九品官员使用的竹雕执壶

明代竹雕工艺高超，有濮仲谦代表的金陵、朱鹤代表的嘉定两大竹雕流派。濮仲谦善用竹根为原料，略作雕琢，天然意趣，尽显盎然（参见右图）。后来清代的乾隆皇帝曾多次为濮仲谦作品御题诗句，赞扬他刻竹圆润不留锋刃的艺术风格。朱鹤也使用竹根材料，采用力度较大的镂空雕刻，错落有致，凸显风骨。

明代濮仲谦竹刻松树小酒壶
（北京故宫博物院藏）

竹子干燥易裂，水中不裂不腐，制成执壶温酒壶有余香。

（3）明代六至九品官员使用的犀角执壶

据地理学家们考证，宋代前的2500年间我国的气温比较温暖（与前面宋辽时期提到的寒冷期时间一致），喜热的野犀牛能在长江流域繁衍，在唐代时期，尚有来自江南、岭南、山南道等区域犀角的进贡。据《宋史·地理志》所载，南宋以后两广地区的上贡名单中已无犀角，云南犀牛最后从稀有走向灭绝。明清所用犀角大多是来自东南亚地区，18世纪后非洲的犀角进入中国。如今，犀牛现已成为世界级珍稀保护动物，犀角比象牙更稀有，其角已禁止入药。

明代犀角的雕刻技法与风格，深受当时象牙雕、竹雕的影响。犀角上宽下窄的天然造型，决定雕刻的内容不仅局限于的花枝图案，也易于制作杯和壶。鲍天成是明代雕刻犀角的专家，制作的犀角螭龙纹执壶（参见右图）是其最优秀的作品之一。

明代鲍天成制犀角螭龙纹执壶
（北京故宫博物院藏）

（4）明代六至九品官员使用的葫芦匏器

匏器是明末出现的一种特殊工艺品，为明末太监梁九公首创，以后一直受到宫廷的重视。匏器的制作方法是用模具夹紧生长期的葫芦，在范模内刻有阴纹，待其熟后取出即成阳纹，再经过加工成为所需的各种匏器。由于典章内没有对匏器物有具体使用的规定，故此不再赘述。

收藏于故宫博物院的此件匏制蒜头瓶（参见右图）可以斟酒、温酒。

明代匏制蒜头瓶
（北京故宫博物院藏）

（五）明代文人雅士使用温酒器

明代文官体制下学好"八股文"能当官，所以很多文人雅士多为官员，当然也有很多志趣不同的逸士、屡试不中的落魄怪才等，未入官员序列，这些文人雅士随着明代中后期社会经济文化的发展，逐步成为市民阶层中使用温酒器的主流群体。特别是他们当中的"纯文人"，崇尚自然，情趣高雅，讲究生活品质和格调，喜欢营造一种充满闲情雅趣的文化氛围，他们在案头列炉焚香，弹琴作画，赋诗饮酒，他们使用的温酒器更值得一提。

明代的文人雅士大都以水为热源温酒，并且喜爱使用磁州窑生产的"红绿彩"、吉州窑生产的釉上彩绘执壶、玉壶春瓶等赋予一定文化寓意的彩绘瓷器温酒（参见右图）。

明代鸟形执壶
（仁缘温酒公司藏）

（六）明代庶民用温酒器

1．明代典章规定庶民用锡制温酒器

温酒不只是九品以上的达官贵人和文人雅士的专享之事，民间在婚嫁丧娶的礼仪中、适逢佳节的祝福中、逢凶化吉的祈祷中从来就没有离开过酒，而喝酒从来也没有离开过温酒。大人物说体面，小人物讲实惠。明代小说中常有豪气十足的人在吆喝"大碗筛来！"平心静气的喝酒人也要"来上二两"。

《大明会典》第二十六卷规定，明代庶民酒注用锡，一般器皿都要用瓷器（参见右图），这一制度不仅对于明代，而且对于后世都有深刻的影响。

我国的锡矿主要产于云南、广东、山东、福建、河南等地，其中以云南个旧产的锡最为著名，个旧市贾沙乡他白村南渣子坡，被确认为明代中期至清代末年冶炼锡的遗址。真正的锡器制品始于明代永乐年间（1403—1424年），明代万历年间，苏州制锡大师赵良璧名噪一时，他仿时大彬的紫砂式样，制作锡壶，其后归复初继之，仿紫砂锡壶名声更盛，人称"归壶"。

锡器导热快，锡制温酒器热效率高。从目前掌握的实物看，明代低腰身的锡茶壶多于高腰身的锡酒壶。明代有一种锡制温酒器，称为"水火炉"（参见右图），这种温酒器壶里套壶，外套用火加热壶内水，导热传至里套壶内的酒水，从而起到温酒的作用。

明代吉州窑釉上彩执壶
（仁缘温酒公司藏）

明代锡制温酒"水火炉"
（四川崇州万家镇窖藏）[①]

注：① 《文物》2011年第7期，四川万家镇明代窖藏。

2. 明代庶民使用温酒罐和自温壶

明代民窑有增无减，瓷器窑口庞杂，很多窑口都生产执壶，浙江龙泉窑、福建德化窑、云南玉溪，另外还有吉州窑、磁州窑等均有烧造。当然景德镇炉火最旺，不仅是制瓷的集中地，也是瓷商的汇集地。明代晚期的民窑温酒器，出现了群饮时的温酒罐和独饮时的自温壶。

（1）明代庶民群饮使用的温酒罐

明代中晚期遗存在民间的温酒器实物，锡器类的温酒器并没有瓷器类温酒器多，瓷器温酒器以火温和水温的执壶较多。在明代中期盛行的绿釉瓷器中，还有一种器型较大、可以悬挂起来的绿釉四系温酒罐（参见下图左），便于群饮场合使用。温酒罐底部留有火炙痕迹，下部烟熏失釉，罐内有酒液残留的白色晶体。

（2）晚明民间频现便携式自温壶

随着明代商贸繁荣，社会流动人口加大，已经有了温酒习惯的生意人为了便于携带，便经常使用自温壶温酒（参见下图右）。明代中晚期的自温壶与前朝的便携式扁壶有着实质性的不同，这种自温壶体积小于历朝，不需要火或者热水，仅仅凭借自身的体温就可以将酒温热。商人们带着自温壶，随着明代商业文明前行，随行随饮，随饮随灌，走南闯北。

明代绿釉温酒罐
（仁缘温酒公司藏）

明代绿釉自温壶
（仁缘温酒公司藏）

第十一节
清代温酒器

一、清早期温酒器令后世仰慕

清朝是中国历史上最后一个封建王朝，统治者为女真族出身的爱新觉罗氏，从努尔哈赤建立后金政权到1912年溥仪退位，历经296年。若从皇太极天聪十年（1636年）改国号为清算起，应为276年，若从清军1664年入主中原顺治帝登基起始，清朝共计268年。

按照史学家们对清代习惯性的划分，从清军入关至雍正末年为前期，乾隆、嘉庆和道光为清代中期，咸丰、同治、光绪和宣统为清代晚期。本书依据温酒器在清代不同时期的手工业成就，也参考中华人民共和国成立后文物限上限下的时段划分方法，将清代早、中、晚三个时段进行了重新划分，将清代顺治入关开始，直至强盛的康熙、雍正、乾隆四朝合并称为清早期，计152年；将逐步走向衰落的嘉庆、道光、咸丰三朝称为清中期，计66年；将渐渐覆灭的同治、光绪、宣统三朝称为清晚期，计50年。

清朝早期是清朝历史上最鼎盛的时期，50多个民族的国家得以形成和巩固，新疆和西藏纳入版图，西抵葱岭和巴尔喀什湖，北至漠北和西伯利亚，东到太平洋（包括库页岛），南达南沙群岛。1637年，朝鲜正式臣服清朝。清朝人口突破四亿，接近当时世界人口总数的一半，清朝早期社会的各方各面都取得了巨大的进步，综合国力远胜于汉唐。

清政府实行从战国以来就延续的重农抑商的政策，雍正皇帝反复强调"农为天下之本务，而工贾皆其末也。""市肆之中多一工作人，即田亩之中少一耕稼之人[1]"。同时，清朝以天朝自居，对外闭关锁国，自康熙中期到乾隆中期只开放四个通商口岸。认为"天朝物产丰盈，无所不有，原不籍外夷货物以通有无[2]"。乾隆时期文治武功均有建树，当时的世界正发生着工业革命带来的翻天覆地的巨变，中国落伍于世

注：① 引自《苏州府风俗考》。
　　② 梁廷楠《粤海关志》，乾隆帝给英王的敕谕之语。

界第一次工业革命发展的正当潮。

　　清统治者入关以后，采取休养生息、轻徭薄赋的怀柔政策，据《清朝文献通考》卷二十六征榷考："顺治元年豁免明季各项税课亏欠。"民间饮酒成为普遍现象，期间因为粮食过度耗费，有过禁酒或限酒的政策。山海关外盛京等地，老天不降雨，造成下种困难，可酒户仍在大肆酿造粮食酒，康熙派官员前往禁止，靠近京城的畿辅谷价飞涨，户部下达烧锅酿造禁令。《清朝续文献通考》卷四十一征榷中记载，乾隆初年想过"永禁烧酒"，最终难以"戒饮"，只能"谕加酗酒之律"。乾隆八年的资料显示，酒税低于油、糖征税，酒政宽松。

　　清早期出现了许多名酒，宫廷里有依照大臣张照献提供的酿造秘方生产的松苓酒，绍兴有"禁烧酒而不禁黄酒"的特许，出现善酿酒、鉴湖春等品牌黄酒，还有"行天下"的越酒等。曹雪芹在《红楼梦》中提到的惠泉酒，品质源远流长。葡萄酒在清代前期更是得到极大的发展，成为我国葡萄酒发展的重要转折点。海禁的开放和西部政局的稳定，使得酿造葡萄酒的品种明显增多。康熙大帝有饮用葡萄酒的习惯，直到去世。清初朱彝尊《食宪鸿秘·酒酸》对北酒、南酒，黄酒、蒸馏酒有评述："北酒：沧、易、潞皆为上品，而沧酒尤美。南酒：江北则称高邮五加皮酒及木瓜酒，而木瓜酒为良。江南则镇江百花酒为上，无锡陈者亦好，苏州状元红品最下。扬州陈苦酵亦可，总不如家制三白酒，愈陈愈好。南浔竹叶青亦为妙品。此外，尚有翁头春、琥珀光、香雪酒、妃醉、蜜淋漓等名，俱用火酒促脚，非常饮物也。"

　　清早期国力强盛，酒业的兴盛，带动了酒具繁荣。清早期金属制器和瓷器是康雍乾三朝手工业门类中最重要的部门，内府六库中专门设有的瓷库，掌管着"瓷铜锡器"。清代早期金属器和瓷器的制造水平登峰造极，享誉中外，是温酒器研究锁定的目标。

　　清早期金属器中的景泰蓝精美华贵，以前有"一件景泰蓝，十件官窑器"之说。2010年12月1日香港佳士得拍卖会上，一对雍正御制掐丝珐琅双鹤香炉以1.295亿港元拍卖，创下了掐丝珐琅艺术品拍卖的世界纪录。景泰蓝是清代皇家贵族喜欢的品种，当时在宫内设有"珐琅作"。清早期景泰蓝制作主要承袭明代技法，制作一件真正华美的景泰蓝非常复杂，仅生产工序就多达100多道。掐丝细密均匀，雕琢细腻，釉色古朴。乾隆时期景泰蓝最为繁荣，反映出清代制作景泰蓝的最高工艺水平，体现了真正的工匠精神、巧夺天工的技艺以及克服困难的智慧和毅力。

金器因其质材贵重稀少，颜色富丽庄重，被历朝历代的统治者们视为财富与权力的象征。几乎历代官府，都对黄金材料的使用范围、使用形制有严格的规定。清早期宫廷金器的使用量最大，据介绍，在北京故宫博物院藏有的2400余件金器中，主要为清宫遗存，而这些金器制作的工艺，皇家独有，民间绝迹。

清早期是我国制瓷史上的大成时期，御窑厂装备精良，产品不惜工本，加之督窑官的倾心管理，成就了瓷器一把泥土一把火的艺术。瓷器制作水平为后世不可及，清代瓷器的拍卖价格，为历朝所罕见，中国瓷器拍卖十大成交记录中，有六件瓷器全部为乾隆年制品。清世祖顺治帝入关后，正是百废待举的时期。1651年起，清室沿袭明代宫廷瓷器烧造旧制，烧造以青花为主的官窑瓷器，随着宫廷用瓷、贸易出口、国内人民生活对景德镇瓷器需量的激增，极大地刺激了瓷器生产，使康熙、雍正、乾隆三代的景德镇瓷业进入了中国制瓷历史的最高峰。康熙瓷器品种繁多，珐琅彩瓷器是这一时期的重大发明，粉彩是在康熙五彩的基础上受珐琅彩的影响而产生的新品种。雍正时期瓷器制作之精冠绝于各个朝代，总体风格秀巧挺拔，雅致精美，达到了历史最高水平。

清早期的督窑官在中国瓷器历史上留下浓墨重彩的一笔，康熙年间工部郎中臧应选，以豇豆红（吹红）及洒蓝（吹青）最为出名；江西巡抚郎廷极，烧造的红釉瓷器著称于世；内务府大臣年希尧用国产料替代珐琅彩进口料，解决了清代珐琅彩瓷料依赖进口的难题；五品钦差大员唐英做了28年的督陶官，为雍正和乾隆两朝烧制瓷器。他在中国陶瓷史上成就最高，编纂了中国陶瓷史上一部不朽的著作《陶冶图》。

另外，《清朝文献通考》第三十九卷国用考中记载：顺治八年"时江西进额造龙碗，奉旨，朕方思节用，与民休息，烧造龙碗自江西解京，动用人夫，苦累驿递（意为驿站传递），以后永行停止。"因为清早期明令龙碗停烧，所以清代皇帝使用瓷器龙纹执壶相对甚少。

（一）清早期皇帝用温酒器

清早期帝王用温酒器主要有金属类和瓷器类。

1. 清早期帝王用金胎嵌宝景泰蓝温酒执壶

藏于北京故宫博物院的两件掐丝珐琅执壶（参见183页图），是清早期景泰蓝巅峰之作。制作此类壶时，同时运用掐丝珐琅和画珐琅两种工艺技法，使用黄金做胎，镶嵌上等缅甸红、蓝宝石和神奇的星光宝石等珠宝。开光内图案有中国人物、景致，糅合了欧洲绘画的表现色彩和技法，是中西合璧的皇家艺术珍品。该执壶器形饱满，流柄细长，风格独特，尽显皇家富丽堂皇的气派。清朝历代皇帝，都将其视为珍贵的祖传器物，实际使用较少。

清代乾隆金胎掐丝嵌画珐琅执壶
（北京故宫博物院藏）

清代乾隆金胎掐丝珐琅执壶
（北京故宫博物院藏）

2. 清早期帝王纯金嵌宝葫芦形温酒执壶

　　清早期制作金器的生产技术完全继承明代的传统工艺，到了乾隆盛世时期，色彩和图案增多了，走向了繁琐堆饰。特别是宫廷作为礼器使用的器物用品，珠宝镶嵌工艺更是极尽奢华。

　　清早期，只有皇帝在举行盛大宴会时才会使用的金錾云龙嵌珠宝葫芦式执壶（参见右图），器物的周身上下都镶嵌有各色宝石。使用的纯金执壶导热性能优越，最适宜温酒之用。

清代金錾云龙嵌珠宝葫芦式执壶
（北京故宫博物院藏）

3. 清早期帝王用画珐琅温酒器

画珐琅最早起源于法国，传入我国后便受到皇族的喜爱和重视，康熙、雍正、乾隆期间御用的珐琅彩器物，均由内务府造办处顶级珐琅工艺师制作，另外在广东也设有珐琅作坊。铜胎画珐琅又称"洋瓷"，是在铜胎上涂敷釉料，经过彩绘、镀金、烧结等数道工艺而成。

藏于北京故宫博物院的画珐琅开光提梁温酒壶（参见下图左），为清宫旧藏，铜胎鎏金，壶腹开窗内画有四季花鸟与山水图案。提梁中间手握部分为金星玻璃，以便隔热提拿。壶底有"乾隆年制"款书，壶下台座为卷云四足支架，架内置扁平形灯，供温酒时加热。器身无镶嵌，使用较为频繁。

北京故宫博物院藏有清代乾隆画珐琅执壶（参见下图）。

清代乾隆画珐琅开光提梁温酒壶
（北京故宫博物院藏）

清代乾隆画珐琅执壶
（北京故宫博物院藏）

4. 清早期帝王用瓷器温酒器

顺治时期红绿彩执壶（参见185页图左）很难得，康熙、雍正、乾隆三朝时期的五彩、青花和釉里红瓷最著名（参见185页图中、右），这些瓷器品种的温酒执壶，也受到皇家喜爱，成为帝王们温酒、斟酒的常用器物。

清代顺治红绿彩狮穿牡丹纹执壶
（法国集美博物馆藏）

清代康熙五彩瑞兽纹瓜棱执壶
（北京故宫博物院藏）

清代雍正青花釉里红八仙过海纹
葫芦形执壶
（美国大都会博物馆藏）

（二）清早期祭祀用温酒执壶

清早期祭祀用瓷器颜色有严格的规定，用蓝色釉酒具祭天，用黄色釉酒具祭地。

清朝霁蓝釉瓷器继承明朝的传统特点，只是品种增多，延续时间长，贯穿了整个清代，尤其到了乾隆年间，霁蓝釉成了官方认可祭天瓷器的颜色，得到了极大的发展。

藏于国家博物馆的霁（祭）红釉僧帽壶，圈足内施白釉，青花双圈内书"大明宣德年制"六字双行楷书款，实为清代早期祭红釉作品，题以伪托款①。

清早期的黄釉瓷，沿袭了明代宣德和弘治黄釉技法，同时运用暗刻、划、印、雕等装饰工艺，一改前朝单色黄釉瓷的面貌。祭器黄釉瓷塑形饱满，釉色均匀。

（三）清早期后宫用温酒器

清朝皇宫72万多平方米，皇宫共有金碧辉煌的木结构宫殿9000多间。皇宫里面除了居住着高高在上的皇帝外，还居住着嫔妃、宫女、侍卫队员和太监，即男的、女的和非男非女的三大特色群体。

注：① 伪托是指假托、假冒。瓷器伪托款是指在新瓷器产品上模仿前朝器物书写前朝帝王年号款识。清早期，"反清复明"思潮涌动，时有运动，这一时期借物思古的伪托款瓷器较多。伪托款虽然不是造假，但是极易乱真。

康乾盛世时，清朝皇宫大体上光宫女就三千多人。在等级森严的清宫大内，女主人按等级排列为：皇后、皇贵妃、贵妃、妃（淑妃、德妃、贤妃、惠妃、丽妃、华妃、侧妃）、嫔（顺仪、顺容、顺华、修仪、修容、修华、充仪、充容、充华）、贵人、常在、答应。由于她们的名位不同，在日常使用的器物的类别、数量和图案[①]也有明显的差异（参见下图），逐级递减。伺候她们的宫女数量也有别[②]，也分女官和奴仆。

清代康熙洒蓝釉描金执壶
（北京故宫博物院藏）

清代僧帽壶
（中国国家博物馆藏）

清代雍正黄釉执壶
（北京故宫博物院藏）

在这些嫔妃的瓷器配额中，主要有各种类型的碗、杯、盘、碟、盅等，酒盅赫然在列，名录中不见温酒执壶，但是在博物馆中，有太后使用的凤柄执壶，在收藏中也有后宫使用的掐丝珐琅温锅（参见187页图）。

清朝皇宫里的侍卫分四个等级：一等御前侍卫，一般选拔满、蒙功勋子弟或者近亲以及武进士充任，忠诚可靠，武功高强，他们具有五步之内斩杀刺客并且人血不溅龙袍的本领，享受正三品待遇，设60人。二等侍卫为正四品，设150人。三等侍卫是

注：① 皇后使用黄瓷，皇贵妃使用白里黄瓷，贵妃与妃均使用数量减半的黄地绿龙瓷，嫔使用蓝地黄龙瓷，贵人使用绿地紫龙瓷，常在使用五彩红龙瓷，答应甚至不能用龙纹器皿。
② 在清朝的典制书里，康熙朝规定：皇太后12名宫女、皇后10名宫女、皇贵妃8名宫女、贵妃8名宫女、嫔妃6名宫女、贵人4名宫女、常在3名宫女、答应2名宫女。

清代青玉开光花卉纹凤柄双活环带盖执壶
（北京故宫博物院藏）

清早期景泰蓝温锅
（仁缘温酒公司藏）

正五品，有270人之众。四等蓝翎侍卫也是正六品待遇，设有90人。高级侍卫接近皇帝，常有重用机会，其他侍卫难以靠近皇上。卫戍紫禁城的侍卫，称为善扑营，他们闲来小聚可以适量酌饮，当值的时候绝对禁饮，否则，轻者赶出宫门，重者脑袋搬家。所以，他们使用的温酒器具不值一提。

早在努尔哈赤时期，就已经出现了供内府差遣的宫阉人员。入关之后，续用了一批旧明时期的太监，让他们干粗活、杂役。顺治帝时期，建立了系统的宦官制度：总管太监，四品，14人；副统管太监，六品，8人；首领太监：八品使监，加无品级者，计43人等。康熙、雍正、乾隆时期，对宦官的约束非常严格。吃酒，是清代早中期宦官众多禁令中的第一条，他们使用的温酒器不在此考证。

（四）清早期皇室宗亲用金属温酒器

清代有较为完备的宗室封爵管理制度，共有十二等：和硕亲王、多罗郡王、多罗贝勒、固山贝子、奉恩镇国公、奉恩辅国公、不入八分镇国公、不入八分辅国公、镇国将军、辅国将军、奉国将军和奉恩将军。辅国公以上称"爵"，镇国将军以下称"职"。清代亲王、郡王封爵有"世袭罔替"（俗称的铁帽子王）和"世袭递降"之分，如果是"世袭罔替"的王爷，后辈世袭不降等，分别有礼、睿、豫、肃、郑、庄、怡、恭、醇、庆这十位亲王和顺承郡王、克勤郡王。其余的王爵皆是世袭递降的，每传一代递降一等，亲王递降至奉恩镇国公止降，郡王递降至奉恩辅国公止降。

根据《皇朝文献通考》卷四十二《国用考·俸饷》记载，亲王岁俸银一万两，世子六千两，郡王五千两，长子三千两，贝勒一千五百两，贝子一千三百两。镇国公七百两，辅国公五百两，以下各级另有岁俸。从中看出，亲王郡王的后代，凭祖宗的福荫，世代有个官衔俸禄，虽然一出生时就站在等级社会的高层，但是不像明朝皇室宗亲那样，能够享有封地，可以当土皇帝，而他们非奉圣谕不得擅自远离京畿。这些纨绔子弟中多为八旗子弟，他们只能把所有时光都在骄奢淫逸中打发走，常常是白天提笼架鸟斗蝈蝈，晚上喝酒划拳带赌博，偶有春风来时亭台楼阁写丝绢，常在秋雨尽头荒郊野外放鹰犬。

清早期的王爷以及子弟多喜欢使用金属温酒器，偏爱于银鎏金龙口执壶，也使用民间流行的锡制温酒壶，并且利用锡金属的导热性、塑形性、易于镶嵌性创造出了影响后世的子母温酒套壶，同时紫砂、青花瓷器都是他们使用的温酒品种。

1. 清早期王爷贝勒使用鎏金龙口温酒执壶

清早期皇室宗亲的王爷、贝勒，他们也使用流口或者执柄为龙形的执壶（参见下图）。龙纹本来是帝王独享的特权，到了清代龙纹准许皇帝的家眷、皇族的亲王和皇上特赐的大臣们使用龙纹，其他人如犯禁忌必因僭越犯上而获罪，亲王、郡王们只需挑去一爪称为"蟒"，即可使用龙纹。

清代银梅竹人物图龙柄带盖执壶
（北京故宫博物院藏）

清早期纯金执壶
（仁缘温酒公司藏）

清早期银质酒具
（仁缘温酒公司藏）

中国人喜欢龙纹图案由来已久，赤峰市温牛特旗出土距今五六千年的红山文化时期玉猪龙，已经有龙图腾崇拜，比伏羲氏或者黄帝时期更早。龙这种幻想的动物，从青铜器时代起就与水相关，《考工记·画缋之事》谓："水以龙，火以圜。"以龙的形象象征水神，直到后来龙的形象大量出现在酒具中。

亲王们也使用满族特色的器具温酒，虽然没有皇帝用品的恢宏气势，也有别于汉文化器物的特点，做工也很精细。

2. 皇室宗亲使用烧蓝子母温酒套壶

烧蓝技术起源于13世纪末，由意大利工匠发明，迄今发现中国最早的实物是清雍正年间（1723—1735年）的银烧蓝器物。这种"蓝"只能烧制在银器表面，因此也称为"烧银蓝"。

北京故宫博物院藏有一套清早期烧蓝子母温酒套壶（参见右图），它是以壶内的热水为热源，通过导热温烫胆内的酒液，这是目前看到的最早的烧蓝子母温酒套壶，应为清早期王爷一级温酒用品。

清早期子母温酒套壶的内胆，可以灌注2~3两高度酒，适合独饮，正好使饮者晕乎。这种子母温酒套壶集美观与实用为一身，是清代早期温酒器的典型器物。该形制的温酒器流传广，影响远，直至民国后还有类似产品出现。

清早期烧蓝子母温酒套壶
（北京故宫博物院藏）

3. 清早期皇室宗亲使用的青花温酒器

清早期的青花瓷器，在人们的生活中仍占主导地位，上至皇室下及民间普遍使用。不仅国内广泛使用，并且传播于世界多地。青花瓷器无论是在工艺技术，还是绘画水平，都达到了制瓷史上的又一高峰。

清早期王爷以及子弟用瓷器温酒器（参见190页图），以壶类为主，大都来自于景德镇。康熙在位62年，乾隆在位60年，这一时期的瓷器作品，多有寿山福海图案，长寿多福之意。

清代乾隆青花寿山福海纹螭耳扁瓶
（上海博物馆藏）

清代乾隆青花执壶
（四川博物馆藏）

4．清早期皇室宗亲使用的紫砂温酒壶

紫砂业在明代崛起后发展很快，主要以茶壶为主，温酒执壶较少，到清初以后，紫砂业发展日益成熟，紫砂壶不仅是文人雅士手中的赏玩器，到清代前期也成为了皇室宗亲的喜爱之物。

随着紫砂业的发展，宫内造办处将珐琅彩绘技术移植到紫砂器物上，生产了举世闻名的紫砂珐琅彩。康熙时期的紫砂珐琅彩器台北故宫博物院保存有十九件，北京故宫博物院只有一件残器。清宫内务府造办处档案（造字3302）记载：雍正四年十月二十日"……持出宜兴壶大小六把，奉旨……照此款式打造银壶几把，珐琅壶几把……"遗憾的是在紫砂珐琅彩器物中没有一件适合温酒的器物。

清早期民间制作紫砂最成熟的地方是佛山，紫砂业制壶的技艺与同期的金属制品工艺相比，有过之而无不及。清早期制壶高手陈鸣远、陈汉文、杨季初、张怀仁等多位名家，他们制作素面紫砂器物，亦制作粉彩紫砂壶。"澹然斋"底款的粉彩紫砂器，在当时就享有盛誉。清乾隆年间，吴骞著有宜兴紫砂专论《阳羡名陶录》。

陶业人尊奉舜为陶业祖师，因为"昔者舜耕于历山，陶于河滨"[①]。每年农历八月二十二日为陶师诞辰，届时要举办盛大的祭拜活动，以保佑陶业兴旺。

注：①《墨子·尚贤下》："昔者，舜耕于历山，陶于河濒，渔于雷泽，灰于常阳，尧得之服泽之阳，立为天子。"

北京故宫博物院藏有的清代僧帽壶参见下图。

清代僧帽壶
（北京故宫博物院藏）

（五）清早期地主阶级喜爱的火温锡壶

清早期的火温锡壶制造，完全继承了明代工艺技术，壶形优美，寓意深刻。清早期产生了诸多制锡壶高手，活跃于康熙时代的沈存周，浙江嘉兴人，是清早期制锡壶第一位名家，在中国历史博物馆有其作品。

清代早期的火温锡壶在使用时，壶腹内点燃木炭即可温酒，免去了明代时期"水火炉"使用内胆的麻烦，直接将水换成冷酒，导热加快，温酒效率提高。这种火温壶，受到当时地主阶级的偏好。清早期的锡温壶，主要是上下通火型（参见下图）。

清早期上下通火温酒锡壶　　　　清早期龙口上下通火温酒锡壶　　　清早期龙口上下通火温酒锡壶
（仁缘温酒公司藏）　　　　　　　（仁缘温酒公司藏）　　　　　　　顶部

（六）清早期文人学士中流行的子母温酒套壶

清早期在文人学士中流行紫砂类和瓷器类的子母温酒套壶。

1. 紫砂类

紫砂材质制作器物时塑形性好，可以赋予器物更立体、更丰富的文化内涵。道教文化自明代嘉靖、万历以来就流行，到康熙朝时期八仙纹饰亦较盛行。八仙图案中有明八仙和暗八仙，明八仙画八个人，暗八仙只画八仙的八件器物。

八仙纹紫砂子母温酒套壶（参见右图），通过暗喻手法表现八位神仙：出淤泥而不染的何仙姑；挂着拐杖、背着仙丹葫芦的铁拐李；拥有能够召回亡灵的扇子的汉钟离；预测未来的渔鼓张果老；催生万物生长的神笛韩湘子；身背斩妖镇邪宝剑的吕洞宾；手执阴阳板的曹国舅；盛有仙品花篮的蓝采和。八仙纹紫砂子母温酒套壶情趣盎然，受到文人雅士的喜爱，其寓意可能与酒后文人的幻想有关。

清代康熙时期八仙纹紫砂子母温酒套壶
（仁缘温酒公司藏）

2. 瓷器类

流行于清早期温酒子母套壶，多为四棱或者六棱形，套壶的壶盖，通常有凹凸两种形制，制作材料以瓷质温酒子母套壶的量最大，此外还有锡、紫砂类。

制作瓷器子母套壶的名家"八大山人"朱耷（1626—约1705年），是明末清初中国画的一代宗师，是明太祖朱元璋第十七子朱权的九世孙。明亡后，他削发为僧，后改信道教，擅长书画。他的瓷器画片常以花鸟水墨写意为主，风格雄奇隽永（参见右图）。

清代"八大山人"子母温酒套壶
（仁缘温酒公司藏）

（七）清早期民间使用的瓷器温酒罐

清代早期的瓷器品种比明代时期有所增加，瓷器的用途多为饮食器、陈设赏玩器和仿古礼器。在瓷器饮食器中，壶的比例低于盘、碗、杯、碟、盅、盏六类器物。清早期民间的温酒器具，逐步流行锡制、铜制金属类的温酒壶。瓷器温酒器在一些群饮场合，特别是冬季温酒需求量大时还能派上用场。

清早期，自明末以来集储酒、温酒和斟酒为一体的温酒罐（参见下图）大量出现，温酒罐有易于储酒密封和预防热酒膨胀后的盘口，有的罐口带有流口，很是方便实用，受到老百姓的欢迎。

清早期茶叶沫釉温酒罐　　　　　　　　　　　清早期茶叶沫釉温酒罐流口局部图
（仁缘温酒公司藏）

二、清中期温酒器的特点

本书划定的清中期，是指嘉庆、道光和咸丰三朝，从乾隆四十一年禅位于第十五子颙琰，即嘉庆帝（1796年）开始，历经道光至咸丰末年（1861年），共持续66年。

嘉庆帝登基后，未能解决乾隆以来遗留的结党营私、军务废弛、政务不正等弊端。道光帝执政后，思想日趋保守和僵化，国库日益亏空、入不敷出，阶级矛盾时有激化，造反四起，正在内患不断的时候，清政府又遇到旷古未有的世界变局。通过第二次工业革命依靠科学技术迅速崛起的外国列强，开始觊觎天朝这块肥肉，可清政府依然实行闭关锁国政策，只许广州一个口岸通商。然而这种想象中的壁垒，挡不住英国打开国门的坚船利炮。随着1839年道光帝派林则徐到广州宣布禁烟，英国为了打开中国市场，悍然发动了卑鄙的鸦片战争。清朝战败，被迫求和，与英国侵略者签订了不平等的《南京条约》。从此，开启了中国屈辱的近代历史。烟毒的泛滥，不仅侵入国人本来就羸弱的体内，给身心带来极大的伤害，也造成了东南沿海地区工商业的萧条和衰落。1850年道光帝殂落，咸丰即位11年，正是太平天国运动兴盛之时，也是清王朝没落之时。

清中期由于对外战败赔款累增，对内镇压太平天国运动经费庞大，清政府入不敷出，只能增加赋税，而改增酒税首当其冲。《清朝续文献通考》卷四十一榷酤中有：嘉庆十九年奏准"崇文门税课烧酒十斤改徵（征）银一分八厘，南酒每小坛改徵银一分九厘。"又道光二年，"……绍兴酒大坛按照麻姑酒之例徵银四分八厘。"到咸丰时期征课更重，酒税始成巨额专税。

清中期各地名酒较多，《镜花缘》第96回中，列举有：山西汾酒、江南沛酒、湖南衔酒、饶州米酒、陕西权酒、湖南浔酒、杭州三白酒、济宁金波酒、冀俐衡水酒、淮安延寿酒、福建枭香酒、乐城羊羔酒、河南柿子酒等。

清中期的官办手工业也逐渐衰落，嘉庆时期各行虽然都在承袭旧制，但手工艺水平日趋下降和几近停滞。御窑厂已无督陶官，珐琅彩瓷已经停烧，观赏品也逐渐减少，铜胎珐琅器产量、质量与清早期无法比拟。到了嘉庆后期，流行一些瓷器帽筒和鼻烟壶一类的器物。道光时期手工业在下坡路上走得更快，除了御用粉彩瓷器精美外，其他的官窑产品与前代差距更为明显，加之道光皇帝厉行节俭，在二十九年"句除者十六项目自本年永停烧造。"[1]咸丰五年后御窑厂已基本停烧，官窑瓷器数量很少，即便有生产，其产品也造型笨拙，胎粗体厚。

清中期在官窑制器走向衰落的时候，民营手工业悄然兴起。盐、铁、纺织、陶瓷、造船等行业中民营比重不断扩大，从而使手工业中的商品生产有了显著发展。温酒器不只是皇权贵族、政吏绅士、文人学士们的专利，民间也出现了大量的温酒器，

注：①《清朝续文献通考》卷六十三·国用考一："宣宗临御以来制节谨，度三十年如一日，即一服一物之细时时以黜华戒侈为主，句除十六项瓷器，盖与顺治八年世祖谕停江西额造龙碗清风俭德后先媲美。"

材料有瓷、陶、铜、锡等，器型更是五花八门，民间温酒习俗形成，使得温酒器如潮水一般涌来。

清代中期，锡器仍然倍受文人、士绅阶层的青睐。锡制品主要以饮具和灯烛具最为常见，在饮具中又以锡壶居多。清中期的锡壶价格昂贵，除了原材料紧缺外，与其名家制壶也有关系。嘉庆道光执壶技术取得重大突破，著名扬州人卢葵生，把锡壶与漆器结合起来，创新有名的"锡胎漆壶"。道光咸丰年间尚有王善才、刘仁山、朱贞士等制锡器名家，所制茶具锡壶也极为上价，遗憾的是缺少这些名家制作的温酒壶。

清代中期政府对矿业的管理反复无常，对制作温酒器原料的锡矿、铜矿管理时紧时松，清嘉庆年间仍延续乾隆年间的封禁政策，对有权允准开矿的官员和承办开矿的商人严加申斥，对朝廷获利甚多、事关大局的铜、铅等矿山，政府严加控制。道光二十四年（1844年），因国库日渐空虚，道光皇帝又开始鼓励开矿，"官为经理，不如任民自为开采，是亦藏富于民之一道[①]"。

清中期的社会动荡，带来温酒器的重大发展变化。其主要特点：帝王使用的纯金温酒执壶镶嵌装饰减少，官窑瓷器温酒器的质量低于前朝。皇室宗亲使用紫砂、鎏金、青花等材质温酒器，但龙纹图案逐步减少。民间地主阶级、达官贵人、文人雅士和老百姓的温酒器物各有所别。

（一）清中期宫廷御用温酒器

清中期帝王使用的纯金温酒器宝石镶嵌较少，有时也使用画珐琅和玉石执壶温酒。

1. 清中期帝王用温酒纯金执壶

从目前纯金执壶遗存来看，皇帝使用的纯金执壶多为葫芦形制（参见右图）。这种葫芦形制有"福禄"的内涵，贯穿了整个清代宫廷的温酒器具。

清中期纯金葫芦式执壶
（北京故宫博物院藏）

注：①《清实录·宣宗实录》第404卷，总第39册，第57页。

2．清中期帝王用珐琅温酒执壶

嘉庆早期画珐琅器物（参见下图左），工匠在制作工艺上还努力保持着乾隆时期的水平。

3．清中期帝王用玉质执壶

康熙时期，吴三桂追击南明永历帝进入越南北部红河三角洲地区（交趾），开通了进入缅甸的通路，随后翡翠被带入内地。乾隆时期，又打通了和田玉运输通道，和田玉也进入了内地。玉器加工工艺迅速发展，乾隆、嘉庆年间，清玉、碧玉加工艺术达到了高峰，出现了我国玉文化的又一个昌盛期（参见下图中、右）。

清代嘉庆画珐琅花卉纹执壶
（北京故宫博物院藏）

清代嘉庆御用碧玉寿字执壶
（北京故宫博物院藏）

清代嘉庆玉羊首提梁壶
（北京故宫博物院藏）

4．清中期帝王用银质温碗

明清两代的御用温酒壶，皆为垂腹细腰、流口和执柄纤长、形似葫芦的执壶，使用这种执壶温酒，必须有放置热水的温碗。这种温碗比普通的海碗底部平整，碗壁要深，区别于浅腹的粥盆或者盖碗。传统温碗都有莲花瓣形口沿，易于热水沿着碗壁外溢，较大的温碗能提高温酒效率，碗侧有便于提拿的双柄。

清代有很多实用而美观的瓷质温酒碗，保存于北京故宫博物院的清代银龙戏珠纹温碗（参见197页图）便是一例，该银温碗有对称的龙形执柄，在热气蒸腾的温碗内执壶宝顶如珠，有双龙戏珠之意。

（二）清中期祭祀及后宫用温酒器

　　通过清朝《皇朝礼器图式》看，乾隆十三年钦定的祭器中无执壶、套壶等温酒器物，故而祭祀用单色釉瓷器执壶和金属温酒器从清代中期开始以后不再论说，只探讨内宫用温酒器物。

　　清中期由于御窑厂逐步衰落，官窑瓷器制品减少，供应宫内使用的瓷器质量下降，但金银制器依然耀目。保存于北京故宫博物院的清代中期银质温酒器（参见下右图），应该为清中期内宫使用的温酒器。

清代银龙戏珠纹温碗
（北京故宫博物院藏）

（三）清中期亲王用温酒器

　　汉族历来对青花瓷器情有独钟，少数民族偏爱金属器具，清代的亲王们喜欢使用金光闪闪的金属温酒器，鎏金温酒壶能够显示出主人的高贵身份，但是这些亲王们也喜欢用紫砂壶，对紫砂堂号也很讲究。

1．清中期亲王用紫砂类温酒器

　　"澹然斋"是清代嘉庆时皇族显贵们偏爱的一个紫砂堂号，另外一个大名鼎鼎的堂号就是"行有恒堂"，该堂号的主人是第五代亲王载铨，器物是亲王订烧专供皇亲贵族们使用，深得道光、咸丰二帝的欢心。

　　此两个堂号的温酒壶和温碗（参见198页图），如今在北京故宫博物院均有收藏。

清代中期银质温酒器
（北京故宫博物院藏）

清代澹然斋紫砂葫芦子母温酒壶
（北京故宫博物院藏）

清代行有恒堂款紫砂内釉温碗
（北京故宫博物院藏）

2. 清中期亲王用鎏金温酒器

鎏金技术在我国历史悠久，自东周产生以来历经数次革新和发展。鎏金技术在汉代称为"黄金涂[①]"，唐时期称为镀金，到了宋代始称鎏金。这种装饰器物的高级工艺，是把金和水银合成的金汞剂，先涂抹在银、铜器物的表面，经过加热烘烤使水银蒸发掉，金就附着在器表，然后经过多种工序的处理，使附着的金不易脱落，器物光彩夺目。

鎏金技术在清代乾隆时期应用到装裱大型建筑上，嘉庆时期也得到较为广泛的使用，制作的鎏金温酒执壶（参见右图）挺拔富丽，受到亲王们的喜爱而大量使用。

清代银鎏金錾花葫芦执壶
（北京故宫博物院藏）

注：①《汉书》"外戚传"记载"……居昭阳舍，其中庭彤朱。而殿上髹漆，切皆铜沓（昌）黄金涂，白玉阶，壁带往往为黄金釭……"

3. 清中期亲王用瓷器温酒器

　　嘉庆时期景德镇御窑厂改由地方官员兼管，瓷器工艺日趋衰落，产品多显粗糙笨拙之象，除青花瓷器延续丰富的纹饰题材外，其他奇巧华丽的瓷器观赏品逐渐减少。瓷器创新品种少，瓷器画片的构图，也由乾隆时期"百化不露地"的繁缛渐变为疏朗。道光时期的陶业随着国运渐衰，产量下降，质量降低。瓷器装饰图案中的人物形象有形无神，构图零乱，除道光皇帝的"慎德堂"款的御用粉彩精美外，其他产品已经不能与以往同日而语。咸丰时期的瓷器由于施釉不匀，釉厚者呈波浪纹，薄釉者为橘皮釉。

　　清中期瓷器的以上特点，基本都反映到了瓷器温酒执壶上（参见下图）。

清代嘉庆青花花果纹执壶　　　　　　清代嘉庆青花吉祥纹执壶　　　　清代道光粉彩粉青地开光百子花卉执壶
（四川省博物院藏）　　　　　　　　（首都博物馆藏）　　　　　　　（沈阳博物院藏）

（四）清中期八旗子弟用鎏金温酒器

　　清代把满族的军队组织管理和户口管理分为八旗，分别是：正黄、正白、正红、正蓝、镶黄、镶白、镶红、镶蓝八个旗。各旗当中因族源不同分为八旗满洲、八旗蒙古和八旗汉军。八旗军队人数众多，八旗官员子弟高人一等，特别是铁帽子王的后代，在京城里是一群真正游手好闲、惹是生非的富二代。他们享受着祖上亲王的待遇，不务正业，比清早期纨绔子弟更加浑浑噩噩、玩世不恭。这些八旗子弟奇思妙想，使用多种材料制作别有情趣的温酒器。

1. 清中期八旗子弟用鎏金和桃形倒流口执壶温酒（参见下图）

清中期铜鎏金执壶
（仁缘温酒公司藏）

清代桃式倒流锡壶
（北京故宫博物院藏）

2. 清中期八旗子弟用蓝釉白花（参见下图）和洒蓝瓷器执壶温酒

清中期蓝釉白花执壶
（仁缘温酒公司藏）

清中期洒蓝瓷器执壶
（仁缘温酒公司藏）

3. 清中期八旗子弟用竹雕饕餮纹活环提梁执壶温酒（参见下图）

清代竹雕饕餮纹活环提梁执壶
（北京故宫博物院藏）

（五）清中期民间温酒器

　　清中期民间使用的温酒器与皇室宗亲使用的温酒器，虽然在品质和文化内涵上有着天壤之别，但是在温酒器的形制发展上更有特点：一是清中期以来，社会上地主阶级的群体不断扩大，他们习惯使用以火温酒的铜壶、锡壶和以水温酒的瓷器执壶；二是社会的达官贵人和文人雅士喜爱水温子母锡制套壶和水温子母瓷制套壶；三是随着高度蒸馏酒的发展，酒精可以燃烧，以酒温酒的温酒器应运而生，很快受到商人们的追捧；四是普通百姓较多使用玉壶春瓶形锡制温壶。

　　清中期分别探讨地主阶级、文人雅士、游走商人和老百姓四类人群使用的温酒器。

1. 清中期地主阶级用温酒器

　　（1）清中期地主阶级喜好铜质温酒壶

　　嘉庆年间矿业发展虽然停滞，但清中期以滇东北两府为代表的铜厂官矿产量较大。清中期制熟铜技术走向成熟，铜制温酒壶金光灿灿，比锡制温酒壶更显华贵，受到当时地主阶级的青睐（参见右图）。

（2）清中期地主阶级使用的火温锡壶

清中期以火为热源的锡制温酒壶，都以木炭为燃料，与清早期时期锡制温酒壶相仿，只是上下通火锡温壶少了，左右通火锡温壶多了（参见下图）。这种火温锡壶在地主阶级中一直流行，到晚清民国还在继续生产和使用。温酒锡壶多种多样，通过形制和装饰表达诸多文化寓意。

清中期满族特色铜温酒壶
（仁缘温酒公司藏）

2. 清中期文人雅士偏爱水温套壶

清早期以水温酒的子母温酒套壶并没有得到广泛流行，只是在达官贵族和文人雅士中使用，到了嘉庆、道光以来，水温子母套壶越来越受到人们的喜爱，尤其在文人中盛行。袁枚在《随园食单·酒》内说到温酒时"炖法不及则凉，太老则过，近火则变味，须隔水炖，而谨塞其出气处才佳。"推崇以水温酒最好。

水温套壶有四方、六方形状，主要为锡制和瓷制（参见203页图）。水温套壶的器表，常刻绘有诗文和山水图案。

3. 清中期商人偏爱自温锡壶

清中期以来随着社会动荡的加剧，商品经济异地交易的广泛展开，已经形

清中期左右通火温酒锡壶
（仁缘温酒公司藏）

清中期子母水温锡壶
（仁缘温酒公司藏）

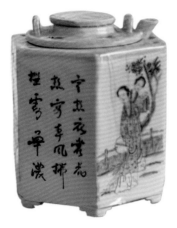

清中期子母水温瓷壶
（仁缘温酒公司藏）

成温酒习俗的游走商人，需要且行且饮的温酒器具，这时应运而生了自温锡壶，多为扁壶形状。

　　自温锡壶的发展也经历了三个阶段：清中期早些时候制作的自温锡壶，上部只有吸口，壶内并无吸管，腹部双层保温，肩部对称开孔，便于穿绳系拎（参见下图）；清中期晚些时候制作的自温锡壶内有一根至底的吸管，壶身全部变为单层，同时也为了适应圆形温酒架，出现了圆形自温锡壶（参见204页图）；清中晚期以后到民国时期自温锡壶多有镶铜图案。

清中期双层无吸管自温锡壶
（仁缘温酒公司藏）

清中期双层无吸管自温锡壶局部放大图

清中期圆形自温锡壶
（仁缘温酒公司藏）

清中期双层吸管自温锡壶
（仁缘温酒公司藏）

4．清中期老百姓多使用温酒锡壶

清中期的市井民众，多使用敞口的葫芦形锡制壶温酒（参见下图），这种壶工艺结构简单，易于制作，温酒的热源可以是火也可以是热水，使用方便。

（1）清中期圆形温酒锡壶

清中期老百姓广泛使用圆底撇口的锡制温酒壶，适用各种圆形温酒器，壶部撇口也可以有效防止热酒溢出。

清中期锡制温酒壶的产生有特别的意义，由于锡温壶热源虽然有水温、火温的兼容性，但是温酒锡壶没有自带的热源设置，使用时热源不稳定、不便利，这时易燃的高度酒便成为温酒时最便捷的热源，产生了温酒碟、温酒盘、温酒架。所以，清中期的锡制温酒壶催生了温酒小炉的产生。

清中期葫芦形锡制温酒壶
（仁缘温酒公司藏）

（2）清中期老百姓用高度酒为热源的温酒器

　　小型温酒器物不只适应游走商人使用，也方便居家时温酒。饮者可以不用火、不用水，只要燃烧饮用的高度酒便可随喝随温。高度酒温酒，彻底改写了以木炭和热水为热源的温酒历史，但是必须使用"天锅[①]"酿造的高度蒸馏酒。

　　蒸馏酒技术才能生产高度酒，高度酒燃烧才能实现温酒。唐代酒精度在6度左右，李白才敢"斗酒诗百篇"。宋代酒精度在10度左右，苏轼才能以壶论酒，写下"把酒问青天"的诗句。这些酒都不易点燃，不足以作为温酒的热源使用。从元代蒸馏酒产生以来，酒精度虽然有质的提高，但也有一个酒精度和受用群体逐步适应的发展过程，元代仍使用"螺杯[②]"。到了明代，杨慎"一壶浊酒喜相逢"的壶，体量不足宋壶的三分之一，装的应该依然是点不着的黄酒，从中看出蒸馏酒当时的饮用群体有限。明代迄今尚未发现以酒温酒的器具，也无明确的以酒温酒的文字记载。现在推测，清代中期的蒸馏酒可能有一次大的酒精度提高变化的革新，温酒使用的蒸馏酒应该是酒精度高、刺激小，被酿酒房称为的"腰酒"。清代《调鼎集》中说："烧酒，碧清堆细花者顶高，花粗而疏者次之，无花而浑者下之。"

　　在清中期提到有50余种酒类，酒精度一直推高，酒具一直变小。比如汾酒是清香型白酒的代表，晋裕汾酒在1940年、1970年时期酒精度在65度，时至1987年仍在生产60度的白酒，以后因为节粮、健康、效益等原因，酒精度才降下来。

　　清中期以高度酒为热源的小型温酒器具，其特点是器底自带盛放高度酒的小盅，主要有以下五大类型：

　　清中期瓷器温酒盅参见下图和206页上图。

清中期绿釉蛙型温酒盅
（仁缘温酒公司藏）

清中期青花温酒盅
（仁缘温酒公司藏）

注：① 天锅为制备蒸馏酒的必备器物，是蒸馏器上部加冷水凝酒的锅。
　　② 元好问诗《饮酒》中"椰瓢朝倾荔支（枝）绿，螺杯暮捲珍珠红。"

清中期白釉温酒盅
（仁缘温酒公司藏）

清中期青花碗形温酒盅
（仁缘温酒公司藏）

清中期青花碟形温酒盘参见下图。

清中期青花碟形温酒盘
（仁缘温酒公司藏）

清中期绿釉陶质温酒架参见下图。

清中期绿釉陶质温酒架
（仁缘温酒公司藏）

清中期绿釉
陶质温酒架
局部放大图

清中期花边温酒铜架参见下图。

清中期花边温酒铜架
（仁缘温酒公司藏）

清中期花边温酒铜架
（仁缘温酒公司藏）

清中期铸铜质温酒炉参见下图。

清中期铸铜质温酒炉
（仁缘温酒公司藏）

清中期熟铜温酒架
（仁缘温酒公司藏）

三、清晚期温酒器快速走向衰落

同治、光绪和宣统三朝为清代后期，皆都运祚短促，共持续50年。1912年2月12日，大清帝国的最后一位皇帝爱新觉罗溥仪，颁布了《清帝退位》诏书，清朝从此结束。

咸丰初年，洪秀全于广西金田起义，拉开了长达14年之久席卷大半个中国的"太平天国"运动，虽被曾国藩湘军，在英法军队的支援下联合剿杀，但这次运动动摇了清朝政治统治根基。1856年英国以"亚罗号事件"为借口，法国以"马神甫事件"为借口，两国共同发动第二次鸦片战争，由此，中国陷入半殖民地半封建社会。

1861年咸丰帝病逝，六岁的同治帝载淳继位，乳牙刚退，经历未长，清朝进入慈禧太后垂帘听政时期。1860年随着清政府与英法媾和，太平天国被消灭，引入了国外科学技术，进行了洋务运动，清朝出现了政治和谐、经济振兴的局面，使得国力有了一定程度的恢复和增强。历史上把这一段慈禧太后与恭亲王联合执政的同治年间，称为"同治中兴"。

强大起来的日本，强迫清朝藩国琉球（东海诸岛）改属日本，因遭拒而交恶。1894年爆发中日甲午战争，清军落败后，被迫签定《马关条约》，割让台湾、澎湖列岛及其附属岛屿，失去藩属国朝鲜。面对民族危机，光绪帝与梁启超、康有为等资产阶级改良派发起过持续103天的戊戌变法，终因慈禧太后和保守党的反对而告失败。

由义和拳发展起来的义和团运动，与明晚时期的白莲教秘密团体有关，由"反清复明"转为"扶清灭洋"。义和团运动虽然在清军与八国联军的联合剿杀下失败，但是沉重地打击了清政府的统治，加速了封建王朝的灭亡。1901年清朝同十一国签订了丧权辱国的《辛丑条约》，加深了中国半殖民地的程度。

1912年1月1日，中华民国于南京宣布成立，孙中山在南京就任中华民国临时大总统。2月12日，北洋大臣袁世凯迫使宣统帝溥仪颁布退位诏书，清朝灭亡。清室成员依然称孤道寡，封官赐谥，保持帝王气派，俨然国中之国，史称"逊清小朝廷"。

清晚期为了战争赔付，政府对酒课以重税，横征暴敛。《清朝续文献通考》记载：光绪年间，山西巡抚赵尔巽提出的"菸（同烟）酒两项原有加倍抽收之，议准。"有人做过比较，光绪时期的酒税与乾隆时期相比，提高了100～200倍。与此同时，晚清政府深知"富国之道矿政为先"，对包括锡矿在内的各类矿产征收重税，使得锡原料成本上升，锡制品价格居高。

清晚期名扬天下的名酒，一直传诵至今：汾酒、茅台、五粮液、泸州特曲、古井贡酒、剑南春等。绍兴黄酒在苏州、北京等地仿制，汾酒埋在地下二三年味尤芳冽。

同治、光绪时期手工业逐渐衰微。景德镇官窑窑火虽未尽皆熄灭，但也只是生产一些宫廷寿禧、赏赐用品。精美瓷器减少，民间粗瓷增多。瓷器的出口量大幅下滑，一改清前期瓷器热销海外的局面，但即便如此，据《中国陶瓷史》资料介绍，光绪六年（1780年），英国仍向中国订购了80万件瓷器。当时，随着国门的打开，瓷器舶来品大量输入，"日本占十之八"，史料记录的理由"一因人民爱用外货，二则色白价廉"[①]。面对国外竞争挑战，国内瓷业公司努力提高瓷业升级。江西瓷业公司"多用机器仿造外磁，淘足振兴实业，挽回利权。"另外有广东石湾窑、福建德化窑、河北磁州窑系民窑，也一直在延续烧造。

随着清王朝气息奄奄，晚清帝王宗室使用的温酒器，已经与前朝不可相提并论。民间温酒器也随着社会动荡的进一步加剧，悄悄发生着变化，温酒器具更小、更简易。清晚期水温锡壶增多，无盅小型温酒架增多。

（一）清晚期帝王用掐丝珐琅温酒执壶

保存于北京故宫博物院的清同治掐丝珐琅御用执壶（参见右图），为御用温酒器物。壶有圈足，绘海水纹，垂腹束颈处以珐琅装饰，流口和执柄细长呈龙形制，器底錾刻阴文楷书"同治年制"。

多穆壶是多民族文化交融的历史见证，早在清康乾盛世较为流行，多在一些册封、法事中使用，有时也当作执壶使用（参见210页图）。清代造办处也生产多穆壶，有时用于清帝赐赠高僧。

清代同治掐丝珐琅御用执壶
（北京故宫博物院藏）

注：①《清朝续文献通考》卷三百八十三·实业六。

清代宣统款银镀金龙凤纹多穆壶
（北京故宫博物院藏）

清代宣统錾花执壶
（北京故宫博物院藏）

（二）清晚期皇族后宫用温酒器

晚清皇族宗亲以及后宫用温酒器分为瓷器类和铸铜类。

1. 瓷器类

清晚期御窑厂复产后，烧制的同治大婚瓷、慈禧"大雅斋"专用瓷和"体和殿"陈设瓷，再现了皇家瓷器的风光（参见211页图上）。

咸丰五年（1855年）太平军攻下景德镇后，火烧了御窑厂，遣散窑监、画师和窑工。直到同治五年太平军失败后，李鸿章筹银13万两重建御窑厂。为同治皇帝烧制大婚用瓷四年之久，共烧制了10072件，数量巨大。主要有23个品种，多以日用器皿为主：碗、杯、盘、碟、渣斗、勺、盒、灯等。其中绝大多数是黄釉粉彩器，纹饰内容有：万寿无疆、万寿花、金双喜、百碟、红"喜"字、长"寿"字、万寿万福、红地金"喜"字等。慈禧的"大雅斋"瓷器堂号名称，源于咸丰皇帝赐给慈禧的"大雅"匾额。从同治十三年（1874年）到光绪二年（1876年），前后生产了三年。画风细腻，款书有"天地一家春""永庆长春"等章，装饰内容多为绣球牡丹之类。光绪十年，为庆祝慈禧太后五十大寿，将储秀门和翊坤宫后殿拆除，在其旧址上建体和殿。"体和殿"款的瓷器多为陈设器，多采用吉祥纹样以及龙凤云鹤等的装饰图案。

2. 铸铜类

黄铜是晚清宫廷制作器物的主要材料，主要用于铸造佛像和供器。清代晚期的铸铜技术较高，对铸造钱币铜圆的合金比例都有明确的规定。

藏于黑龙江省博物馆的半浮雕丹凤纹凤耳铜扁瓶（参见下图），是晚清时期使用生铜铸造的储酒、温酒和斟酒的扁瓶。器型优美，浮雕形象生动，为皇室宗亲或者后宫储酒、温酒用器。

清代光绪青花婴戏纹执壶
（英国大英博物馆藏）

（三）晚清王爷用温酒器

晚清衣食无忧、养尊处优的王爷们，虽然有着高贵的血统和尊贵的封号，但到了晚清末年，他们到手的俸禄越来越少，清朝这种世袭的封建制度渐渐得不到落实，最终不取自消。但是他们养成奢侈的生活方式，一时难以改变，他们变卖家当才能挥霍的日子还在后面，他们广泛使用银制、紫砂点彩、景泰蓝制温酒器。

清代丹凤纹凤耳铜扁瓶
（黑龙江省博物馆藏）

1. 清晚期王爷用龙纹银质温酒器（参见下图）

清晚期龙柄银执壶
（沈阳博物院藏）

清晚期龙纹子母温酒银套壶
（仁缘温酒公司藏）

2. 清晚期王爷用紫砂点彩温酒套壶（参见下图）

清晚期点彩紫砂子母套壶
（仁缘温酒公司藏）

3. 清晚期王爷用景泰蓝温酒子母套壶（参见下图）

清晚期景泰蓝温酒子母套壶
（仁缘温酒公司藏）

4. 清晚期王爷用斗彩子母温酒套杯（参见下图）

清晚期斗彩子母温酒套杯
（仁缘温酒公司藏）

（四）清晚期地主阶级和文人雅士用温酒器

清晚期子母水温锡壶得到了极为迅速的普及，瓷器子母温酒套壶也大量出现，这种套壶受到了很多地主、商人和文人的喜爱。

1．锡制类

清晚期的锡壶多为装饰精美的茶壶，锡制的提梁壶也用于温酒和斟酒。子母水温锡壶在清早、中期已经出现，但是从其存世量来看，真正流行的时间是在清晚期，这种壶多为圆形，腹部常常刻有诗文。如为名家制作题款，身价倍增。

下图锡刻诗句鼓式温壶的铜外套上刻有诗文：未识酒中趣，空为酒所萦。以文常会友，惟德自成邻。

清代锡刻诗句鼓式温壶
（北京故宫博物院藏）

北京故宫博物院藏有宣统款银提梁壶（参见下图）。

清代宣统款银提梁壶
（北京故宫博物院藏）

2. 瓷器类

瓷器子母套壶（参见下图）的受众群体较广，晚清出现了当时最流行的浅绛彩和矾红金彩子母温酒套壶。

浅绛彩瓷器是借用中国元代以来浅绛色调山水画的概念，以浓淡相间的黑色釉料，在瓷胎上勾画出花纹，再染以淡赭、水绿、草绿、淡蓝、矾红及紫色等，经低温（650～700℃）而烧成的一种低温彩釉瓷器。浅绛彩瓷器色调高雅素淡，朦胧脱俗，意境含蓄悠远。既表达了窑工生活清苦，无意烧造浓艳瓷器的压抑情绪，也反映了文人雅士心灰意冷和忧国忧民的心态。浅绛彩子母温酒套壶的存世量也较大，但是真正的名家名品尤为难得。

同治年间，出现了大量的矾红金彩子母温酒套壶。矾红彩描金工艺，是把金箔加铅粉研成粉末，调大蒜汁描绘在瓷器上，经焙烧之后用玛瑙打磨而成。

清晚期子母温酒套壶
（仁缘温酒公司藏）

清晚期矾红诗文子母温酒套壶
（仁缘温酒公司藏）

清晚期还出现了大量独饮的瓷器子母温酒套杯（参见216页图上）。清晚期民间温酒器继续向小型化发展，产生了一次只能温一杯酒的子母温酒套杯，其量只有一两左右，温酒量不足子母水温套壶的一半。

清晚期子母温酒套杯
（仁缘温酒公司藏）

清代光绪团花子母温酒套杯
（仁缘温酒公司藏）

　　同治时期子母温酒套杯多为圆形、四方形，色地为矾红彩，也有一些开窗图案（参见下图），内容多为团花[①]、鸟雀。

清代同治开窗描金矾红子母温酒套杯
（仁缘温酒公司藏）

注：①《中国古陶瓷图典》："团花是成熟于隋代，隋唐陶瓷器上多见，多以模印手法制作"。有学者认为，皮球花纹饰得自于日本漆器并由其上的徽章演变而来。而后成为清雍正、乾隆及其之后的官窑特定纹样，并在晚清民国时期广泛传播于民窑之中。

（五）清晚期民间温酒器

1. 清末民间温酒器注意提高温酒效率

　　清晚期以来主要以热水为温酒热源，一改清中期主要以火为热源温酒的习惯，但是由于以火为热源温酒的效率优于水温器，为了提高温酒效率，所以火温器具继续沿用，同时出现了双内胆子母水温锡壶、多盅温酒盘，还有特大号温酒锡壶。

　　（1）多盅温酒盘（参见下图）

清晚期多盅温酒盘
（仁缘温酒公司藏）

　　（2）火温锡壶（参见下图）

清代火温锡壶
（仁缘温酒公司藏）

（3）双内胆子母水温锡壶（参见下图）

清代双内胆子母水温锡壶
（仁缘温酒公司藏）

2．清晚期出现小型无盅温酒架

清晚期温酒架内无酒盅，在使用时只要点燃酒盅内高度酒即可。这类温酒架，主要有陶制、铜质和铁制，形制有六边、四边、圆形等。需要说明的是此时期酒盅已经很小，基本接近现今使用的酒盅，如下图所示，其量在三钱左右。

清晚期磁州窑白釉酒盅
（仁缘温酒公司藏）

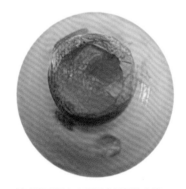

清晚期磁州窑白釉酒盅局部放大图

（1）铜制类（参见下图）

清晚期铜制温酒架
（仁缘温酒公司藏）

（2）陶制类

晚清陶制温酒架，往往有图案、文字，表达当时民众渴望安居乐业过日子的美好愿望，如"人和酒美""福"字（参见下图左）等。

国人对"人和"（参见下图右）的理解早于西方两百多年，春秋时期，齐国宰相管仲对齐桓公说："夫霸王之所始也，以人为本。"看来霸王之业是以人民为根本，以人和为前提。

清晚期"福"字款黑陶温酒架
（仁缘温酒公司藏）

清晚期"人和"款白陶温酒架
（仁缘温酒公司藏）

（3）铁制类

清晚期的铸铁工艺发达，产生了很多铁制温酒器（参见下图）。

清晚期铁制温酒炉
（仁缘温酒公司藏）

清晚期铁制温酒炉
（仁缘温酒公司藏）

3. 清晚期民间流行玉壶春瓶形温酒壶

清晚期多有锡制圆形自温壶，形制也多为玉壶春瓶形（参见下图），口沿外撇，使酒液受热膨胀后不易溢出。

清晚期磁州窑乌金釉玉壶春瓶形温酒锡壶
（仁缘温酒公司藏）

清晚期温酒锡壶
（仁缘温酒公司藏）

清晚期温酒锡壶
（仁缘温酒公司藏）

第十二节

民国温酒器

民国时期从1912—1949年，共分为三个阶段：

1. 南京临时政府时期（1912年1~3月）

1911年12月29日，来自全国17个省的代表，参加在南京召开的"中华民国临时大总统选举会"，最后孙中山以16票当选为中华民国第一任临时大总统。1912年元旦，孙中山宣誓就职。中华民国，是仿照西方资产阶级共和国建立的政权。

2. 北洋政府时期（1912年3月至1928年）

中华民国前期，以袁世凯为首的晚清北洋军阀在政治中占有主导地位。1913年10月6日袁世凯当选中华民国首任正式总统。1915年12月，袁世凯称帝，改国号为"洪宪"。

3. 南京国民政府时期（1927—1949年）

中华民国国民政府成立于1925年7月1日，一直与北洋政府对峙，1928年6月底占领北平，取得北伐战争的胜利，获得西班牙、德国、法国等国对国民政府地位的承认，1929年张学良归服国民政府后，国民政府才真正成为中国唯一合法政府。1948年5月1日，蒋中正依据《中华民国宪法》就任民国总统。

清末以来，中国的资本主义经济发展较为衰弱，反映到酿酒行业，酒厂规模小，多而散。随着国外洋酒和啤酒在国内机械化、规模化生产，对我国传统的酿酒行业形成巨大的压制，为此，我国也引进先进设备，规模化生产，同时也借鉴西方成熟经验，调整酒务管理。民国二十年（1932年），酒税实行一次征足，废除以往通过商贩零散征税的办法，有力地促进了酒业健康发展，为国产酒业品牌的形成、稳定酒税收入起到了积极作用。直到抗日战争爆发，国民党政府以充饷为由，将各省土酒一律加征五成课税。

民国初期的手工业，仍然以家庭作坊为主，条件简陋，产能低下，资本不足，在外国强大的资本主义经济的入侵和干扰下，很快走向萧条，个别地方的手工业渐渐衰落，即便是稍大一点的工场手工业和合伙式手工业，除广西外，也都显示出了颓势。

民国时期在瓷器方面，继续流行晚期以来的浅绛彩瓷器，也出现大量仿前朝器物（第三章第一节九中内容另有辨析），还有一些与时代政治背景相关的瓷器，比如孙中山时期有宣传三民主义的温酒壶，还有袁世凯短暂的83天皇帝生涯里，忘不了在景德镇定制御用的"洪宪瓷"。

民国瓷器温酒器沿袭晚清工艺技法，水温套壶和水温套杯较多。

民国时期的锡制、铜制温酒器，也受规模化生产的影响，出现了产地集中化、形制多样化的特点，五大锡壶基地以及制作铜壶名家尽人皆知，中等社会阶层的人士均有使用。

一、民国初锡制温酒器生产基地

民国时期锡壶的生产地主要有云南个旧、河南道口、北京前门、苏州吴中、广东潮汕五大集中地。其中，苏州市吴中在明初已形成铜器、锡器产销中心，到了晚清民国时期锡制的生活用具几乎无所不包，受老一辈宜兴紫砂壶高手杨彭年、陈鸿寿（蔓生）等的影响，吴中名人精品锡壶迭出，锡包紫砂壶最出名，只是温酒套壶极少，故而在此只介绍其他四个锡制温酒器生产集中地。

1．个旧锡制温酒器

民国时期我国的产锡区主要有四处，分别为云南、广西、江西和湖南四省，其中，云南锡产量约占当时全国总产量的90%，足见云南锡业在全国的地位。个旧锡器，时至今日仍是闻名全国的"锡都"。据《汉书·地理志》云贲古县（今蒙自、个旧一带）："其北采山出锡，西羊山出银，南乌山出锡。"1940年个旧遭到日机轰炸，"锡行街"歇业，直到1945年抗战胜利后，制锡业才又得以恢复。

晚清民国时期，个旧依托锡业经济走向繁荣。几十家专门打制锡器的手工作坊聚集在"光明街"附近，称为"锡行街"。在众多制锡工匠中，李伟卿为民国时期最具代表性的制锡人物，创造过艺术价值很高的锡制品。个旧人工制锡包括化锡、碾坯、放样、下料、钣金焊接成型、抛光、雕刻錾花等工序，使用历史悠久石范浇铸工艺。宣统元年（1909年）碧色寨滇越铁路的开通，刺激了锡制品的出口量。云贵总督顺应制锡业的发展，适时通过改组设立个旧锡务股份有限公司，继续推进制锡工业，提升锡业管理水平。

民国时期个旧产温酒锡壶（参见右图），有很多使用的是木柄，高温提举不烫手。

民国个旧产温酒锡壶
（仁缘温酒公司藏）

2. 北京前门打磨厂锡制温酒器

民国年间，北京锡制品主要在西打磨厂，它与西河沿街、鲜鱼口、大栅栏并称为"前门外四大商业街"，为当时北京城最繁华的地段。

民国年间，西打磨厂生产过一种形似前门钟楼样式的锡制温酒壶（参见224页图）。此壶加火炭的基座外撇，有坚如磐石之意。装酒有上下两个壶，下部壶腹鼓胀，有纳百川之度，上壶呈飞檐翘角状，与托举的四根中空立柱构成如亭似殿之形。壶的中部有一根开孔的烟管，可承烈火，可迎四面来风。如穹似伞的盖顶，是否老天在保佑虔诚的子民。壶身"百福捧寿"纹，更使整个温酒壶气势庄重而温暖有加。

3. 潮汕锡制温酒器

自明清以来粤东多地就相继发现了锡锌等共生矿，被当地人开发利用。在潮阳、揭阳、海阳等地便产生了锡器加工行业，其打制的锡质罐、酒壶、温酒壶、暖炉（火锅的俗称）等很有名。锡匠多为"前店后厂"的生产经营形式，人称"拍锡铺"，本地居民也说"拍锡街"。

汕头埠产的锡制器皿名声远扬，生产过著名的满汉全席餐锡制炊具，现保存在山东省曲阜县"孔府"中，共有404件套装，镶嵌有玉石、翡翠、玛瑙、珊瑚等珠宝，落款"潮阳店住汕头颜和顺正老店真料点铜"。

民国"前门"款锡制温酒执壶参见下图。

民国"前门"款锡制温酒执壶
（仁缘温酒公司藏）

民国"前门"款锡制温酒执壶"前门
打磨厂杨"字底款

潮阳提梁锡壶参见下图。

民国潮阳提梁锡壶
（仁缘温酒公司藏）

民国潮阳提梁锡壶底部放大图

4. 道口锡质温酒器

河南道口制作锡器的原料主要来自广西。民国初年，北洋政府颁布新的《矿务条例》，取消了民族资本进入矿产采掘业的限制，矿产丰富的广西应势发展。当时道口锡器店铺有兴盛店、义聚店、万盛店等，如今流传下来的鼓形、地球仪形等子母温酒套壶（参见下图），见证了当时锡业的繁荣，难怪有人说道口锡器在民国时期比道口烧鸡还有名气。

民国道口"万盛"款地球仪形子母温酒套壶
（仁缘温酒公司藏）

二、民国时期广泛使用的铜质温酒器

民国时期的铜匠，使用生黄铜或者熟铜皮，通过打制或者铸造，制作各种日常生活器皿。由于黄铜的熔点是1193℃，与锡熔点231.93℃不同，制备黄铜主要靠高温冶炼，一般在固定的较大场所铸造。而铜皮器具完全靠人工打制，场地较小也能坐堂打制等待卖家，有时也需要到附近的集市（墟场）摆摊售卖，也可以摇着铜铃，挑着简易的生活行囊和风箱、炉子、铁砧、铁锤、硼砂和紫铜皮等制铜工具材料，奔走在街头巷尾和山村乡间，就地打制和售卖铜器。

民国初至中华人民共和国成立前，制铜工艺最闻名的要数坐落在湖南攸县北部的皇图岭镇。当时最出名的铜匠艺人要数刘水生，师从名匠英四海、余五湖（民国俗称

"机古铜匠""显古铜匠")。手工匠人们在耒阳设有铜匠同业公会,每年二月十五日太上老君诞辰,铜皮匠人和锡器匠人都要举行尊祖祭典活动。

　　民国铜制温酒器的存世量大,除了以上小炉铸造、人工打制的铜质温酒器,还有近现代机器冲压、人工焊接制作的铜皮温酒器。在品类繁多的民国铜质温酒器中,不乏一些装饰性强、做工精良、图案优美的产品。

1. 生铜类(参见下图)

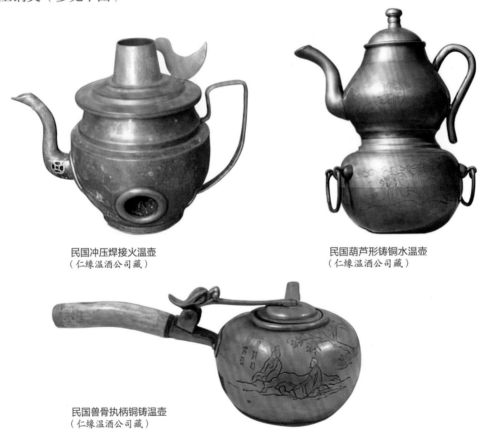

民国冲压焊接火温壶
(仁缘温酒公司藏)

民国葫芦形铸铜水温壶
(仁缘温酒公司藏)

民国兽骨执柄铜铸温壶
(仁缘温酒公司藏)

2. 熟铜类

　　在熟铜类温酒器中还出现了一种可以折叠的温酒架。

　　晚清民国时期内忧外患,战乱不止,人们经常居无定所,颠沛流离,这时需要使用更为便捷的温酒器,便出现了体积更小、质量更轻、更方便携带的可折叠式温酒架。

折叠式温酒架如变形金刚，需要温酒的时候点燃小酒盅内的高度酒，放置于展开的温酒架内即可，不温酒的时候，折叠可变小，便于存放和携带。该折叠铜质温酒架多由四、六或者八片组装而成，其图案多以传统的钱纹、寿纹和喜字纹居多。

折叠温酒器的铜片都是由机械冲压成型，我国现代冲压技术引进于英国[①]，成熟于20世纪初的清末（参见下图）。

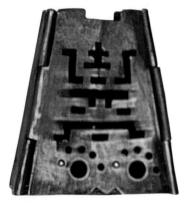

民国寿子纹四片折叠温酒架
（仁缘温酒公司藏）

民国钱纹六片温酒架
（仁缘温酒公司藏）

民国钱纹六片温酒架折叠后形状

民国时期，使用温酒器的群体很大。既有封建残孽王爷、八旗子弟后人使用的温酒器，也有革命先烈、民主爱国人士使用的温酒器，还有侵华日寇、国民党反动派以及反动历史人物使用的温酒器。

注：① 1839年，英国成立世界上最早的冲压公司，冲压加工技术的发展历史不超过二百年。

（一）洪宪御用温酒器

据记载，制作洪宪御用瓷器当时花费白银约为一百万两，由郭葆昌（郭世五）督烧，一说烧造了四万件，一说烧造了六千件。这批瓷器以珐琅彩和粉彩为主，其中制作珐琅彩的彩料，源于清宫造办处进口的西洋珐琅料旧藏。这批瓷器少有大件，主要器型有瓶、杯、盘、碗以及成套餐具，胎土淘洗干净，胎质雪白，轻薄致密，纯手工绘制，绘画线条流畅洒脱，釉色丰富，清丽润泽，具有鲜明的时代特征（参见下图）。

1963—1965年，袁世凯的第十三个女儿袁经祯向国家捐赠了13件"居仁堂制"款的洪宪瓷器，现由苏州博物馆收藏。

民国"洪宪"款子母温酒套壶
（仁缘温酒公司藏）

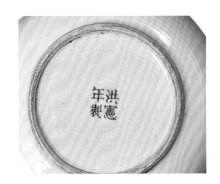

民国"洪宪"款子母温酒套壶"洪宪年制"底款

（二）三民主义时期的温酒壶

民国初年的三民主义，是中国社会人民大众当时最大的精神寄托和期望，也是帝国主义和封建统治者们最大的心悸和愤怒之处。新三民主义比旧三民主义有了质的飞跃，孙中山提出了反对帝国主义为目标的民族主义；主张普遍平等的民权主义；改善人民生活的民生主义。被中国共产党人称为"革命的三民主义"。

"爱人民"青花温酒壶（参见右图），反映了当时人民对获得自由、平等、幸福生活的美好愿望。

民国"爱人民"青花温酒壶
（仁缘温酒公司藏）

（三）民国时期王爷及其后辈用温酒器

国民政府每年给溥仪将近400万两银子，保证这位退位皇帝依旧可以锦衣玉食，可怜那些昔日养尊处优、高人一等的满族王爷后代，随着清王朝的灭亡，往日的荣华富贵不再有了，大多靠变卖祖上的基业度日。如第17代"铁帽子"克勤郡王宴森，卖光祖上留下的珠宝和房产奢靡，又卖了祖宗的坟地挥霍，最后当起了人力车夫度日。最著名的败家子算是中铨、中铭兄弟，卖了府邸不说，以换坟地"起灵"为名，竟然挖开自己祖父睿悫亲王德长的陵墓，窃取祖先的陪葬品换钱。由于与当地县政府分赃不均，中铨被判7年徒刑，最后死在大牢里。当然也有能写会画的王爷后代，能够自食其力，但实在是寥寥无几。

即便如此，这些王爷子弟使用的温酒器级别还是相对较高。

1. 紫砂子母温酒套壶

紫砂子母温酒套壶依然是他们喜好的温酒器具，其时流行松石绿地团花（参见下图左），但与清早期团花相比色调单一，色彩无层次变化。

2. 铜皮火温执壶

民国时期王爷子弟使用的铜皮火温执壶，往往喜欢在温酒壶的顶盖上镶嵌导热性能较差的玛瑙（参见下图右），在器柄缠以藤条，以方便高温时提拿。

民国松石绿地团花
温酒套壶
（仁缘温酒公司藏）

民国玛瑙盖钮铜温壶
（仁缘温酒公司藏）

（四）民国时期文人雅士子母温酒套壶

民国时期文人雅士喜欢使用水温子母套壶，品种是当时流行的瓷质粉彩和浅绛彩制器，还有使用椰壳、大漆、漆彩绘等镶锡制器（参见下图）。

民国椰壳镶锡子母温酒套壶
（仁缘温酒公司藏）

民国子母套壶存世量也较大，很多极具观赏性的粉彩瓷器（参见下图左），多是仿雍正、乾隆时期器物，胎质洁白，色彩艳丽，但与真品相比，胎质还欠细糯，密布鬃眼，彩釉也显灰暗。

瓷器子母温酒套壶流行，经常作为馈赠亲友的礼物。下图右的浅绛彩子母温酒套壶，是当年茶叶大师吴振铎，赠送状元伯父（魁甲）的礼物。落款为民国庚申年（1920年），但是吴振铎生于1918年，想来两岁的小孩肯定不会定制器物，这可能是大人代小孩订制的赠品。

民国粉彩子母
温酒套壶
（仁缘温酒公司藏）

民国吴振铎赠伯父
浅绛彩子母温酒套壶
（仁缘温酒公司藏）

（五）民国爱国人士用温酒器

由于新文化运动的兴起，一大批有识志士接受了"五四"时期进步思想的教育，为浩浩荡荡的反帝反封建运动呐喊助威，鼓动着一波又一波斗争高潮的到来。有的文化人士勇敢地站在民族解放事业的最前列，贡献出了自己火红的青春、出众的才华和无法挽回的生命。

革命的道路如此漫长和艰辛，他们怀着对新社会的无限憧憬早早地离开了世间，留下了简短的诗文和可歌可泣的故事，也留下了温酒器。

1. 京剧大师周信芳与温酒器

著名的京剧大师周信芳七岁登台，艺名"七龄童"，后改用"麒麟童"，是麒派代表人，也是有影响的爱国人士。抗日战争爆发以后，他积极参加救亡活动，通过演出《徽钦二帝》《文天祥》等戏，激起观众强烈的爱国热忱，也增加了投身民族解放运动的决心。随后又演出了《香纪》《亡蜀恨》等具有民族感的戏，更唤起人们不做亡国奴的斗争精神。1940年1月23日，为救济灾民，周信芳与文化界人士联合义演话剧《雷雨》，为灾民募集到大量的钱物。

周信芳先生在登台前有饮用几口热酒的习惯，以解劳困之乏，专心演绎角色。其下为老先生刻有"周信芳"自题款的锡制温酒器遗物。

民国刻有"周信芳"自题款的锡制温酒器
（仁缘温酒公司藏）

2．京剧大师梅兰芳与温酒器

京剧大师梅兰芳于20世纪初编排了《天女散花》，并巧妙地借鉴敦煌飞天造型，设计出了一整套长绸舞。1919年梅兰芳出访日本，连演五场，场场爆满，日本媒体赞赏梅兰芳是东方美神。梅兰芳从国外载誉归来，国内各大城市剧场邀约不断，一时间中华大地掀起了一股"散花"热潮。《天女散花图》图案印制在烟画、广告画上，也反映到温酒器上（参见右图）。1937年日寇侵略中国以后，梅兰芳大师蓄胡罢唱再没有给日寇唱戏，斩钉截铁地说"中国人从来不为日本人和汉奸卖国贼演出"。在后来的抗美援朝中，先生斥巨资捐了一架飞机。他的爱国之心，永远激励着后人。

民国"天女散花"子母温酒杯
（仁缘温酒公司藏）

（六）民国农村温酒器

民国初，一大批仁人志士发起中国乡村建设运动，试图通过改良和实干，推广农业技术、发展农村经济、改善医疗卫生条件，改变农村生活习气和风貌，建立"乡村乌托邦"。大量优秀的人才和社团积极投身到建设农村的事业中，虽然以失败告终，但也给"萧索的荒村"①，带来一丝生气。

温酒器在民国的时候较为普及，参见右图及233页图。

民国铸铜火炉形温酒架
（仁缘温酒公司藏）

注：① 选自鲁迅《故乡》一文。

民国陶土人脸型温酒架
（仁缘温酒公司藏）

民国黑釉温酒架
（仁缘温酒公司藏）

（七）缴获反动派用的温酒器

1931年"九·一八"事变后，日本帝国主义侵占了整个东北地区，抢占资源，奴役人民，东北完全沦陷为日本帝国主义的殖民地。1932年3月9日，在日本军队的撺掇下，末代皇帝溥仪，从天津秘密潜逃至东北，在长春成立了傀儡政权——伪满洲国①。1941年日军驻东北人数达到了85万人之多，日本军阀骑着高头大马招摇过市，蹂躏着东北的父老乡亲。

日寇军阀在漫长的寒冷季节也离不开酒，离不开温酒。

日本军阀使用的温酒器，一类是在我国制锡基地生产的、具有日本文化气息的锡制温酒器；另一类是在日本生产带入我国境内的铜制温酒器。这些温酒器用材考究，做工精良。

注：① 1945年日本投降后，溥仪在通化临江县（今白山市）大栗子沟矿山株式会社技工培养所举行"退位仪式"。

1. 缴获的日寇用锡制水火温酒器

　　该温酒器是水火炉的改进型（参见下图），点燃龙形坐架里酒盅内的高度蒸馏酒，即可加热水温子母套壶，温酒效果自然不言而喻。该器的盖顶有梅、兰、竹、菊四君子中国元素锡画，边周饰以日本樱花图案。器底款书"宫口"的日本名号赫然在目。

日本"宫口"底款水火炉锡温壶
（仁缘温酒公司藏）

日本"宫口"底款水火炉锡温壶底款图片

日本"宫口"底款水火炉锡温壶结构件

2．缴获的日寇用铜皮温煮器

日本生产的集火温和水温于一体的温煮器（参见下图左），在使用时先在灶下生火，便可加热灶台上铜壶里的茶、酒，与此同时，火源还加热了温煮器内灌注的水，这些水导热至插入温煮器的壶胆，使得壶胆内里的酒液升温。该温煮器利用水温不同产生水压的原理，会产生自然循环现象。制造者的别具匠心，真也让人感慨。

另外，日本也生产做工精细的火温执壶（参见下图右），镂空的盖钮和缠藤的提梁，都有较好的隔热效果，都方便高温时提放。

日制铜质三联壶温器
（仁缘温酒公司藏）

日制铜质炭火温执壶
（仁缘温酒公司藏）

3．缴获的国民党反动派将领用温酒器

王靖国（1893—1952年），山西五台县人，为阎锡山嫡系。1934年升为十九路军军长，人称"绥西王"。1949年太原战役期间为守城主将之一，被解放军生擒后，于1952年病死于战犯管理所。在其住宅内，有一条长达一千米左右的暗道，直接通往阎锡山办公室，以备紧急情况下使用，可见阎锡山对此人的信任。

王靖国使用的温酒器（参见236页图）竹节形外保温，上下两层，同时温热一壶酒和四个杯子。

民国王靖国使用的"道口聚盛"竹节形锡制温炙器
（仁缘温酒公司藏）

第十三节

中华人民共和国成立后温酒器

1949年10月1日，共产党领导的中华人民共和国屹立在世界的东方。

第二年财政部颁发了《专卖事业暂行条例》，实行酒类和卷烟专卖，并组建了中国专卖事业总公司。在颁布的《关于华北公营及暂许私营酒类征税管理加以修正的指示》中，"决定对公营啤酒、黄酒、洋酒、仿洋酒、改制酒、果木酒等均改为从价征税，前列酒类其所用之原料酒精或白酒，应按规定分别征税"。

1953—1957年是我国的第一个五年计划时期，国家的基本任务是：集中主要力量建设苏联帮助中国设计的156个项目[①]，建立中国社会主义工业化的初步基础；发展部分集体所有制的农业生产合作社；发展手工业生产合作社；建立对农业和手工业的社会主义改造的初步基础；基本上把资本主义工商业分别纳入各种形式的国家资本主义轨道。

1949年之前，我国城市和乡村的生产资料和生活资料，绝大多数依赖于手工业产品，同时手工业制品也是我国传统的出口商品。所以，对手工业进行社会主义改造，引导和组织个体手工业者走合作化的道路，不仅有利于手工业本身取长补短、优势互补的发展，也有利于为实现国家工业化奠定基础。随着手工业生产的健康发展，1955年手工业合作社与供销合作社分开，建立了全国手工业合作总社，与中央手工业管理局合署办公。

1949年前，中国历代所有宫廷用器，包括玉器、瓷器、贵金属器等等高档手工业制品，全部服务于极少数统治阶级，即便是晚清民国自愿组织的民间手工业社团、同业会组织，仍然在原料、技术、市场、资金、服务群体等方面有极大的局限性，只有1949年后的手工业产品，服务于全民全社会，联合于全民全社会。所以，1949年初的手工业改造意义特别深远，也正是因为这一时期手工业产品主要用于保证国家赖以立身的重工业建设，服务于全民农业生产建设，而在生活中温酒器相对较少。

一、温酒器见证年轻共和国经受的考验

中华人民共和国成立之初，苏联率先承认中国的国家地位，而以美国为首的西方国家一直支持蒋家王朝，年轻的社会主义共和国，长期要与强大的资本主义阵营对抗。

早在1948年4月1日，毛泽东在晋绥（山西兴县蔡家崖）干部会议上讲话时指出：全党必须紧紧抓住党的总路线，即无产阶级领导的、人民大众的、反对帝国主义、封建主义和官僚资本主义的革命。1960年5月22日，毛主席号召全世界人民团结起来，

注：① 摘自《中国共产党历史》：1953年5月《关于苏维埃社会主义共和国联盟政府援助中华人民共和国中央人民政府发展中国国民经济的协议》等文件，援建91个工业项目，加上1950年已确定援建的50个、1954年苏联政府又增加的15个，共计156个项目。

打倒美帝国主义。1966年8月8日首都各界人民召开反对美帝国主义、支持美国黑人反对种族歧视斗争大会。1970年5月20日，毛泽东主席发表了有50万人参加的气壮山河的《全世界人民团结起来，打败美国侵略者及其一切走狗！》的庄严声明。

军持温酒器上"专心反对美帝"题款（参见右图），印证着这一段斗争的历史。

军持或称净瓶，自唐代以来就出现了该器型，贾岛《访鉴玄师侄》诗："我有军持凭弟子，岳阳溪里汲寒流。"军持原是寺庙和僧人云游携带之物，瓶内之水用以饮用及净手，到晚清民国南北方窑口均有生产，还出口到很多信教的国家。中华人民共和国成立以后，军持不再是寺庙的圣物和僧侣的专属品，而是走向普通老百姓的日用器物，是具备温酒、斟酒功能的实用器。

中华人民共和国成立初"专心反对美帝"温酒、斟酒军持温酒器
（仁缘温酒公司藏）

二、纪念抗美援朝温酒器

1950年6月25日，朝鲜半岛爆发内战。以美国为首的英国、法国、加拿大、澳大利亚、新西兰、荷兰等十六国联合国军，按照联合国安理会通过的第84号决议，帮助南韩反攻北朝鲜。中国人民志愿军应北朝鲜请求，做出赴朝参战决定，将1951年10月25日[①]，定为抗美援朝纪念日。

瓷器子母温酒套壶纪念了这一伟大的保家卫国战斗史（参见右图）。

"保家卫国"子母温酒套壶
（仁缘温酒公司藏）

注：① 《中国共产党历史》第二卷74～75页。1950年10月19日，中国人民志愿军肩负着祖国和人民的重托，在夜幕的掩护下，跨过鸭绿江，秘密进入朝鲜战场，开始了中国人民的抗美援朝战争，稳定了朝鲜战局，一年后将10月25日定为抗美援朝纪念日。

三、合作化时期瓷器温酒器

中华人民共和国成立初期，我国的陶瓷业百废待兴。1955—1957年，手工业走上了合作化道路，千年瓷都景德镇焕发出了生机，相继恢复和新建了一批陶瓷生产企业。1956年景德镇对原有私营瓷厂进行了公私合营，并将13个已经合营的瓷厂与6个新办的合营瓷厂进行了合并，重组为：裕民瓷厂、国光瓷厂、华光瓷厂、民光瓷厂、新和瓷厂、华电瓷厂等10个公私合营瓷厂，紧接着又将上述10家瓷厂更名为第一至第九瓷厂和美术瓷厂。在这些改造的老旧企业中，得到一批民国晚期的制瓷名家的指导，使得这一时期的瓷器制作水平整体较高。

此时期景德镇瓷器的底款先使用合作社厂名（参见下图），后使用合作社数字序号，而在内销瓷器时还使用"江西景德镇名瓷"底款，在外销瓷器底部一般书写"大清乾隆年制"或"乾隆年制"，字体有楷书也有篆书，皆为圆形印章款。此时期的瓷器图案，多是现代釉下贴花工艺。

此一时期温酒器具主要是撇口瓷壶，温酒热源主要是热水，也有使用燃烧温酒架内蒸馏酒的情况。

景德镇"双喜"斟酒、温酒壶
（仁缘温酒公司藏）

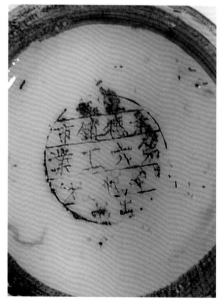

"双喜"温酒壶第六工业合作社出品底款

四、"大跃进"时期温酒器

1958年5月5～23日，在八大二次会议上通过了"鼓足干劲、力争上游、多快好省建设社会主义"的总路线。工业上掀起了"全民大炼钢铁运动"，人们竞相把铁锅、铜盆、合页、把手、香炉、金属钱币甚至于铜温壶等五金材料拿出来，炼了钢铁。

1958年6月22日，有一篇刊登在《人民日报》上的短文《敲碎碗片》，作者记录了当时一个真实而生动的场景：月光下，作者听到一片叮当之声，循声而去，看到大爷敲碎碗片，问及大爷为何？答曰："做耐火砖呀[①]！"没人知道大爷当时敲的这些碗是哪朝哪代制作的，也不知道是否还敲碎了瓷器温酒器。

这一时期瓷壶除了景德镇生产外，湖南醴陵产品也较多。景德镇酒壶底款落有或红或绿的"中国景德镇"加"CHINA"。

"人民公社好"瓷酒壶
（仁缘温酒公司藏）

景德镇瓷壶红款

景德镇瓷壶绿款

注：① 江沛、李金铮主编的共和国往事《老新闻》（1956—1958年）。

五、三年困难时期温酒器

1959—1961年三年困难时期，全国性的粮食和副食品短缺。通过一些资料看，这三年持续发生了严重的自然灾害。《毛泽东书信选集》中有一封致胡乔木（时任毛主席秘书）、吴冷西（时任人民日报总编）的信件，写于1959年6月20日上午4时，其中谈到广东大雨要如实公开报道，全国灾情照样公开报道，说明灾情之实、灾情之大。从1960年下半年开始采取救灾措施，1961才开始进口北美小麦缓解了灾情。

红旗瓷厂出口酒壶

根据国家统计局《中国统计年鉴》（1983年）统计，1960年全国总人口比上年减少1000万，最突出的如河南信阳地区死亡率为正常年份的好几倍[①]。在这样覆盖全国严重的灾害面前，可想而知，酿酒的粮食是何等紧缺。当时13级高干（师级）以下的领导喝酒都困难，至于农村办婚宴、典礼也喝喜酒，使用的温酒器多为盆、锅、铝壶等器物。

三年困难时期的瓷器产品主要用来出口换取外汇，景德镇瓷器底款全部停用序号厂款，而开始使用各厂名号。第一瓷厂改名为国营东风瓷厂，另如"景兴瓷厂""红旗瓷厂""东风瓷厂""宇宙瓷厂"等。

局部放大图

注：① 参考新华社记者杨继绳在《墓碑——中国六十年代大饥荒纪实》中的记载。

另外，在艰苦的岁月里，文物商店收集和保护了大量流散在社会上的文物，但是由于当时的国家文物政策规定以乾隆年为限，限上文物不能出口，限下嘉庆以后的很多书画、官窑瓷器（可能有珍贵的温酒器）都以极低的价格出售，流失海外。

六、国民经济调整后期温酒器

1965年，国家对国民经济进行调整，遵循有计划地按比例发展经济，重新合理分配经济各部门之间的社会劳动，把国民经济中比重过大和发展过快的某些部门、产品、建设项目尽快地降下来，把应该加强的部门、产品和建设项目比重逐步提上去，使经济结构趋于合理，国民经济走上了正常运转轨道。

国务院于1963年8月22日发布了《关于加强酒类专卖管理工作的通知》，对酒类专卖管理工作做出了具体规定，将酒类生产归口轻工业部管理，所有酒厂生产的酒，必须交当地糖业烟酒公司收购和经营，然后通过国营商店、供销合作社以及城乡合作商店零售。社队自办的小酒厂也要按照1962年12月30日国务院发布的"工商企业登记管理试行办法"进行登记，实行归口管理。

1963年，由轻工业部主持，在北京召开了中华人民共和国成立以来的第二次评酒活动。根据首次制定的规则和标准，共评出国家级名酒十八种：白酒八种（五粮液、古井贡、泸州老窖特曲、全兴大曲酒、茅台酒、西凤酒、汾酒、董酒）；黄酒两种（加饭酒、沉缸酒）；啤酒一种（青岛）；葡萄酒、果露酒类七种（白葡萄酒、味美思、玫瑰香红葡萄酒、夜光杯中国红葡萄酒、特制白兰地、金奖白兰地、竹叶青）。

1964年10月，各瓷厂统一启用"中国景德镇"底款，景德镇10大国营瓷厂底款标记代号如下：红星瓷厂（A）、宇宙瓷厂（B）、为民瓷厂（C）、艺术瓷厂（D）、建国瓷厂（E）、人民瓷厂（F）、红旗瓷厂（G）、光明瓷厂（H）、东风瓷厂（I）、景兴瓷厂（J）。

1964年的金秋，是中国人民硕果累累的收获季节，10月2日，大型音乐舞蹈史诗《东方红》隆重上演，这首由陕北民歌《信天游》改编的歌曲响彻人民大会堂。紧接着10月16日，我国首次发射原子弹试爆成功，震动了整个世界。

"东方红"斟酒、温酒壶（参见243页图）上旭日东升，普照大地，阳光的恩泽带来世间万物的一片葱茏。

1964年产"东方红"斟酒、温酒壶
（仁缘温酒公司藏）

七、"文革"时期温酒器

即便在"文革"时期，人们在严冬饮酒仍然延续着温酒的传统习俗。

小饮的时候主要使用瓷质酒壶温酒，配有铁质、铝质甚至是陶土制作温酒架。这些低廉的温酒器，人们却赋予它文化内涵和时代特色，温酒器便有了价值和灵魂。"文革"期间的文化元素，有毛主席语录、诗词和画像，有反映下乡知青接受贫下中农再教育、革命样板戏剧照以及工农兵在各条战线战天斗地的形象等内容，小小的温酒壶上都留有记录。

每遇喜庆大节的时候，群饮、聚饮多使用铁壶（参见右图）、铁锅、铝壶（参见244页图）和铝盆。

铁壶
（仁缘温酒公司藏）

"文革"时期有一件古往今来少见的温酒器替代品，就是茶杯，北方有些地方称为"茶缸""茶钵子"，既是喝茶吃饭的餐具，也是刷牙洗脸时的卫生洁具，还是斟酒、温酒、饮酒的酒具，不论独饮，还是多人轮饮，都很方便。这种搪瓷茶杯，生产遍及唐山、杭州、长春、山西等地。

铝壶
（仁缘温酒公司藏）

八、国家领导人用过的温酒器

20世纪50年代末，湖南醴陵烧制了一批毛主席专用生活瓷，1975年元月江西景德镇也烧制了一批代号为"7501"的中南海毛主席专用瓷，只是其中没有酒具。这两批被称为"红色官窑"的"毛瓷"，如今绝大部分收藏在韶山毛泽东同志纪念馆、中国革命博物馆、中南海丰泽园等处，流入民间的"毛瓷"不足200件。

1978年，华国锋主席主持中央工作期间，陶研所为中南海增补烧制过一批瓷器（参见右图），不少人称"7801瓷"，其中有斟酒、温酒壶，这批瓷器品质上就是"7501瓷"。

2014年邓小平诞辰110周年纪念日，邓小平的家人向陈列馆和缅怀馆捐赠了一批遗物，总计441件，其中包括邓小平生前使用过的两件烫酒壶，一件为邓榕捐赠邓小平生前用景德镇青花瓷烫酒子母套杯，另一件为邓榕捐赠邓小平生前用山东博山白瓷烫酒子母套杯（参见245页图）。

1978年生产的中南海用酒壶
（仁缘温酒公司藏）

邓榕捐赠邓小平生前用景德镇青花瓷烫酒子母套杯

邓榕捐赠邓小平生前用山东博山白瓷烫酒子母套杯

九、十一届三中全会后的温酒器

中国共产党第十一届中央委员会第三次全体会议，于1978年12月18日在北京隆重召开，全会决定把全党的工作重点转移到经济建设上来。

我国农村人口占总人口的80%，通过家庭联产责任制，首先解决农业人口的吃饭问题，接着发展乡镇企业，抓好手工业建设，迅速提供农业器具和生活用具，改善农民生活水平。

早在1958年，茅台酒厂就依据敦煌壁画中的图案，将"五星"徽标改为"飞天"。1979年，在上海科教电影制片厂拍摄一部《向宇宙进军》的纪录片，飞天之梦国人振奋，如今温酒壶还记录着当时人民群众斗志昂扬的激情。

"飞天"温酒执壶参见右图。

"飞天"温酒执壶
（仁缘温酒公司藏）

　　此一时期，随着人们生活的改善，古老的文化渐渐复苏，又出现了瓷器温酒子母套杯。如下图左的鸟语花香子母温酒套杯上，鸟儿唱歌，花儿飘香，一片大自然春光明媚的景象，表达着当时人们愉悦的心情。

　　此时期的瓷器生产除景德镇名声在外，还有唐山窑和邯郸窑的产品也响彻全国，地方窑口也方兴未艾（参见下图右）。

鸟语花香子母温酒套杯　　　　山西柳林窑佛像、亭台子母温酒套壶
（仁缘温酒公司藏）　　　　　　（仁缘温酒公司藏）

十、深化改革开放时期温酒器

　　1992年10月，十四大正式确立"我国经济体制改革的目标是建立社会主义市场经济体制"，改革开放继续向纵深发展，向现代科技大踏步迈进，各行各业焕发出青春般的朝气。

　　随着国有体制大刀阔斧的改革，国企承包，市场经济极大地刺激了所有生产企业，使企业在质量管理、创新产品、销售奖励、资金回笼等方面都发生了深刻变化。景德镇陶瓷为了引导市场消费，组织巡回展览，举办陶瓷节，积极宣传产品，不仅取得明显的经济效益，也根据市场需求研制出很多新产品，其中自然有温酒器品种。

　　随着深圳经济特区和经济技术开发区的建立，迅速引进了境外资金、先进科学技术及成熟的管理经验，将一个小渔村很快发展建设成为发达城市。此后，一大批高新科技区、保税区以及灵活多样的贸易区从沿海一直延伸到内陆。

此一时期的温酒器简洁大方，用于出口的酒壶、温酒壶形制多种多样（参见下图）。

"五谷丰登"子母温酒壶
（仁缘温酒公司藏）

出口温酒斟酒执壶
（仁缘温酒公司藏）

（1）　　　　　　　　　　　　（2）

出口转内销子母温酒套壶
（仁缘温酒公司藏）

十一、中日建交二十周年温酒器纪念品

1972年9月25日，日本内阁总理大臣田中角荣访问中国，双方发表《中日联合声明》。9月29日，中日双方签署发表《中华人民共和国政府和日本国政府联合声明》，实现两国的政治关系邦交正常化。

1992年为了纪念中日邦交正常化20周年，4月6～10日江泽民总书记对日本进行了友好访问。进一步推动中日睦邻友好，共同展望未来发展。为此，景德镇制作了青花子母温酒套杯（参见下图），纪念这一重大活动。

青花子母温酒套杯
（仁缘温酒公司藏）

十二、加入世贸组织时期的温酒器

2001年12月11日中国正式加入世界贸易组织，这是改革开放建设事业进程中一个具有里程碑意义的重大事件，对中国经济发展和社会进步有着巨大的推动作用，对世界经济的促进影响深远。

此时的温酒器走出了国门，外国的温酒器踏上了华夏大地。制作温酒器的选材更广泛，除了瓷质、金属质、玻璃质，还有一些复合新型材料也用于制作温酒器（参见249页图）。温酒的热源种类也更多，除了传统的水温、火温，还出现了电温。温酒器型更是琳琅满目，出现了更加健康的抗菌陶瓷，能长期保持日用瓷表面卫生清洁。

"喜鹊登梅图"子母温酒套壶
（仁缘温酒公司藏）

"雪花锡"子母温酒套壶
（仁缘温酒公司藏）

电热温酒器
（仁缘温酒公司藏）

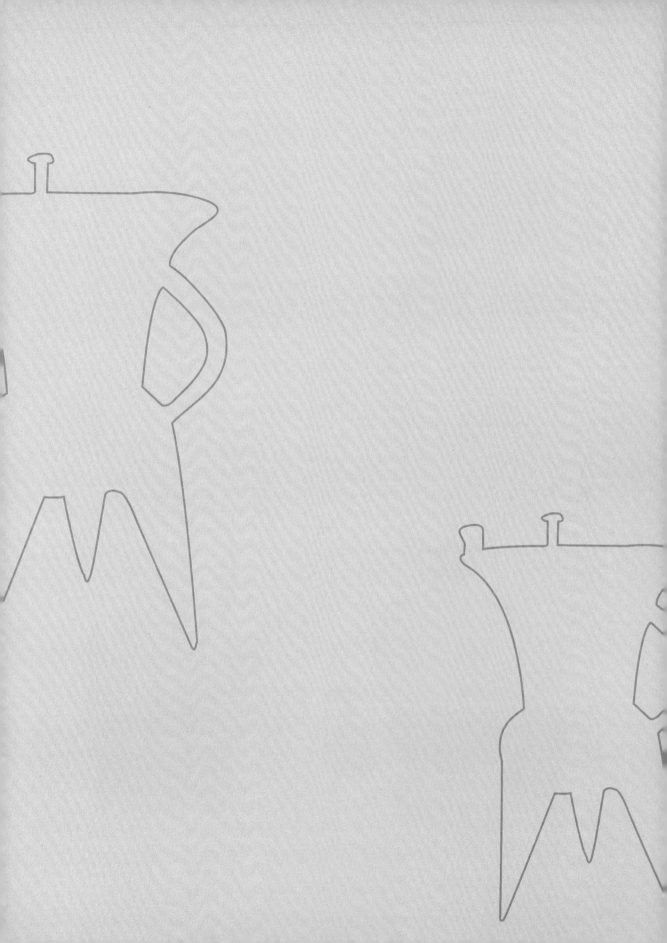

第三章 ——

温酒器的辨析与困惑

多年来，有关温酒器和温酒行为的一些话题一直困扰着人们，有必要对专业酒业温酒器产生的时间、历代与温酒器相仿的器物和赝品、温酒器在博物馆的命名以及温酒器对蒸馏酒起源的佐证等问题做进一步探讨和辨析，希望达到对温酒器更清晰的认知。与此同时，还应该看到，目前我国温酒器产品的多样性，为人们提供了很大的选择余地，但是这些温酒器制作材料、温酒器热源以及使用群体都有一定的局限性，需要对温酒器的选择和未来发展方向进行把握。

第一节

温酒器的"十大"辨析

一、陶制专业酒水温煮器鼻祖的辨析

社会分工走向精细化，器物功能走向专业化，是生产力发展的必然趋势。专业酒水温煮器从炊具中分离出来，是温酒器走向专业化的重要标志。通过分析，认为敞口的陶鼎、陶鬶适合煮肉和熬药，而小口的陶鬶和陶盉更适合温煮酒水，出现在新石器时代中期，约在公元前4500年，这便是我国专业温煮器产生的大致时间。

1. 对陶鬶与陶盉是专业酒水温煮器的认知

（1）大汶口文化时期

1959年在山东宁阳堡头村发掘了一处新石器时代墓地，正好与泰安县大汶口隔河相望，是一个遗址的两个部分，故命名为大汶口文化。它主要分布于山东和江苏的北部，据碳十四测定，大汶口文化为公元前4040—公元前2240年，后经放射性碳元素断代校正，为公元前4500年至公元前2500年。《中国陶瓷史》描述，大汶口文化的典型陶器有鼎、鬶、盉、豆、尊、单耳杯、高领罐、背水壶等。

1974年，在山东胶州市三里河遗址出土了大汶口文化时期兽形灰陶鬶[1]（参见右图），该器型兽首昂扬，龇牙咧嘴，四肢粗壮，雄性特征鲜明，背部有开孔及鋬。遥想当年，以渔猎为生的胶州湾渔民，可能在寒冷季节时出海，需要一壶温煮的热酒。

大汶口文化兽形灰陶鬶
（山东省博物馆藏）

（2）马家浜文化时期

长江流域的新石器文化有大溪文化、屈家岭文化、河姆渡文化、马家浜文化和良渚文化等，其中在大溪文化、屈家岭文化和河姆渡文化中没有找到三足陶鬶和陶盉，而在有明显文化传承关系的马家浜文化和良渚文化中有陶盉（参见254页图左）和陶鬶记录，同时良渚文化时期该两种器型实物比马家浜文化时期遗物更清晰完整[2]。

良渚文化因1936年首次在浙江杭县良渚发现而得名，其分布范围与马家浜文化大致相同，发掘的遗址除良渚外，还有浙江吴兴钱山漾、杭州水田畈等处。据碳十四测定，良渚文化的年代为公元前2750至公元前1890年[3]。良渚文化有泥质灰陶和夹砂红陶等，而泥质黑陶最具代表性，其中表里皆黑的薄胎黑陶与山东龙山文化的典型蛋壳黑陶近似。良渚文化的器形有杯、碗、盆、罐、盘、豆、壶、簋、尊、盉、釜、鼎、鬶和大口尖底器等[4]。

三星堆遗址古文化距今4650～4350年，在四川地区分布较广，其中陶盉的出土数量较多。陶盉（参见254页图右）顶部有一半圆形口，一侧有流，一侧有鋬，器身微束，有三个中空的袋状足。

注：①《中国陶瓷史》第14页晚期龙山文化器型。

②《中国陶瓷史》河姆渡文化器型中没有陶盉记载，在其基础上发展起来的马家浜文化出现了盉的器型。

③《中国陶瓷史》大汶口文化、龙山文化的陶器以及良渚文化断代。

④《中国陶瓷史》第29页良渚文化器型图版。

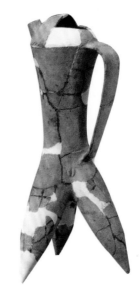

良渚文化陶盉
（上海博物馆藏）

三星堆遗址白陶盉
（三星堆博物馆藏）

大汶口文化和马家浜文化的陶鬶和陶盉，都是专门用于温煮液体的器具，通过对两个文化时期的陶鬶、陶盉进行比较，发现现存最早的专业陶制温煮器应该出现在黄河中下游的大汶口文化时期，到了长江流域良渚文化早期，陶鬶和陶盉的器型发育得更加成熟。山东省博物馆的大汶口文化兽形灰陶鬶是目前认知的、专门温煮液体的老祖宗，也是专业温酒器的鼻祖。值得注意的是，当时小口的陶鬶和陶盉主要是温煮水，温煮的酒水可能是清酒和果酒，不便温煮浊酒，清理酒糟，于是慎将陶鬶和陶盉两种器物定位于酒水温煮器。

2．陶斝不为专业的温酒器鼻祖的辨析

长期以来大家都将斝这一器物认为是专业温酒器的鼻祖，或者认为斝是酒杯。其实对斝的功能认知一直存在较大的质疑，陶斝无疑是烹饪器，可以温煮食物和酒水，但是不是最早的专业酒水温煮器？有必要进行分析。

夏商周的青铜斝，是由新石器时代的陶斝演变发展而来，而陶斝当时是作为烹饪器使用的。山西襄汾的新石器时期墓葬群发掘较早，在《襄汾陶寺1978—1985年考古发掘报告》中刊登发布了王族墓地完整的考古发掘资料，在M3015一类甲型墓即王墓

中，发现了有随葬的盆形斝、折腹斝、单耳罐形斝等陶器，并发现有一个陶斝（参见下图）里面盛放的是猪肉，与陶灶摆放在一起，推测陶斝应该是烹饪器物。

新石器时期襄汾陶寺出土陶斝
（山西博物院藏）

也有人认为青铜斝是中国古代先民进行裸献时使用的礼器，盛行于商晚期至西周中期，青铜斝与青铜爵同为温酒器，也为饮酒的酒杯。青铜斝口沿上竖着的两枚形似伞状的"蘑菇"，有人认为自己祖先是"吞玄鸟之卵而生"，两柱象征玄鸟之双翅，也有人认为双柱是为滤酒之用，还有学者认为古人饮酒席地而坐，遮袖仰天，只有立柱卡在鼻翼方能尽饮，但是绝大多数人认为双柱的作用在于热酒后方便提拿。

斝作为酒杯的认识由来已久。

在《诗经·大雅·行苇》中有："或献（酒敬客人）或酢（回敬主人），洗爵奠斝。"说青铜斝是作为酒盏、酒杯使用的饮酒器。汉代许慎也在《说文·斗部》中曰："斝，玉爵也。夏曰盏，殷曰斝，周曰爵。"也认为斝是酒盏。王国维认为，礼书上"斝"与"散"实为同一种器物。起初为玉制品，到了后世，对珍贵的玉制饮器往往亦称为"斝"。所以，后来的一些玉制茶杯、酒杯甚至于玉壶也称为"斝"。唐代张说在《岳州宴姚绍之》诗中有："翠斝吹黄菊"的诗句，元代高克恭《题怡乐堂为赠善夫良友》

中有："有书教子知义方，有席延宾酬斝觞。"元曲《南吕·一枝花·感皇恩》中有"清风生酒斝"，斝也为酒杯。

斝还当作茶杯使用。

清代《红楼梦》第四十一回："那妙玉便把宝钗和黛玉的衣襟一拉，二人随他出去，宝玉悄悄地随后跟了来。只见妙玉另拿出两只杯来。一个旁边有一耳，杯上镌着'孤瓟斝'三个隶字……妙玉便斟了一斝，递与宝钗……"说明玉斝已经不止作为酒杯使用，还当作奢侈的茶杯。历代帝王使用玉制品由来已久，明清两代帝王也钟情于"玉斝"的茶杯。

为了防止疏漏，在第二章将玉斝放入明清两代皇宫温酒器之内。

由上可以看出，斝在不同的历史时期内涵不同，形制也更有区别，从陶斝到青铜斝，再到玉斝，斝在不同的历史阶段有其不同的功能。新石器中晚期陶斝为礼器和煮制器，必然用于温酒；夏商周时期青铜斝为温酒器兼作饮酒器；明清时期斝的外延从酒具扩展至茶具。但是，陶斝不是专业酒水温煮器的鼻祖。

二、秦代蒜头瓶开启了青铜器以水温酒的历史新篇章辨析

青铜蒜头瓶因其口做成蒜瓣形而得名，这种器形最早出现在战国晚期的秦代墓葬中。在《汉代青铜容器的考古学研究》①一书中，将蒜头壶列为秦文化的代表性器物，后随着秦的统一而传播到各地。

蒜头壶是否是温酒器？

正方坚持认为青铜蒜头瓶为祭器，从出土发掘的实物来看，青铜蒜头瓶均出自贵族墓葬中，并伴随有鼎、壶、钫等礼器。秦代蒜头壶垂腹稍圆，到了西汉早期腹变扁，中期后基本消失，蒜头瓶再无多延续，没有实用器普遍生命力顽强的特点，加之青铜蒜头壶口部较小，酒液难以灌装，其器体缺少提梁和执柄，煮酒外溢时更不便提拿，所以，得出了青铜蒜头瓶（参见257页图）不是储酒器也不是温酒器的结论。

注：① 吴小平著《汉代青铜容器的考古学研究》2005年7月出版。

秦代青铜蒜头瓶　　　　　西汉青铜蒜头瓶　　　　　　秦末汉初鹅首曲颈铜壶
（仁缘温酒公司藏）　　　　（仁缘温酒公司藏）　　　　　（河南博物院藏）

　　反方则承认青铜蒜头瓶是储酒温酒器，原因是《诗经·大雅·韩奕》中有"清酒百壶"的记录，青铜蒜头瓶为青铜壶类演化而来，自然有储酒功能，同时也完全可以在火灶或者热水中温烫清酒或者果酒，而非煮制浊酒。至于灌装使用的工具，在秦汉时期已经从方形斗勺中分离出成熟的锥形漏斗。并举例，1968年在河北满城陵山中山靖王刘胜墓出土过西汉时的银漏斗，虽然为抢救病人灌药的医疗器械，但是完全有可能作为日常生活中的炊具使用，随便灌装蒜头瓶。酒水加热温煮后，在热水和火灶的高温上提拿蒜头瓶也不为问题。

　　因很多人对青铜蒜头瓶是储酒、温酒器具的认知产生质疑，故未将其放入秦汉温酒器内。其实在2020年5月，三门峡开发区后川棚户区改造时，发现秦末汉初鹅首曲颈铜壶（参见上图右），壶中有三升可以用来止血消炎的药酒，间接证明蒜头瓶应该为储酒、温酒器，并且秦代青铜蒜头瓶可能掀开了青铜器以水温酒新的一页。

三、历代容易与温酒器混淆的器物辨析

　　历代与温酒器混淆的器物主要有以下几类：

1．西汉温酒樽与奁、瑚、量器物的辨析

因两汉时期温酒樽的器足过矮，与承盘舟之间的间距过小，甚至出现无足樽（如五华雄狮山汉墓出土的平底温酒樽），再加上出土的樽底大都火炙不明显，故而有不少学者对温酒樽使用以火温酒的方法提出质疑，但大家对温酒樽存放温酒、分酒的功能认知是一致的。

西汉温酒樽与奁、瑚、量这几种器型很相似，都是圆桶形、直壁、深腹、三兽足，稍有疏忽容易混淆。

第一种与温酒樽相似的器物是奁（参见下图左）。东汉许慎在《说文解字》中是这样解释奁的：镜籢（lián）也。北周庾信在《镜赋》有："暂设妆奁，还抽镜屉"之句。奁原指女子梳妆打扮时所用的镜匣，后泛指嫁妆。使用竹器、漆器等材料制作的奁很容易与温酒樽区别，而陶质和铜质的奁就容易与温酒樽混淆。

第二种与温酒樽相似的器物是瑚（参见下图右）。瑚琏同胡辇，夏朝称为"瑚"，殷朝称为"瑚"，原是指古人在祭祀时用于盛放黍稷等粮食的器皿，后来引申为对有才能之人担当理政大任的敬称。该器型同样与奁、樽形制相似。

第三种与温酒樽相似的器物为量。量是东汉时期的计量器具，不是用来温酒的器物。王莽窃取汉室大权后的第二年，即公元9年颁布实行了标准量器，即以龠、合、升、斗、斛五件量器为标准的新莽嘉量（参见259页图）。量器外有铭文，分别说明各部分的量值及容积计算方法。

汉代绿釉陶奁
（天水市博物馆藏）

东汉绿釉熊足瑚
（仁缘温酒公司藏）

其实以上器物之间有着较大区别，祭祀用的瑄中腰无提环，盖顶上多为突兀起伏的山峦，表示土地山峦带来丰收的粮食和肥美的牲畜。用于梳妆的奁，有的还分层，多使用竹、木、漆等制作材料，奁的盖顶倒置时较平，便于堆放妇女繁多的梳妆物件。奁壁图案，多有佳人外出、亲人送行等的描摹。量器，既无图案

新莽嘉量
（台北故宫博物院藏）

堆塑也无盖足，各部都有定量。温酒樽的底部多为熊、虎足掌撑，器身多塑有龙凤起舞于虎、羊、牛、鸟等动物图案，表现出一派欢腾场面，为宴饮时添加热烈的气氛。

2. 唐宋温酒器与煮茶器的辨析

唐宋盛行煮茶，也盛行酒水热饮，这两种饮食文化现象不期而遇，所使用的器具也很容易混淆。茶镀、茶铫子等煮茶器经常被误认为是温酒器，温煮酒水的执壶往往当作煮茶具来评说。

比如，现藏于台北故宫宋徽宗的《文会图》（参见260页图），描绘的是文人雅士会集于园林宴饮赋诗的场面。上有宋徽宗本人的题诗："儒林华国古今同，吟咏飞毫醉醒中，多士作新知入彀，画图犹喜见文雄。"根据诗内的"醉醒"二字以及巨案上摆放着排列有序的盘碟酒卮，推断此处的执壶主要用于温酒和斟酒。可是长期以来也有人认为《文会图》描绘的是十八文人咸集品茗，案列茶盏、盏托，侍役人员在旁边的茶炉上使用执壶煎水，一童子手提执壶点茶。此处的执壶到底是属于茶具还是酒具，长期以来喝酒品茗者时有争议。

煮茶温酒使用的是否是同一种煮炙器？如果有区别，差异性到底在哪里？需要对唐宋重要的温煮器物——执壶的来源以及茶酒不同的饮用方式等方面进行考察。

中国人喝茶可以追溯到西汉，但是普遍认为中国人从唐代才形成饮茶习惯。

最初的时候，对唐代吃茶的认识完全根据陆羽的《茶经》记载，吃茶前先要礼佛、净手、焚香，然后才是备器、放盐、置料、投茶、煮茶、分茶、敬茶、闻茶、

宋代《文会图》　　　　　　《文会图》局部放大图一　　　《文会图》局部放大图二
（台北故宫博物院藏）

吃茶、谢茶等一道道文化味十足的程序。所谓"吃茶"是指将茶与葱、姜、枣、橘皮、茱萸、薄荷等熬成粥吃。煮茶用具形似敞口锅的鍑，与风炉配套使用。当水温达86～88℃发生"一沸"时，按一定比例加盐。当水汽增加，"缘边如涌珠连泉"的"二沸"时，舀出一瓢沸水待用，并用夹有节奏地向同一方向搅水。当中心出现旋涡时，按量放入茶叶，至茶水"腾波鼓浪"的"三沸"时，加进"二沸"时舀出的一瓢水止沸，随即端下煮茶锅，舀茶汤分成3～5碗。显然，在完成一系列煮茶程序时，使用执壶煮茶加盐容易，倒水也容易，唯"二沸"舀水不容易，观察掌握火候不容易，完成此任务的只有茶鍑、茶铫、茶釜（参见下图）以及鼎、鬲、釜一类广口器皿，而唐代执壶不宜煮茶。

唐代巩县窑黄釉风炉及茶釜　　　　　　　　唐代长沙窑绿釉茶釜
（中国茶叶博物馆藏）　　　　　　　　　　（中国茶叶博物馆藏）

唐宋时期用三根铁丝吊起来的敞流口锅，也称为茶铫子（参见右图），但是石锅铫子与其他材料制作的铫子有别，与汉代青铜三系提梁壶和辽金时期瓷器三系壶也有别，石锅铫子的升降温度较慢，保温时间较长，最为适宜熬制中药或者炖焖肉食，把石锅铫子作为煮茶器或温酒器均有不妥。

宋代石锅铫子
（仁缘温酒公司藏）

唐代把泡茶称为"点注"，执壶即是"茶注子"。既然唐代的茶是煮着吃的，执壶不适宜煮茶，那么"茶注子"又缘何而来？推测就是煮茶"二沸"时舀出的水，待到"三沸"时止沸，执壶这时起到煮水、点沸和分茶的作用。进入宋代以后人们喜欢"斗茶"（宋代斗茶白釉注子参见262图下），煮水的执壶被人们唤作汤瓶。"斗茶"时把半发酵茶饼碾末冲泡，视其沫和汤决定胜负。"斗茶"对茶盏[①]的要求也很高，有兔毫盏、油滴盏、玳瑁盏等，赵佶在《大观茶论》中说："盏色贵青黑，玉毫条达者为上"。《金瓶梅》和《清明上河图》中都有斗茶场景的描述，茶童手举执壶，一旁放置风炉和鍑，可见执壶里装的定是热水，用于冲茶、调汤、冲洗等。通过河北宣化辽代张文藻墓中壁画（参见262页图），可以看到宋辽时期执壶煮水备茶的场景。

宋代的汤瓶执柄较高，腹部多为易于吸热散热的瓜棱形，要比温酒执壶的壶身和颈部都细长，适宜直接放置在火盆上加热，唐宋温酒的执壶不必煮沸酒液，器型较矮短。

再来说唐代执壶在温酒中的作用。

唐代葡萄酒风行天下，黄酒是重要酒品。

唐代长安在当时是个国际化大都市，外商沿着丝绸之路而来，也带来波斯生产的"三勒浆""龙膏酒"等名酒。长安多有西域商人开办的酒肆，由名为"胡姬"的家眷或者女奴当垆卖酒。她们年轻貌美，能歌善舞，靓丽照人，充满异国风情。瓷器执壶具备温热葡萄酒的功能，但缺少这些葡萄酒肆温煮的记录，李白诗中也少有明确的温酒句子。

注：① 茶盏也称为茶杯，是喝茶的专用工具。广口小足，小于饭碗，大于酒杯。唐宋及以后的文人墨客视品茶为重要的精神文娱享受。唐代茶盏常配有盏托，南方越窑多有生产。五代时期的茶盏北方邢窑多有生产，轻薄洁白，器型为高脚花口。宋代的茶盏种类很多，以建窑生产的茶盏最为出名，官窑、哥窑、定窑、钧窑、龙泉窑、吉州窑以及磁州窑系等的多地窑口也都有烧制。

辽代张文藻墓中壁画　　　　　　　辽代张文藻墓中壁画局部放大图

宋代斗茶白釉注子　　　　　　　　宋代斗茶白釉注子
（仁缘温酒公司藏）　　　　　　　　（仁缘温酒公司藏）

　　唐代饮用黄酒也很流行。贵族的雅致与生俱来，文人雅士十分讲究，平民百姓也讲生活情调。唐人把黄酒常称为酒浆，在白居易的半字连珠（又作半字顶针）诗中有："日高公子还相觅，见得山中好酒浆"。唐代饮用的黄酒，是经过"压酒""缩酒"过滤的清酒，浑浊度虽低，但持续煮炙仍可外溢，不宜煮制浊酒。

通过以上介绍，感受到了执壶（参见下图）功能的多样性，正如《文会图》中的低腰身执壶以火温酒，高柄高腰身执壶煮水冲茶。

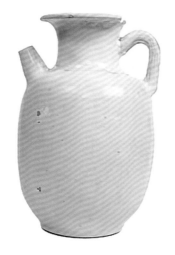

唐代白釉执壶
（仁缘温酒公司藏）

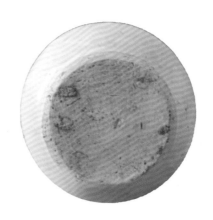

唐代白釉执壶底部放大图

另外，执壶既是煮水壶，又是温酒壶，那么执壶的来历到底如何？

在唐代温酒执壶造型来源叙述中提到了舶来品这一概念，在宁夏固原李贤夫妇的墓中，出土了一件鎏金银壶（参见右图），被业界称为"宁夏第一宝"。李贤出生于西魏，波斯帝国在南北朝至隋唐时期正是强盛时期，李贤曾担任使持节、河州总管、原州刺史等要职，为丝绸之路繁荣做出过重要贡献，这件执壶可能来源于波斯，我国工匠可能借鉴了这一造型，推出形制多样的执壶。

北周鎏金银壶
（宁夏博物馆藏）

3. 温酒长颈瓶与净瓶、投壶的辨析

唐代长颈瓶的造型对后世的影响非常大，北宋玉壶春瓶、南宋通直的长颈瓶以及金代胆式瓶造型皆出于此。唐代长颈瓶是温酒、斟酒的器具，该器型容易与净瓶、投壶、胆式瓶、玉壶春瓶等器物混淆。

长颈瓶（参见下图）究其来源，主要有以下三种说法：

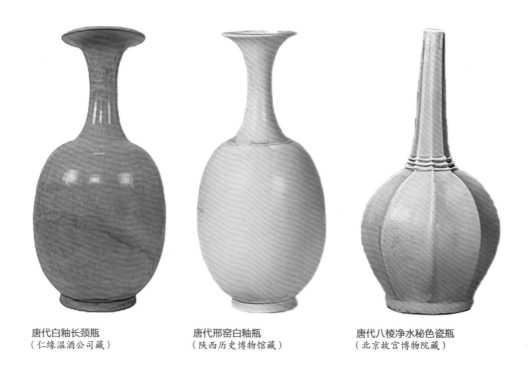

唐代白釉长颈瓶
（仁缘温酒公司藏）

唐代邢窑白釉瓶
（陕西历史博物馆藏）

唐代八棱净水秘色瓷瓶
（北京故宫博物院藏）

一是长颈瓶来源于寺院净水瓶造型，很多人将长颈瓶称为净瓶（参见265页上图中）。净瓶最早出于印度佛教寺庙，是大慈大悲的观世音手里拿着的插着柳枝盛放甘露的灵物，它随着佛教一起传入我国，梵文名字叫军持。瓶中储水，僧人洗手礼佛。这种器物也是回族等穆斯林传统的盥洗用品，姑娘的陪嫁礼物中必不可少的是一件汤瓶，让女儿牢记"清洁是穆斯林的本分"。

二是有说长颈瓶起源于投壶（参见265页上图左及下图）。早在三千多年前的周代，投壶就已经在贵族宴会上出现，它是一种行酒令时使用的游戏器物，通过把箭向壶里"射"（投掷），以此决定胜负。这种器物在战国时期较为盛行，唐朝得到进一步发展。《投壶仪节》中有："投壶，射礼之细也，燕而射，乐宾也。"

还有说长颈瓶是从盘口壶演变而来的，主要功能为运水器物，也有学者认为长颈瓶造型就是秦朝蒜头瓶的直接翻版。

无论长颈瓶何种来历，只能说唐代敞口的长颈瓶加入了温酒活动的行列，并与净瓶、投壶以及盘口壶、蒜头壶有着本质的区别。

宋代酱釉净瓶
（仁缘温酒公司藏）

汉代绿釉陶投壶
（河南博物院藏）

河南南阳沙岗店出土的汉画像石

4．温碗与化缘钵、颂钵等碗形器物的辨析

宋代以来流行使用温碗，有时与执壶配套组成一套完整的温酒套壶，有时也单独使用，但是温碗容易与僧人化缘使用的钵、唱经使用的颂钵、娱乐使用的"色盆子"以及夹层碗在形制或者功能的理解上也容易混淆，下面分别给予甄别。

（1）温碗与化缘钵的辨析

化缘的钵与温碗虽有貌合，但很神离，取材不同，用途不同，形制也有别。

化缘钵是僧人的乞食器，一般用瓦、铁、木、银等材料制作，瓷器钵较为少见。一钵之量刚够一僧食用，僧人外出只被允许携带三衣一钵（参见右图）。现今泰缅一带的南传佛教僧人，仍于每日凌晨沿门托钵乞食。钵的口部为齐边敛口，与温酒碗口部微撇的莲花形口不同。

（2）温碗与颂钵的辨析

温碗与唱经用的颂钵也相似，但两者的制作材料和功能有天壤之别。

颂钵材料均为金属器制作，颂钵又称喜马拉雅钵，起源于古代印度，时间对应于唐代中晚期。颂钵是由金、银、铜、铁、锡、铅、汞7种金属元素组成，经过烧熔提炼，人工反复锻打，敲击器皿时能够发出美妙的泛音。

最初的颂钵（参见右图）有人说起源于僧人的乞食钵，后来作为宗教器皿使用，再后来不少民众认为，颂钵之音具有与人

钧窑钵
（山东省博物馆藏）

颂钵
（仁缘温酒公司藏）

类情绪相通的神秘力量，能够起到唤醒、凝聚、减压和安神的作用，在实际生活中得到了应用。颂钵的声音深沉悠远而又清亮激越，如涓涓的清流可以荡涤纷扰的心灵，也如缓缓的暖流能够滋养受伤的心灵。"二战"时期欧洲人把它用于安抚受到精神摧残的将士们身上，国外还把它用在了学校，取代放学下课急促的铃声。

（3）温碗与掷骰子碗的辨析

掷骰子碗与温碗也很相似，但两者功能区别很大。

掷骰子碗俗称"色盎子"，远看就是个大碗，是行酒令、赌博时使用的娱乐器具，它与刻有一至六点红黑色相间的六面骰子（色子）配套使用。色子使用历史悠久，有人称其为博戏的老祖宗，但是专门盛放色子的碗却出现得相对较晚，多见于明清时期。明代青花"色盎子"轻薄于清代、民国时期，也较温碗低矮一些。

首都博物馆收藏有一件非常重要的宣德洒蓝釉"色盔子"珍品（参见下图）。

明代宣德洒蓝釉"色盔子"
（首都博物馆藏）

民国"色盔子"
（仁缘温酒公司藏）

民国"色盔子"
（仁缘温酒公司藏）

（4）温碗与夹层碗的辨析

温碗与夹层碗在形制和功能上都较为接近。

宋人发明的夹层碗，称为"孔明碗"，还有人称为"诸葛碗"（参见268页图）。碗有两层，中空，底洞。目前，大家对夹层碗的用途有不同的意见。一是认为夹层碗是宫廷祭祀时供奉使用的盛食器，看似大碗实际节食，表示丰年足食。底部圆孔是防止烧制时热气膨胀，使器物变形或者破裂而设置的通气孔。二是认为孔明碗就是用于给食物保温，有"温碗"的作用。使用时将开水注入碗中夹层，封堵底口就可对碗内食物加温或者保温。

其实，夹层碗作为祭祀使用的可能性较小，宋代的祭祀很复杂，从《宋会要辑稿》礼一·郊祀职事起，中间包括冬至宴、乡饮酒礼，直至礼六十二·赉赐止，未见夹层碗作为祭祀器物使用的记录。所以，夹层碗在宋代作为祭祀用器的认知尚待日后研究。夹层碗作为温器使用比较普遍，特别是到了明清时期，不止有夹层碗，还有很

南宋夹层碗
（南宋官窑博物馆藏）

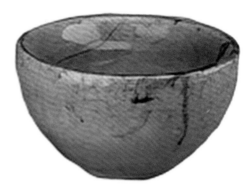

明代豆青釉诸葛碗
（成都武侯祠博物馆藏）

多青花夹层的温盘（参见下图），它们的容量都较小，主要功能并不是温烫食物或者酒水，而是起保温作用。

清代青花温盘
（仁缘温酒公司藏）

需要说明的是，但凡以上种种易与温酒器混淆的器物，不排除用来作温酒器替代品的可能性。

5. 清中期温酒炉与火锅、火碗的区别

清代温煮食物的火锅和火碗（参见269页图），有时也容易让人误读为温酒器，其实火锅内有隔段，可以放置不同的食材，它和火碗一样，有着隆起的顶盖，可以容纳更多的食物，在食物煮熟收缩后依然满锅，而温酒锅没有隔段和隆顶设置。

清代银带盖火锅
（北京故宫博物院藏）

清代银镀金寿字火碗
（沈阳博物院藏）

四、宋辽时期温酒套壶使用方法的辨析

宋辽时期温酒流行使用"狗头套壶"温酒，初识此器便简单地认为，使用该套壶时先将热水倒入温碗，酒液注入执壶，然后执壶泡入温碗，很快便可饮用热酒。但是通过多次实验，发现使用这一办法温酒的效果并不理想，后来将套壶整体放置热水内温酒，效果得到改善，最后采用热水浇淋套壶的办法温酒，取得了满意的结果。

三种使用套壶温酒的实验情况如下：

实验用酒：山西杏花村股份有限公司48度清香型年份汾酒（中石油专用酒）6瓶。

实验用酒温度：9.5～14℃。

实验温酒器：民国仿宋代影青套壶一套，测得壶内的冷酒是温碗有效容积的4.4倍。

实验温酒热源：100℃的开水2.5升。

实验环境温度：25～26℃。

温酒后要求温度：37～42℃。

第一次把10℃左右的白酒注入执壶内2瓶，约计900毫升，把100℃的开水倒入温碗内，只能容纳开水0.6升，用时10分钟，几次实验白酒只升温至20℃左右。很明显使用这种办法温酒，没有达到适口温度。

第二次同样使用2瓶汾酒注入执壶，将套壶整体放入5升的开水盆内，用时10分钟，把10℃的白酒加热到了29℃左右，温酒效果得到改善。

第三次把注满2瓶汾酒的套壶放入盆内，用5升的开水在执壶顶盖的"狗头"上自上而下反复浇淋，用时10分钟，多次将10度的白酒加热到了37℃左右。用"狗头不怕开水烫"的办法，取得了满意的温酒效果。

通过实验，证明套壶简单的温酒方式并不理想，温酒的效果不仅取决于原酒的温度，也取决于温壶的受热面积，更取决于原酒与热水的比例。

宋辽时期使用套壶温酒、斟酒的真实情况又是怎样？有壁画为证。

在河北宣化辽代张文藻墓中，有一幅契丹贵族为宋朝官员斟酒的壁画（参见下图），其中有使用套壶斟酒的场面，值得注意的是注碗和注壶是同时使用、同向酒杯倾斜倒酒，证明注碗内并无热水，温碗的主要功能为防洒和防烫。

河北宣化辽代张文藻墓壁画　　　　　　河北宣化辽代张文藻墓壁画局部放大图

宋辽时期温酒套壶在使用时，有火上煮炙或者浇淋执壶的例证。

在刘喜民根据巴林左旗档案馆藏文物主编的《辽上京契丹记忆》一书中，介绍有一套辽代花鸟纹错金铜温酒套壶（参见271页图），发现该套壶的盖帽两侧有一对桥形耳，设置该耳的作用，应该是防止提取盖帽时烫手。

其实要想提高套壶温酒的效率，最好的使用办法，就是执壶放置火上温烫，然后再置入温碗，为酒杯斟酒。

辽代花鸟纹错金铜温酒套壶
（巴林左旗档案馆资料）

辽代温酒壶顶部放大图

　　从目前遗址发掘的实物例证来看，有注碗难以温酒的例证。

　　1996年，江西省南昌县小兰乡在隋墓中出土了一件洪州窑青釉温酒瓶、钵（参见下图左）。1989年，内蒙古敖汉旗贝子府乡驿马吐村辽墓也有出土的莲瓣纹套碗，取其名为"盘盏"（参见下图右）。

　　该两件温酒器物，其口沿高度刚过瓶底，使用热水根本无法起到温酒作用，温碗只可防洒防烫，套壶主要起的作用是斟酒。这一类器物未被人们称为温酒套壶，只是叫作瓶、钵或盘盏。

　　另外，定陵出土的万历皇帝黄金酒注壶，器底也有金盂，更无温酒作用（参考第二章明代帝王用温酒器内容。

隋墓出土的洪州窑青釉温酒瓶、钵
（南昌县博物馆藏）

辽墓出土的莲瓣纹盘盏
（敖汉旗博物馆藏）

事实上，真正也有套壶使用热水温酒的实物实例，温碗可容纳的热水量是执壶内温酒量的两倍以上，或者温碗的高度超过执壶的肩部（参见下图）。

辽代白釉温碗、执壶
（巴林左旗档案馆藏）

北宋青白釉注子注碗
（英国大英博物馆藏）

五、辽代容易误读的温酒器辨析

辽代时期的器物品种相对于中原地区较少，关于辽代时期的玻璃执壶是否可以温酒？辽代晚期的鸡冠壶是否还在继续温酒？这些问题是困扰学习辽代温酒器的拦路虎。

1. 辽代玻璃执壶温酒辨析

辽代当时很强大，吸引多国进贡、请婚和展开贸易合作。据《辽史·属国表》记载，天赞初年，有波斯、大食等阿拉伯国来使进贡的记载，辽国在上京设有"回鹘营"，专门接待像候鸟一样往来于契丹的使者和客商，在高昌设立服务于经商活动的"榷场"，使外国商人"任便往来买卖"。琉璃器，便是当时贸易活动的见证。

玻璃的历史源远流长，诞生于西亚两河流域的古埃及罗马。玻璃器是人类发明的人造材料，是古代最昂贵的材料之一。我国古代称玻璃为"药玉""瓘玉""琉璃"，在西汉《盐铁论》中有"璧玉珊瑚琉璃，咸为国之宝。"的记录。宋代诗人杨万里在《稚子弄冰》中有"敲成玉磬穿林响，忽作玻璃碎地声。"的诗句，可见辽宋时期玻璃器皿早已为人熟知。

　　辽代时期的玻璃注壶、瓶等容器（参见下图）源于域外。辽代成国公主墓葬出土的琉璃器，几乎全部为伊斯兰国家特有的器型，证明契丹人与信奉伊斯兰教的国家在政治、经贸、婚姻、军事等方面发生过鲜活而深切的故事，这些国家的玻璃器皿制作技术对契丹族和中原地区都起到借鉴作用。

　　玻璃器在明代之前的身价一直不倒，只是随着社会的发展，玻璃器的广泛应用，才使得玻璃器在人们心目中的地位一落千丈了。

辽代玻璃执壶　　　　　　　　辽代刻花玻璃瓶　　　　　　　　辽代国外钙钠玻璃器
（科尔沁博物馆藏）　　　　　　（天津博物馆藏）　　　　　　　（仁缘温酒公司藏）

　　这些玻璃执壶能否温酒？玻璃耐高温是问题的关键。目前掌握的资料看，辽代时期没有出现耐热玻璃工艺，这些玻璃执壶不会是温酒器。

2. 辽代晚期鸡冠壶温酒的辨析

　　皮囊壶的起源时间远远早于辽代时期，如前所提，1970年在陕西西安市南郊出土过舞马衔杯献寿仿皮囊式银壶，它是唐代窖藏器物。辽代早期的瓷器皮囊壶上部饰有鸡冠状造型，又称"鸡冠壶"（参见右图上），是用皮革缝制的壶囊，用于储酒、温酒和斟酒，是辽代最具代表性的酒器。

辽代晚期的鸡冠壶的壶口通道狭小，壶身比中期更瘦长，底足更大一些，保留的皮囊壶形制也少。有人推测晚辽鸡冠壶可能是作为冥器使用，已经不作为存酒、温酒、斟酒的酒具了，但是这一提法得到一些不同的反馈意见，其理由是：辽国腹地的蒙东、辽西墓藏的主人，大都是契丹权贵阶层，出土大量的辽代时期的鸡冠皮囊壶。汉墓与辽代平民墓中尚未发现鸡冠壶，可见鸡冠壶基本为辽代贵族阶层独享，所以鸡冠皮囊壶是辽代贵族早期使用的酒器。在赤峰大营子辽代早期（应历九年，即959年）驸马赠卫国王夫妇合葬墓中，出土的17件鸡冠壶中，其中的皮囊壶（参见右图下）内有茶色结晶。这种茶色结晶的形成，原是由白色固体结晶经过岁月的氧化而形成的，这与瓷器中的硅、钙物质经过长时间存放形成的火石红是一个道理，而白色结晶的来源就应该是长期温酒沉淀的结果。进一步证明，辽代早期鸡冠壶为实用酒具。但是，辽代特有的地域环境、饮酒习俗以及器物优势等原因，致使鸡冠壶在晚辽时期可能仍作酒具使用。宋辽时期酒精度较低，辽代所处的地理位置比宋代纬度高，温度低，更需要热饮，皮囊壶可以水温也可以火温，便于随时迁徙时携带和使用，这是套壶和执壶都难以企及的优势。从现有资料看，皮囊壶高度大都在25～35厘米，完全可以直接温酒后饮用。即便到了辽代晚期，少数民族的器物相对少于中原地区，器物的利用率很高，经过装饰的皮囊壶更不可能是冥器。坚持认为，辽代晚期的皮囊壶是作为温酒器所用的。

辽代晚期鸡冠壶
（赤峰博物馆藏）

辽代中期皮囊壶
（仁缘温酒公司藏）

六、温酒器"三辨"我国粮食蒸馏酒的起源时间

中国白酒与世界著名的法国白兰地、俄罗斯的伏特加、英格兰的威士忌、古巴的朗姆酒、荷兰的金酒共称为世界六大蒸馏酒。蒸馏酒的出现无疑是酿酒史上最大的一场革命，我国蒸馏酒出现的时间众说纷纭，难有定论，是酒业史上最大的一桩悬案。于是，国内外各大酒厂牵强附会竞相争夺蒸馏酒鼻祖地位。

蒸馏酒是把经过发酵的酿酒原料，通过一次或多次的蒸馏汽化和管道冷却，所提取的高纯度酒液，酒精度可高达60%vol以上，远远大于酿造酒（低于20%vol左右）。新烧的高度蒸馏酒一经入口便感辛辣，烧灼之感极强。

高酒精度[①]的蒸馏酒引发温酒器发生革命性变化。标志有二：一是温酒器具明显变小。不论古人是众友豪饮，亲友对饮，还是酒鬼独饮，酒精度高了就少喝，酒精度低了就多喝，蒸馏酒的酒精度越高温酒器就越小，酒精度越低温酒器就越大。二是蒸馏酒可以点燃，以蒸馏酒为热源的温酒历史从此开始。

海昏侯墓出土的青铜蒸馏器，是东汉早中期的制品，虽能蒸酒，但并未断定青铜蒸馏器用来蒸馏酒，同时相应时期的温酒器没有明显缩小变化，故而蒸馏酒生产于该时期未能接受。成书于533—544年的《齐民要术》，里面记载了不少酿酒方法，即便酿造的"官法酒"也为黄酒，并且"宜合醅（为过滤的酒）饮之。"酿酒所用的时间"冬酿，十五日熟；春酿，十日熟"。这与现代清香型汾酒地缸发酵28天、麸曲酱香型白酒发酵30天、浓香型白酒发酵30～45天、大曲酱香型白酒发酵一年有着很大的区别。唐代房千里在《投荒杂录》中记载的"以火烧方熟，不然不中饮。"说的是煮酒而非蒸馏酒，再说唐代所有酒具无明显缩小的变化，所以，蒸馏酒不会产生于唐代之前。

现在只能对蒸馏酒的起源时间，放到宋代、西夏和元代三个时期进行讨论。

1. 温酒器"一辨"粮食蒸馏酒起源于宋代

唐晚至宋代以后，稻米成为我国粮食的主产，酿造黄酒尤以糯米为佳，黄米或黄糯米为次，小麦和粳米用于制曲，黄酒生产进入全盛时期。

宋代已有蒸馏酒的观点源于南宋张世南的《游宦纪闻》一书，在卷五中记载了一

注：① 酒精度表示酒中含乙醇的体积百分比，通常是以20℃的时候体积表示的，如50度的酒，表示在100毫升的酒中含有乙醇50毫升。

例用于蒸馏花露的蒸馏器。南宋著名文学家洪迈的《夷坚志》卷内有"一酒匠因蒸酒堕入火中"的记录，有关"烧酒""烧春""蒸酒"词语出现也多。

宋代名酒众多，在前面已经做过介绍。宋朝不仅是酒业繁荣、酒业管理最完备的时代，也是历代王朝编撰酿酒工艺理论最多的一个朝代，而在这些宋代文献中没有对蒸馏酒明确的记录。宋代朱肱的《北山酒经》是公认的制曲酿酒工艺理论的代表作，它全面系统地总结了自南北朝以来的制曲酿酒工艺方面的成就，他面对生机勃勃浩如烟海的酒业有着详尽的描述，其中也有"火迫酒"叫法，而对蒸馏酒的制作却没有记录。苏轼的《东坡酒经》中，也没有提到蒸馏酒的制备。据宋初田锡在《曲本草》中有很多种药酒的原料、制法和功能的录文，都是以黄酒为酒基酿造的蛇酒、麻姑酒、豆酒、枸杞酒、狗肉酒等，其中谈到葡萄酒时说"补气调中，性热，北人宜，南人多不宜也。"这里的葡萄酒"热"，不代表是蒸馏酒。

宋代时期实用的温壶（参见下图）容量基本与唐代时期相当，温酒器具没有明显变小的实例。唐宋时期温酒执壶容纳的量基本都在1.5 ~ 2宋升[①]，折合现代500毫升的白酒两瓶左右。执壶温酒器型号普遍都大，通过比较发现，宋代执壶显然不是用来温烫高度酒时使用的器具，所以，蒸馏酒在宋代出现的可能性较小。

宋代耀州窑执壶
（仁缘温酒公司藏）

宋代黑釉执壶
（仁缘温酒公司藏）

注：① 宋升：1宋升＝640克左右。

2. 温酒器"二辨"粮食蒸馏酒起源于西夏

　　1959年，在敦煌石窟《榆林窟》三号窟中发现"酿酒图"（参见下图），英国科技史学者李约瑟最早推测它可能是"蒸馏酒图"，并将其收录英文版《中国科学技术史》中。国内学者也接受了李约瑟的这一观点，推断出：西夏时期的党项族人已经掌握了蒸馏器酿制蒸馏酒的技术了。国内一些丛书也选用此图，接受此观点，认为壁画灶台上覆叠的方形器物系酿造高浓度烧酒的蒸馏器。

采自敦煌石窟榆林窑3号窟东西照片对比

　　对此，敦煌研究院从事壁画修复和保护工作的王进玉，通过对榆林窟系统的梳理，得出"蒸馏酒图"定论是一个误解。

　　一是整幅《千手观音经变》中几乎是包罗万象，壁画一个显著的特点是东西两侧的绘画形象对称一致，其中有打铁、酿造、耕作、踏碓等各种劳动工具；还有卧牛、马、象、麒麟、幢幡、杂耍等各种法器，总共有50多种形象。壁画中所谓的"蒸馏酒图"很不对称，一个"冒烟"而另一个无烟，显然是误笔或为未完作品。李约瑟当时可能只看到一幅不冒烟的壁画，得出的结论完整度不够。

　　二是仔细辨识，灶台上的方形器不是"蒸酒器具"，而是一个"组合式双层蒸笼"，上面冒的不是"烟"，而是"汽"。长方形器物是一种称为"方响"的打击乐器，更不应该把持钵的人认为是在"品酒"。最关键的是这个图中，根本没有李约瑟猜想的"进一步研究将会发现在右边有一个连接冷却桶的侧管",因为侧管是判断是不是"蒸馏酒图"的关键,可惜这根管子是李约瑟推测的。

王进玉认为两幅图反映的都是厨房实景,不是制作蒸馏酒的场景。

西夏党项民族富有特色的酒具是剔刻或印花的扁壶(参见下图),既是储酒器又是温酒器还是斟酒器,在前章相应朝代有过介绍。西夏扁壶高度基本在28~40厘米,这与国家博物馆、宁夏博物馆和日本东京博物馆收藏的扁壶体量相当。尽管灵武剔花扁壶早于武威扁壶,但两者的容积变化不大,从器型变化角度讲,这个时间段产生蒸馏酒的可能性不大。

西夏扁壶
(武威西夏博物馆藏)

西夏扁壶
(武威西夏博物馆藏)

尽管如此,蒸馏酒来源于西域值得审慎定夺。

延佑年间(1314—1320年)的太医忽思慧,编撰的《饮膳正要》在我国食疗史以至医药发展史上占有较为重要的地位,该书描述的重点是宫廷御用"药膳",他建议选择饮用最健康的葡萄酒。"葡萄酒益气调中,耐饥强志。"又说:"酒有数等,有西番者,有哈剌火者,有平阳、太原者,其味都不及哈剌火者。田地酒最佳。阿剌吉酒味甘辣,大热,有大毒。主消冷坚积,去寒气。用好酒蒸熬,取露成阿剌吉。"

乍一听,这么有大热大毒的酒,还要用"好酒"蒸熬出来,实在是不合常理。但熟知蒸馏酒生产工艺的人却觉得这事还真不离谱,饮用葡萄蒸馏酒浑身较易发热,喝多头痛、眼疼、腰还困,这种"毒"恐怕是所有醉酒的人共有的经历,生产工艺中必须通过"蒸熬"方能"取露"。

葡萄蒸馏酒是乙醇浓度高于原发酵产物的酒精饮料,其实就是白兰地,起源于法国,白兰地是采用双蒸工艺酿制的高纯度果酒,在白兰地制作流程中,有一个工序是在上部清酒与脚酒分开,取出清酒即可进行蒸馏,与《饮膳正要》中描述的"用好酒蒸熬"一致。由此看来,我国蒸馏酒产生于西夏大有缘由。但是,从《旧唐书》内党项传记录的"求大麦于他界,酝以为酒"来看,记录的分明是自然酿造的粮食酒,并非蒸馏酒。如果西夏时期有葡萄蒸馏酒,那么金末元初的元好问在《蒲桃酒赋并序》中说自己听从西域回来的人讲"大石(食)人绞蒲桃浆封而埋之,未几成酒。"说明西夏当时葡萄酒也为自然酿造。当然,形成定论尚待依据。

3. 温酒器"三辨"粮食蒸馏酒起源于元代

李时珍《本草纲目》中有:"烧酒非古法也,自元时创始",并有蒸馏酒清晰的记录。元代真的有了成熟的蒸馏酒吗?

证据一:粮食蒸馏酒起源于元代的文字记录

生于元初,盛名于元中晚期的许有壬在《咏酒露次解恕斋韵》序解释"酒露":"世以水火鼎,炼酒取露,气烈而清。"接着说"其法出西域,由尚方达贵家今汗漫天下矣"。同样生于元初的"元曲四大家"之一的郑光祖,在《立成汤伊尹耕莘》杂剧第三折有这样的念词:"我做元帅世罕有,六韬三略不离口。近来口生都忘了,则记烧酒与黄酒。"说明蒸馏酒与黄酒已经分离开来,此处烧酒应为蒸馏酒。无名氏《十探子大闹延安府》杂剧第三折亦有念词:"俺两个自家暖痛,头烧酒呷上几瓢。"头烧酒是指头遍蒸馏的烧酒,酒精度高,口味也好,其后有俗称的"腰酒"和"尾酒","头酒"只有在蒸馏酒中才有。元末李昱《戏束池莘仲》诗中:"少年一饮轻千钟,力微难染桃花容。年深始作汗酒法,以一当十味且浓。"

证据二:粮食蒸馏酒起源于元代的实物遗址

2002年6月,位于江西省南昌市进贤县李渡镇的李渡酒业有限公司,在老厂改建时,发现地下埋有古代酿酒遗存(参见280页图),后经江西省文物考古研究所考古发掘,证实这是一处我国罕见的延续时间极长的烧酒作坊遗址,其酿酒时代源于元朝,历经明清,连续使用,并发现了元代时期发酵蒸馏酒的地缸以及水井等其他遗迹。这一发现,被列为2002年中国十大考古新发现之一,其历史价值不言而喻。

元代发酵蒸馏酒的地缸
（李渡烧酒作坊遗址）

证据三：元代温酒器变小是蒸馏酒起源的重要佐证

　　英国大英博物馆有一只元代青花扁瓶（参见右图），高仅为8.8厘米，推测储酒量不会超过半市斤，除非装蒸馏酒，不然就成为赏器或冥器了。根据器物造型和青花色泽，推断应为元代中晚期的实用作品。

元代青花扁瓶
（英国大英博物馆藏）

　　既然元代蒸馏酒确实产生了，为什么元代时期并没有利用蒸馏酒的易燃性制作以酒为热源的温酒盘和温酒碟，直到明代中期才出现，清中期后才有银、铝、铜、铁、锡、陶瓷土等广泛材料做成的温酒架、温酒盘呢？答案是元代虽然产生蒸馏酒但是酒的度数并不一定很高。实验证明，低于35℃的白酒不易点燃，42～45℃的酒液在环境温度较低的情况下燃烧时间较短，超过53℃的酒液易燃，只有超过60℃的白酒燃烧时间才会较长。从目前大量温酒盘、便携式温酒架出现的时间来看，晚清民国时期酒精度达到60℃以上。

综合考虑我国粮食蒸馏酒的产生时间，不会晚于元代中期。

七、玉壶春瓶失去温酒器功能的时间辨析

宋金元时期，玉壶春瓶更是非常流行的器物，既是观赏器又是温酒、斟酒器（参见下图）。各地的窑口基本都烧制过玉壶春瓶，比如定窑、钧窑、耀州窑、龙泉窑、磁州窑多地以及其他地方窑口。关于玉壶春瓶在宋代作为温酒器使用在上一章已经叙述，本节主要讨论玉壶春瓶退出温酒舞台，继而演变为单一赏器的时间。

从现在发掘的墓葬壁画看，从元代晚期开始，一些边远欠发达地区，普通素面玉壶春瓶仍然当作温酒器具使用，但有些高档次精美的玉壶春瓶已经作为摆件让人欣赏。

山西省兴县康宁镇麻子塔村元代墓葬壁画（参见282页图）中可以清晰地看到：蒙古贵族打扮的男官员与汉族装束的贵妇左右端坐，显示出草原民族和农耕民族在一起美满幸福的生活场景。他们的身后桌上摆置着一对插着红花的玉壶春瓶，其色彩与香炉色调一致，组成一组供器。这一小景致的点缀使得整个氛围更加富贵祥和，沉稳中不失艳丽。发掘简报[1]将其年代定为元代晚期。

山西昔阳宋金墓壁画

山西昔阳宋金墓壁画局部放大图

注：① 《江汉考古》2019年02期。

山西省兴县康宁镇麻子塔村元代墓葬壁画　　山西省兴县康宁镇麻子塔村元代墓葬壁
画玉壶春瓶放大图

从元代晚期开始，玉壶春瓶作为赏器使用明显多于酒器使用，主要考虑蒸馏酒出现后酒具中的酒杯明显变小，玉壶春瓶的撇口已经不适应为小酒盅斟酒，有着细长流口的执壶开始活跃在温酒舞台，元代梨形壶的出现便是明显例证。玉壶春瓶从元代晚期开始渐渐变为赏器，到了明代前期玉壶春瓶腹部绘画了更多的纹饰，重心下移，成为形制优美艺术化了的赏器，再无温酒的壁画砖雕等物证，说明从明代早期开始，玉壶春瓶已经不作为温酒器使用了。

八、青铜牺尊作为温酒器使用的时间辨析

牺尊亦作牺罇，牺鐏。它是《周礼》中明确的祭祀礼器，历来作为盛酒的器物而为人所知。

朱熹集传："画牛於尊腹也。或曰，尊作牛形，凿其背以受酒也。"说的牺尊是盛酒器。《庄子·天地》："百年之木，破为牺尊，青黄而文之，其断在沟中。比牺尊于沟中之断，则美恶有间矣，其于失性一也。"这里的牺尊是指雕刻的酒具，不一定是紫檀酒杯，也是盛酒、储酒器。唐代也有"入牺罇而有待"之语。宋代王安石《比部员外郎陈君墓志铭》结尾有："夫铭曰：於此有木焉，一本而中分，其材均，樹之時又均，或斷而焚，或剖以為犠尊。誰令然耶？其偶然耶？吾又何嗟？"以树之躯制作酒具，无疑牺尊是储酒器。

　　如今有人说牺尊不仅是储酒器更为温酒器，这一命题的提出，确实令人较为惊讶，也会深疑说此话者，是夜郎自大吹嘘温酒独大，恨不得天下万器皆为温酒。但是，青铜牺尊作为温酒器使用的话题不绝于耳，国家级的博物馆也有牺尊作为温酒器的实物。如此尴尬，只得走进牺尊的世界一探究竟。

　　牺尊空腹柱足，温酒便利。国人长期以来主要饮用黄酒，酒精度太低，使用温酒的器物一定要大，至于储酒器那就更应该大。实际上即便是最大号的牺尊，作为温酒器也不算大。现在，列举以下知名博物馆牺尊，与同时期的温酒器对比一番。

　　美国旧金山亚洲博物馆藏有的"小臣艅犀尊"（参见下图左），经全球二十多个国家地区的民众网上投票，取得了一个美丽的西班牙名字"Reina"（女王），中文名字"宝贝"。该牺尊体躯丰腴健硕，器物高24.5厘米，是全世界现存的唯一一件商代时期以犀牛为造型的青铜器。

　　国家博物馆还有一件汉代错金银云纹银犀尊（参见下图右），就是前面提到的1965年出土于陕西兴平的牺尊。据专家考证，此犀尊极有可能是汉武帝刘彻的随葬品。此尊腹鼓中空，背有环盖，犀牛口右侧有一圆管状的流口，高34.1厘米、长58.1厘米。推测此铜犀尊应当为重宝礼器，应用于朝宫大型祭祀、出征等活动中。

　　根据大号牺尊的高度比例推测，这些牺尊的容量不超过6升，在如今也只是一只小号的塑料提桶的量。

　　以上的牺尊与汉代温酒樽相比较容量依然较小。

　　保存于台北故宫博物院的汉代鎏金铜斛（参见284页图），通高41厘米，高33厘米，口径33.5厘米，盘径57.5厘米，通体鎏金，分上斛下盘两部分，斛身四周有宽带饰纹，斛

商代小臣艅犀尊
（美国旧金山亚洲博物馆藏）

汉代错金银云纹犀尊
（中国国家博物馆藏）

身两侧有对称铺首衔环。承盘口沿铸有62字铭文：建武廿一年（东汉光武45年），蜀郡西工造乘舆（代称天子）一斛^①承旋（温酒器），雕蹲熊足，青碧闵瑰饰。铜承旋，径二尺二寸。铜涂工崇、雕工业、涑工康、造工业造，护工卒史恽、长汜、丞荫、掾巡、令史郿主。

汉代鎏金铜斛
（台北故宫博物院藏）

汉代时使用斛、石^②、斗作为容量计算单位，恐与今天数值相差过大，只以如今通常使用的立体计算办法，推算该铜斛的大致容量。假设剔除壁厚0.3毫米、保留防止煮酒沸溢高度50毫米以及考虑常温下黄酒的相对密度等因素，测算该容量起码在15升以上，远远大于牺尊的容量，也就是说汉代金温酒樽（铜斛）的容量三倍于大号牺尊。鎏金樽尚且为温酒器，牺尊自然也为温酒器，至于更小的牺尊、彝更应该是无可置疑的温酒器。

举例一： 商代青铜象尊（参见285页图上）出土于湖南，高17.2厘米，长21.2厘米，宽10.6厘米。大象躯体腹圆饱满，饰满精美的兽面纹、夔纹、云雷纹等纹饰，象鼻中空，为倒酒时的流口，背有象扭盖，被称为"夔纹象尊"。

注：① 斛为我国古代容量单位，汉朝许慎在《说文解字》中说"斛，十斗也。"宋代开始1斛改为5斗。
　　② 根据《汉书·律历志上》，在汉代三十斤为钧，四钧为石。又依照林甘泉先生主编的《中国经济通史·秦汉经济史（上）》认定：汉代1石=2市斗，1市斗=13.5斤，1石=27市斤粟。两种计算方法数值相互有误差，但是基本一致。

举例二：保存于山西博物院的足形鸟尊（参见右图下），其体型更小。

事实上，商周时期的礼器在使用时是有严格规定的。

据《周礼·大宰》第十四祀五帝［即五色帝：东方青（苍）帝、西方白帝、南方赤帝、北方黑帝、中央皇帝］，使用的是能够与神灵相通的玉币、玉几、玉爵的玉器。在《周礼·宗伯第三》第十二条中"以玉作六器"，用来祭祀方明（即天、地和四方之神），"以苍璧礼天，以黄琮礼地，以青圭礼东方，以赤璋礼南方，以白琥礼西方，以玄璜礼北方。"使用的也是玉器。青铜樽只有在宗庙大祫（太庙合祭祖先）时才使用到，"凡祭祀，以法共五齐（未滤酒糟的五种酒）、三酒（添酒三次），以实八尊（后也写樽）。"这里的"八尊"为何？根据《春宫·司尊彝》青铜尊为六种：牺尊、象尊、著尊（著地无足之尊）、壶尊（壶形尊）、大（太）尊（太吉瓦尊）、山尊（山云图案的瓦樽）。六彝为：鸡彝、鸟彝、斝（稼）彝（画禾稼的彝）、黄（"以黄金镂其外以为目[①]"）彝、虎彝、蜼彝（蛇形或隼形的彝）。以上的这些尊彝在西周祭祀时，一定按照规定灌注不同的酒液[②]、有序排列，无疑是储酒器，绝对不会是温酒器。但是不在此列内

商代青铜象尊
（美国华盛顿的弗利尔美术馆藏）

春秋赵卿铜鸟尊
（山西博物院藏）

注：① 孔《疏》释"黄目"。
② 史记《礼书第一》将樽内所盛"薄酒"解释为清水，是因为尊重祖先的原始饮食，举行祭祀的大礼时，先上尊内清水、祭器内生鱼和不加调味的肉汁，即"大飨上玄尊而用薄酒"。

祭祀使用的牺尊，大胆地推测有可能作为温酒器使用。

西周驹尊
（中国国家博物馆藏）

比如：中国国家博物馆保存的西周驹尊（右图），就有可能是温酒器，西周祭祀用牺尊并无驹尊造型。西周王室重视马业，可爱的马驹尊形象逼真，驹尊高23.6厘米，长仅34厘米，重5.68千克，驹尊腹腔中空，可置盖。

到了春秋战国时期礼崩乐坏，牺尊的形制出现了多样化，如牛尊、豕尊等，已经突破了原来尊彝种类的限制，使用纹饰也自由一些，有时还使用商周时期的纹饰和造型，这样造型和纹饰的牺尊可能就是温酒器。故而，本书内把春秋战国以来的牺尊加入温酒器一栏，而西周时期的尽皆礼器的牺尊未敢入列温酒器之内。

举例一：上海博物馆收藏有一件春秋晚期的青铜牺尊（参见下图），出土于山西省浑源县李峪村，即大名鼎鼎的"浑源彝器"，被称为盖世瑰宝。该器长58.7厘米，高33.7厘米，重10.76千克。其纹为蛇形，应属于西周时期的蟠彝，但其形为水牛，有别于犀牛，也非西周祭祀类器型。所以，博物馆将此牺尊的功能断定为温酒器甚妥。

举例二：国内有些博物馆将战国时期通体错金银华丽纹饰的牛形尊，也称作牺尊，实际用途有可能也是温酒器，只是因为器型相类于西周时期的牺尊，统称而已。

春秋晚期青铜牺尊
（上海博物馆藏）

春秋晚期青铜牺尊蛇纹放大图

1982年山东省原临淄区砖窑厂出土了战国晚期错金银青铜牺尊（参见右图）。长46厘米，高28.3厘米，重6.5千克，仿牛形，昂首竖耳，偶蹄，由头颅、体、盖分铸而成。头上镶嵌绿松石，牛背上有绿鸟回首形状的盖子。

战国晚期错金银青铜牺尊
（山东省博物馆藏）

商周时期高等级的礼器青铜牺尊，到了春秋战国时期作为实用温酒器，真也令人感慨。祖先使用的生活器具，其造型的创意，有很多来源于自然界动植物鲜活形象的启发，能工巧匠将实用和理想、具象和抽象天衣无缝地融合起来，达到神与形的和谐统一。这种淋漓尽致的表达方式能够在早期陶器、青铜器上都能找到，随着时间的推移，因为人失却了原来的信仰，一定不会坚守原有的文化，便也丢失了原来寄托于物的魂儿，依葫芦画瓢倒也多了一些实用。这，也许是青铜尊彝经历沧海桑田的必然变化。

至于有人把牺尊作为酒盅酒盏认知，宜谨慎。《诗·鲁颂·閟宫》中是有"牺尊将将"的记载，但视牺尊为盅盏，碰撞时发出清脆的声音，这样的注解还需酌定。

九、宋代温酒套壶和温碗的仿品辨析

1. 宋代的"狗头"温酒套壶过于经典，以至于清代以来对其的仿品不断

清代中期仿制的温酒套壶（参见288页图上左）形制规范，整体协调，韵味十足，可能是官窑或者官搭民烧的产品。只是，这一时期仿制的套壶大大小于宋代时期的套壶尺寸，估计是受到高度酒的影响。

晚清民国仿的温酒套壶（参见288页图上右），均采用宋代影青套壶的烧造工艺和样式制作，胎质较细，造型比例较为准确。套壶注碗内四个支烧点，釉面均已出现二次开片。但是，执壶与注碗的胎釉老化程度都不够，胎壁还欠坚致和轻薄。

中华人民共和国建立后生产了少部分温酒套壶，大多胎质疏松，圈足宽大，注碗器壁较高，莲瓣外撇，如一捆丰收的麦穗，整体制作粗糙。

改革开放后出现的"狗头壶"赝品很多（参见下图左），形制也略有变化，胎厚釉薄无老化，人为做旧，器底、内口和盖内漏釉处涂抹伪装的老化火石红，色调较为一致，欠缺层次。多为煤气发生炉烧制，气泡均匀密布。

进入2000年后，奸商为了追逐利益，温酒套壶赝品的制作更是不惜血本。有人竟然拿645克重18K的纯金（参见下图右），用来制作温酒套壶。温酒套壶盛于宋辽时期，可能制售者推想辽代少数民族地区喜爱金银器，于是臆造了该套壶。其实辽代并无此器型，纯金的体密更高，釉面老化也更难作假。

清代仿宋温酒套壶
（仁缘温酒公司藏）

民国仿宋影青温酒套壶
（仁缘温酒公司藏）

现代"狗头壶"赝品
（仁缘温酒公司藏）

18K纯金狗头套壶
（仁缘温酒公司藏）

近年来市面上还有更多粗制滥造的"狗头壶"，与真品差异很大，较易识别。

2. 宋代汝窑温碗被称为青瓷之魁，后朝对温碗的仿制品也有很多种

清代仿宋代制作的汝窑温碗（参见右图上），也为香灰胎天青色，制作工艺也采用汝窑芝麻钉支烧的办法，外施玛瑙釉，因含有二氧化矽，器壁也呈现出淡淡的浅红色。但是器物整体莹润度不够，缺少宋代温碗极强的玉质感，胎釉的老化度也不够，同时器型较小。

民国仿制温碗形制（参见右图中）与宋代相似，底部也采用芝麻钉支烧，颜色也多为天青色，釉面的莹润度也较好，器壁也较为坚致。但是胎质不为香灰胎，釉面布满黑点，估计因考虑产量未采用匣钵烧造。

中华人民共和国成立后烧制的仿宋温碗（参见右图下），多用于出口。器型高直，口沿外撇较小，器壁较厚，上下均匀，多为模制，胎质疏松。釉面气泡或者大小一致均匀密布，或者经过专门烘干没有气泡，温碗的底部，常常落有"宣和"印款。

近年仿宋的温碗也有很多（参见290页图），其胎釉、形制、颜色等方面与真品的差距明显。

清代仿宋莲花温碗
（仁缘温酒公司藏）

民国仿宋莲花温碗
（仁缘温酒公司藏）

中华人民共和国成立后仿宋温碗
（仁缘温酒公司藏）

现代温碗仿品
（仁缘温酒公司藏）

十、温酒故事与温酒器物辨析

1. 辨析西晋抱瓮温酒的"瓮"为何物

西晋贵族阶层中奢靡之风自上而下，除了用青瓷鼎、鬲和扁壶一类的器物温酒外，还命下人将酒"瓮"抱到怀里，用身体的热量温酒和防止热酒降温，西晋外戚羊琇便是如此。

西晋历史短暂，若以灭东吴开始算起，立朝仅为37年，传四帝。羊琇（236—282年）其人为泰山南城（今山东新泰市）人，出身名门望族，是西晋时期的外戚和大臣。西晋在洛阳建都，西晋的早中期是最为骄奢淫逸的年代。羊琇正在此时期，过着穷奢极欲的生活，没有经历动荡，到八王之乱之时，他已作古十年了，从时间和社会机缘上分析，羊琇使用这种虐人的温酒做法是可能的。

瓮给人的概念是"大肚子"器型，但在《广雅》这部成书于227—232年间我国最早的百科词典注释中，瓮，指瓶也。瓮是小口大腹陶制的盛水或酒的器具。《礼记》中有"宋襄公葬其夫人，醯醢百瓮。"这里的瓮容积也不可能大。否则，鱼肉做成的佐餐的酱料装上一百瓮显然不可能，再说瓮太大了下人也抱不住捂不严，所以，把主要目光锁定在易于存放或者悬挂，更易于抱在怀里矮胖小口的青瓷三、四、五系罐。

这种罐是哪里的产品呢？

西晋地域北至山西、河北、东北及辽东；东至海南至交州（今越南北部），就是交通发达的现今，从洛阳至浙江余姚的距离都大于1100千米，何况当年千山万水曲折路，限于当时的交通条件，局限了瓶、罐、瓮的使用范围。当时官窑制度远未建立，所在地的龙泉窑尚未点火，窑火正旺的浙江瓯窑胎质较粗，余杭窑主产品为黑釉鸡头壶（西晋鸡头壶流口未通），婺州窑当时没有完全烧结，德清窑多为黑釉盖罐，所以洛阳这些窑口生产的器物使用数量不会太大。

然而与洛阳相近的相州窑和曹村等窑，曾经是北方烧造高温瓷器最早的窑口，这些窑口生产的瓷器产品，一直以来都把宽矮的罐子作为最大宗的货物。众所周知，西晋的高温青瓷占据着中华瓷器发展历史上重要的一页，这些形制优美的罐子，必将为洛阳都城的王侯贵族们率先使用。所以，下人抱着的可能是相州窑生产的罐子为羊琇温酒。

2. 东汉末年温酒故事和温酒器物辨析

东汉末年，三国初年，是中国历史上英雄辈出的时代。元末明初的小说家罗贯中，根据历史记载和民间传说，将魏、蜀、吴三国的兴亡，编写成历史小说《三国演义》。书中塑造了一批脍炙人口的典型人物，描述了一个跌宕起伏的朝代更迭故事，历来为世人所传诵。

三国时期风流人物的事迹始终没有被风吹雨打去，不论是关羽温酒斩华雄，还是曹操刘备青梅煮酒论英雄，英雄始终与酒相伴，温酒也奇妙地出现在历史风云际会的时刻。

（1）关公温酒斩华雄真假辨析

汉灵帝死后，董卓乘机专权废黜少帝，立陈留王为献帝，以至天下大乱。袁绍、曹操等关东十八路诸侯共同讨伐董卓。兵临城下，一经对阵，却遭董卓帐下都督华雄连斩三将。危难之际，刘备手下关羽挺身而出，袁绍曰"量一弓手，安敢乱言！与我打出"。曹操急止之，并温酒饯行。关羽却说："酒且斟下，某去便来。"一会儿工夫，华雄人头落地。待关羽归回帐中，其酒尚温。此时，张飞高声大叫："俺哥哥斩了华雄，不就这里杀入关去活拿董卓，更待何时！"袁术大怒，喝曰："俺大臣尚自谦让，量一县令手下小卒，安敢在此耀武扬威！都与赶出帐去！"

关公自荐出阵遭袁绍羞辱，张飞请战同样遭到贬损，感慨寄人篱下未为人主的悲催，暂且放下不提，单说通过史书穿越千年回望关公斩华雄时的那杯温酒。

从关公斩华雄需要的时间来分析，当时关公"出帐提刀，飞身上马。众诸侯听得关外鼓声大振，喊声大举，如天摧地塌，岳撼山崩，众皆失惊。正欲探听，鸾铃响处，马到中军，云长提华雄之头，掷于地上。"这个时间从关公出帐，周仓牵马递刀，关公跃马出战，众将士擂动战鼓惊天动地的呐喊助威，到哪怕与华雄一个回合的交战，再到华雄人头落地众皆惊恐的凝望，直到鸾铃捷报的传送，关公完成这一系列活动所需时间不应小于半小时。

事情发生在初平元年（190年）正月的汜水关，在今河南荥阳市的汜水镇。隋唐以前称为虎牢关，按照农历的时间应在寒冷的四九天，这样的天气冷酒不好下肚，杯中热酒冷得很快。在这段关公秒杀华雄、威震诸侯的生动描述中，曹操所敬之酒本来就是"温酒"饯行，推测杯子的容积有限，在较低的环境温度下，耗时半小时以上，杯中之酒再难有温热之理。

其实，在各州郡起兵讨伐董卓的时候，刘备还在下密或在高唐为县丞，并没有在荥阳围攻，关羽是不会在那里斩华雄的，华雄在此战役中是被孙坚一军所杀，但是这个虚构故事千百年来一直在这块古老的土地上流传。

（2）青梅煮酒论英雄使用温酒器辨析

曹操迎奉汉献帝迁都于许都（今许昌），"挟天子以令诸侯"。建安四年（199年），董承对外宣称接受汉献帝衣带中密诏，要诛杀曹操，约刘备等人立盟除掉曹操。刘备得悉非常惊恐，生怕曹操生疑看出破绽，每日田园种菜。曹操闻知后，在后院的小亭里，邀请刘备宴饮，议论天下英雄。

随至小亭，已设樽俎：盘置青梅，一樽煮酒。二人对坐，开怀畅饮。酒至半酣，忽阴云漠漠，聚雨将至。从人遥指天外龙挂，操与玄德凭栏观之。操曰："使君知龙之变化否？"玄德曰："未知其详。"操曰："龙能大能小，能升能隐；大则兴云吐雾，小则隐介藏形；升则飞腾于宇宙之间，隐则潜伏于波涛之内。方今春深，龙乘时变化，犹人得志而纵横四海。龙之为物，可比世之英雄。玄德久历四方，必知当世英雄。请试指言之。"玄德曰："备肉眼安识英雄？"操曰："休得过谦。"玄德曰："备叨恩庇，得仕于朝。天下英雄，实有未知。"操曰："既不识其面，亦闻其名。"玄德曰："淮南袁术，兵粮足备，可为英雄？"操笑曰："冢中枯骨，吾早晚必擒之！"

玄德曰："河北袁绍，四世三公，门多故吏；今虎踞冀州之地，部下能事者极多，可为英雄？"操笑曰："袁绍色厉胆薄，好谋无断；干大事而惜身，见小利而忘命，非英雄也。"玄德曰："有一人名称八俊，威镇九州：刘景升可为英雄?"操曰："刘表虚名无实，非英雄也。"玄德曰："有一人血气方刚，江东领袖——孙伯符乃英雄也?"操曰："孙策藉父之名，非英雄也。"玄德曰："益州刘季玉，可为英雄乎?"操曰："刘璋虽系宗室，乃守户之犬耳，何足为英雄!"玄德曰："如张绣、张鲁、韩遂等辈皆何如?"操鼓掌大笑曰："此等碌碌小人，何足挂齿!"玄德曰："舍此之外，备实不知。"操曰："夫英雄者，胸怀大志，腹有良谋，有包藏宇宙之机，吞吐天地之志者也。"玄德曰："谁能当之?"操以手指玄德，后自指，曰："今天下英雄，惟使君与操耳!"玄德闻言，吃了一惊，手中所执匙箸，不觉落于地下。时正值天雨将至，雷声大作。玄德乃从容俯首拾箸曰："一震之威，乃至于此。"操笑曰："大丈夫亦畏雷乎?"玄德曰："圣人言迅雷风烈必变，安得不畏?"

这个故事中很明确，温酒使用的是樽，到东汉时期的樽已经带有了承盘，应该是铜鎏金樽。

3. 南宋奚奴温酒成富婆的真假辨析

元末明初陶宗仪的《南村辍耕录》历史琐闻笔记中，有一段关于南宋温酒故事的记载：

宋季参政家公铉翁，于杭求一容貌才艺兼全之妾，经旬未能惬意。忽有奚奴者至，姿色固美，问其艺则曰能温酒，左右皆失笑，公漫尔留试之。及执事初甚热，次略寒，三次微温，公方饮。既而每日并如初之第三次。公喜，遂纳焉。终公之身，未尝有过不及时，归附后，公携入京，公死，囊橐皆为所有，因而巨富，人称奚娘子是也。吁，彼女流贱耳，一事精至，但能动人，亦其专心致志而然。士君子之学为穷理正心修己治人之道。而不能至于当然之极者，彼有间焉。

说的是南宋有位官员宋季，参政相公铉翁。想在杭州找个色艺双全的小妾，过了十来天没能找到。突然一位叫奚奴①的姑娘来到，人挺漂亮，铉翁问她有何才能? 她说会温酒，一下子把在座的人都逗乐了，可铉翁还是将她留下试用。奚奴第一次把酒温得太热了；再次温，又有点冷；三温，冷热正好。以后奚奴一如既往地为铉翁把酒温得不冷不热，铉翁很高兴，将其纳为妾陪伴在身边。铉翁去世前把自己箱子、袋子

注：① 据《四库全书·周礼·酒人》奚奴为造酒的女奴。

里积蓄的财宝都给了奚奴，使她成为了富婆，人们尊敬地称她为奚娘子。

多少人感慨，一个生活在社会底层的女流之辈，能把一件生活中的小事情自始至终地做到极致，也能打动人心，可以换来一生的荣华尊贵。

但是这一故事真实性有多大，取决于故事的出处和南宋贵族当时真实的生活品质。陶宗仪（1329—约1412年），字九成，号南村，台州黄岩人。自幼苦读，学识渊博，是元末明初文学家、史学家。元代末年兵荒马乱，陶宗仪避乱松江华亭，耕作之余，随手札记。后由其门生整理汇编成《辍耕录》，也称《南村辍耕录》，共五百八十余条，30卷，其中记述了元代掌故、典章制度，东南地区农民起义状况，人物事件较为真实可信。另外，南宋的物质富裕和精神生活空前地丰富，百姓开放自由，官僚贵族文人雅士尽享人间荣华。重文轻武的理念使人忘记拿起武器，保家抗敌。

这个故事应该是真实的。

4. 关于温酒玉壶春瓶来历的辨析

玉壶春瓶的造型挺拔有致，被誉为"女性瓶"。关于玉壶春瓶的来历，版本较多。

（1）相传在宋代熙宁年间，大学士苏东坡路过景德镇，寻访禅友佛印和尚未遇。路过一家制瓷作坊，对老瓷匠说：景德镇瓷器能把诗词歌赋以绘画形式表达，不知老先生手中瓷器造型能否表达出我访禅友的心情？言毕吟王昌龄诗《芙蓉楼送辛渐》："寒雨连江夜入吴，平明送客楚山孤，洛阳亲友如相问，一片冰心在玉壶。"老人听后略作思忖，须臾间塑出了一个撇口、细颈、敛足的器型来。并说此器倒置，谓之"心到"了。苏东坡见了十分感慨，当即赋诗一首，其中的"玉壶先春，冰心可鉴"两句尤为脍炙人口。后来，佛印和尚写了"清如玉壶冰，贞见玉壶春"的诗句。

（2）玉壶春瓶造型是由唐代寺院里的净水瓶演变而来，定型于北宋时期，属于酒具。

（3）"玉壶春"这个名字最早出现于唐代，司空图的《二十四诗品》中就有"玉壶买春，赏雨茅屋"。"玉壶"为盛酒壶，酒为"春"。宋代辛弃疾的诗中多处有玉壶二字，如"被翻红锦浪，酒满玉壶冰""一醉何妨玉壶倒"等。

（4）也有专家认为"玉壶春瓶"的名称是因"玉壶春"酒名而来，古代称之为玉壶春的酒，实指是菊花酒。十大经典名菊中有绿牡丹、墨菊（墨荷）、帅旗、绿云、红衣绿裳、十丈垂帘、西湖柳月、凤凰振羽、黄石公、玉壶春。玉壶春瓶就是专门装玉壶春酒的瓶子，这种酒为玉壶春菊花所酿。

玉壶春瓶的来历和雏形有多种探讨，但是唐代时期的净瓶源于域外，"春"为酒，"玉壶"也仅为文人对器物的描述。玉壶春瓶应该起源于宋代，玉壶春瓶材料、形制的简易，可能源自于民窑出产。《中国陶瓷史》认为玉壶春瓶是"北宋时期创烧的又一瓶式[①]"，无疑玉壶春瓶定型和流行于宋代，既是酒器也作赏器，元代时期温酒更为广泛使用。

5．元杂剧中温酒镟的辨析

镟，也作旋，温酒的器具。《说文解字》曰：圜炉也。旋为温酒器皿出自《六书故》"溫器也，旋之湯中以溫酒。或曰今之銅錫盤曰鏇，取旋轉爲用也"。

《六书故》极为罕见，它是南宋文字学家戴侗撰写的用六书理论来分析汉字的字书。戴侗生于宋宁宗庆元六年（1200年），卒于元世祖至元二十一年（1284年）。积三十年之功，继承父兄之志，撰写三十余万字的《六书故》。现存于瑞安博物馆的《征刻六书故启》横幅来自玉海楼藏书，镟为温酒器的资料来源可靠。

镟在后来也引申为一种温酒行为和动作，如《水浒传》中："那庄客镟了一壶酒，拿一只盏子，筛下酒与智深吃。"元杂剧康进之《李逵负荆》中："老王，这酒寒，快镟热酒来。"

镟在宋之前是指温烫酒壶的实物名词，发展到元代后演变成了做圆弧运动的动词，类似于温酒时的"筛"。

6．温酒为《红楼梦》人物形象增彩的辨析

《红楼梦》第八回中有一段描写贾宝玉去梨香院探望薛宝钗，要喝冷酒的对话：

这里宝玉又说："不必温暖了，我只爱吃冷的。"薛姨妈忙道："这可使不得，吃了冷酒，写字手打飐儿。"宝钗笑道："宝兄弟，亏你每日家杂学旁收的，难道就不知道酒性最热，若热吃下去，发散的就快，若冷吃下去，便凝结在内，以五脏去暖他，岂不受害？从此还不快不要吃那冷的了。"宝玉听这话有情理，便放下冷酒，命人暖来方饮。……"再烫热酒来！姨妈陪你吃两杯，可就吃饭罢。"宝玉听了，方又鼓起兴来。

注：①《宋、辽、金的陶瓷（续）》，造型一。

《红楼梦》四十一回有两段描写温酒的情节：

只见一个婆子走来请问贾母，说："姑娘们都到了藕香榭，请示下，就演罢还是再等一会子？"贾母忙笑道："可是倒忘了他们，就叫他们演罢。"那个婆子答应去了。不一时，只听得箫管悠扬，笙笛并发。正值风清气爽之时，那乐声穿林渡水而来，自然使人神怡心旷。宝玉先禁不住，拿起壶来斟了一杯，一口饮尽。复又斟上，才要饮，只见王夫人也要饮，命人换暖酒，宝玉连忙将自己的杯捧了过来，送到王夫人口边，王夫人便就他手内吃了两口。一时暖酒来了，宝玉仍归旧坐，王夫人提了暖壶下席来，众人皆都出了席，薛姨妈也立起来，贾母忙命李、凤二人接过壶来："让你姨妈坐了，大家才便。"王夫人见如此说，方将壶递与凤姐，自己归坐。贾母笑道："大家吃上两杯，今日着实有趣。"

通过以上情节描述，宝玉顽皮、活泼可爱的形象跃然纸上，人物关系历历在目。温酒真的为人物塑造增添了光辉，为场景描述起到穿针引线的作用。

第二节
温酒器的"三大"困惑

一、制作温酒器材料局限性

历史上制作温酒使用的材料大体分为：陶、瓷、玉、石、木、角等非金属类，还有以锡、铜（生熟）、铝为主的金属类。但是，使用这些材料制作温酒器各有优劣。

（一）锡制材料制作温酒器的利弊

锡的熔点只有231.9℃，野外篝火点燃的温度也能达到600～800℃，假设篝火下面如有锡矿就很容易被熔化。正因为如此，锡金属易于发现，早在公元前3700年就被人们发现利用了。金字塔中发现的锡手镯和锡制"朝圣瓶"是世界上已知的最古老的锡制品，在日本宫廷中，精心酿制的御酒都是用锡制器皿盛放。英国与德国的皇室也喜爱用锡制器皿来盛放啤酒，罗马帝国也是最早将锡制器皿大规模用于家用器皿。

　　明代以来大量出现锡制温酒器，这与锡自身的优良特性是分不开的。锡的可塑性和延伸性好，适宜制作结构较为复杂的器物，容易为温酒器塑形，也使温酒器久经磕碰尚能复原。锡的导热性好，有助于温酒时快速升温。锡元素活泼性优于铅、铜、汞、银、铂、金，按照金属活泼性顺序中前面的元素可以把后面的元素置换出来的原理，锡制容器可以置换部分水中的重金属离子，减轻重金属对人体的危害，曾有把锡板放置水井底下来净化水质的记录。所以经久以来，锡就成为制造温酒器的理想材料。加之锡制品外表类银，光彩熠熠，为饮酒的场合添光增彩，很快就在温酒活动中广泛使用。

　　与此同时，现代医学证明，人体内缺锡会导致蛋白质和核酸的代谢异常，尤其会阻碍少年儿童的生长发育，严重者会导致侏儒症。但是当成年人食入过多的锡元素时，身体就有可能出现头晕、恶心、胸闷、腹泻、呼吸急促等这些不良症状，导致血清中钙含量降低，症状严重时还有可能引发肠胃炎，这就决定了锡制温酒器并不适宜长期频繁地使用。

（二）铜材料制作温酒器的利弊

　　铜中加入百分之五的锡，铸造时熔点就会变低，硬度却会加大。先民们很早就掌握了这种青铜合金技术，成就了我国文明史上辉煌灿烂的青铜时代。

　　铜具有耐蚀性和经久耐用的特点，耐蚀性低于金、铂、银和钛，但是高于铁、锌、镁等这些金属。铜的强度适中，塑性很好，拉伸的变形程度可达95%以上，易于焊接，容易加工成很复杂的造型与图案。铜的色泽华丽漂亮，纯铜类金，白铜类银。铜的导热性好，温酒速度也快。铜有抑菌性，能抑制细菌等微生物在液体中的生长。有人做过实验，水中99%的细菌在铜环境里5个小时就可全部被灭杀。铜还是合成血红蛋白的催化剂，正常人每日需要2毫克，铜元素摄入不足往往会出现血液系统多见的缺铁性贫血，补铁治疗难以见效，需要铜元素催化合成红细胞。

　　铜虽然是人体必需的微量元素，但是摄入过量对身体有害。铜在潮湿的环境中容易生成有毒的铜绿，所以，青铜储酒器内的墓酒颜色如翡翠一般呈绿色，而真正的装在瓷器中的古酒，颜色一般如同琥珀色黄中带红。另外，与铜接触多的身体部位容易发痒出现红疹，所以，不建议过多使用铜质温酒器，特别是密度较低的生铜温酒器。

1972年马王堆辛追墓出土的美酒，郭沫若品尝过，颜色发绿。2003年西安凤鸣西汉墓，出土了青铜凤首锺内26千克翠绿色液体（参见右图上），颜色算是翡翠中的帝王绿，可见铜含量之高。高级品酒师仇新印品尝后说，这液体是酒，有铜锈和盐的味道。

而真正储存于瓷器中的古酒，其颜色为黄中带红的琥珀色（参见右图下）。1974年4月，辽宁沈阳法库县叶茂台村发现古墓，经派人发掘，发现有用白瓷注壶盛的古酒，壶内酒液颜色呈黄中带红，考古学家冯永谦品尝之后说有一股土腥味。

凤鸣汉墓古酒局部放大图

（三）瓷器温酒器也有先天不足

用瓷质制作的温酒器吸水率低，在其中温酒不会有渗漏的现象发生。在常温下相对的时期内不会出现氧化现象，不怕风吹日晒，耐酸碱性较强，不会因湿气而有霉变现象，使用寿命长。陶瓷温酒具有卫生环保优势，所以古人喜欢使用瓷器制作温酒器，但是瓷质温酒器有着致命的易碎性，不适宜频繁移动，只能放置在固定的场所轻拿轻放，与现代人员流动大、节奏快的生活方式不相适应。

使用瓷器储存的酒液，放置到玻璃杯中后全呈现出琥珀色

二、温酒热源的困惑

温酒热源在我国历史上数次变化，从完全以火温酒发展到水火同时温酒，经历了太久的岁月。宋代之前主要依靠以火温酒，元代开始玉壶春瓶大量以水温酒。随着蒸馏酒的酒精度不断提高，烈酒也加入了温酒热源的行列，发展到近现代发明了以电能和蜡烛为主的温酒热源。在所有的这些温酒的热源中，通过比较会发现很多令人困惑之处。

（一）以木炭为热源温酒的优劣

木炭是由木材或木质原料经过不完全燃烧，或者在隔绝空气的条件下热解，变成深褐色或黑色多孔的固体燃料。

古时烧木炭也称"炼火""松炭"。木炭多为土法烧制，地上挖个坑，将树木放入坑中烧，然后用水或者土将其熄灭或掩埋即可获得。木炭窑的形制在各地很多，如有浙江窑、鲤鱼窑、木瓢窑、湖南木窑和四川木窑等。熄火采用闷窑欠氧办法或者窑外湿沙掩埋办法。现代有人将硬木装进铁皮罐，盖上后钻一个小孔，放置火上烧烤，待罐上火苗不再冒出，即可取出，封堵小孔，冷却即是木炭。现代工业生产多采取干馏方法烧制，木炭无烟且耐烧。

古代贵族讲究，将木炭制为兽形炭。《晋书·外戚传·羊琇》"屑炭和作兽形以温酒，洛下豪贵咸竞效之。"唐代张南史《雪》诗中："千门万户皆静，兽炭皮裘自热。"《醒世恒言·刘小官雌雄兄弟》中："王孙绮席倒金尊，美女红炉添兽炭。"

兽炭确凿无疑存在，只是费尽周折难觅得，只好大家一起推想。有人说兽炭是古人拿木炭混合香料模压成兽形的炭，有人说真正的兽炭是用木炭雕塑出来的，一块兽炭可燃三天三夜，其价堪比白银，只有京城的王孙公子才能用得起，还有一种说法是兽形炭是用煤炭雕塑出来的，因为西晋时煤炭已经问世，名称就叫炭。

原煤冒烟是常理，即便是无烟煤也有人眼不易看到的烟，呛人的味道很大。生活考究的主人不会在黑烟缭绕、带着浓重硫黄味的一氧化碳和二氧化碳的环境中去温酒。焦炭的烟尘小，但是复杂的煤炭炼焦技术当时可能并无产生，炼焦直到明代才流行开来。况且焦炭的燃点高，在低温环境下难点易灭，所以用煤炭的说法可以否定。

所讲的"屑炭和作兽形以温酒"，应该是用木炭屑掺水或者掺入其他塑形材料，通过模具或者手工捏制，形似各种动物（也有可能是上古四大恶兽饕餮、穷奇、梼杌、混沌）是专门用于温酒的燃料，是豪门巨贾温酒时用的燃料。

使用木炭温酒热源足，温酒速度快，持续时间长。不便的地方是难避烟尘，污染卫生环境。木炭属于易燃物品，公共场合明令禁用，露营野餐的森林边也遭禁用，加之木炭燃点在320～400℃，不易点火，所以，现代生活中使用木炭为温酒热源逐渐被淘汰。

（二）以蜡烛为热源温酒的优劣

蜡烛，一般认为起源于原始时代的火炬，原始人把动物脂肪涂抹在捆扎好的树皮点燃后发出亮光。火炬早先用于烧制食物和黑暗中照明，以后用于驱邪、祭奠、战争、引信等。很早之前南方有一种乌桕树，也称为蜡子树。树皮外有白色蜡层，秋天种子成熟时采集回来，水煮即可得蜡。现代蜡烛是从石油的含蜡馏分经冷榨或溶剂脱蜡而得，是几种高级烷烃的混合物，主要是正二十二烷（$C_{22}H_{46}$）和正二十八烷（$C_{28}H_{58}$），含碳元素约85%，含氢元素约14%。蜡烛广泛用于生日宴会、节日、哀悼等场合，当然也用于温酒。

一根蜡烛的热量有20～30千焦，通过温酒实验得知：

把20厘米的蜡烛截成三段，同时点燃燃尽耗时14分钟，在20℃左右的环境温度下，可以将一瓶10℃左右、475毫升的汾酒加温到36℃上下，接近清香型白酒的最佳饮用温度。

蜡烛卫生，价廉易得，燃烧完全，有"蜡炬成灰泪始干"之语。但火力不集中，温酒效率低，独饮或者友人闲来细品，温酒速度完全可以满足。若是接待急客或者众位宾客，温酒时间过长，让客人坐等一刻钟的时间才开饮，上桌的黄花菜都凉了，显得有点尴尬。日本应急箱内放置的可以连续燃烧约4个小时的蜡烛，火力仍然很小。另外，当蜡烛温度达到40℃时就开始变软，接近60℃时，固体的蜡就会开始熔化成液体，以蜡烛作为温酒热源有先天的火力弱势（参见右图）。

国产蜡烛为热源的温酒
（仁缘温酒公司藏）

（三）以热水为热源温酒的优劣

现代普遍使用热水为温酒热源，水的导热系数在液体中只小于水银，比其他的液体导热性都大，并且随着温度的升高水的导热能力逐步增强。水在0℃—4℃—20℃—30℃—100℃时的导热系数分别为：0.55、0.58、0.599、0.62和0.683W/（m·℃），温度高导热快，远大于空气0.026W/（m·℃）导热速度。温酒在恒定温度不变的情况下，酒的升温会越来越快。以水温酒的机理比较简单：热水分子从高温度区域向低温度区域的冷酒不断传递，达到实现提高酒温的目的。

以水温酒可以适当地人为干预温酒速度，改变静态以水温酒，缩短温酒时间，将酒壶在热水中做圆弧形"筛"的运动，加快导热速度。

以民国出现的浅腹温酒盘（参见下图）为例，将三两清香型白酒倒入酒壶，放入98℃的开水中，分别用静置温酒和运动筛酒两种方法，使酒温同样达到40℃，分别用时5.5分钟和4分钟，筛酒升温快了1.5分钟，很明显筛酒能够加快升温速度。

民国温酒盘
（仁缘温酒公司藏）

同时值得注意的是，酒精度高的酒升温快于酒精度低的酒。

实验证明：水在3.98℃时体积最小，也是科学的保鲜温度，高于低于该温度体积都会膨胀，严重时会出现"冰裂"或"汽爆"现象，但是水的膨胀率明显低于乙醇的膨胀，乙醇膨胀率是水的三倍。乙醇在0℃时体积为5.25升；10℃时为5.30升；30℃时为5.42升；在40℃时达到为5.48升。乙醇的体积随着温度的升高而增大，酒温越高，酒精度越高，体积膨胀也越大，一般增加5%左右，但如果是黄酒或者是清酒温酒后的体积膨胀高达10%左右，所以温酒壶形制经常为喇叭口，整瓶温酒时一定要拧开盖口，以免膨胀导致爆裂。

热水温酒方便、卫生、安全，因此以水温酒有其旺盛的生命力，但是如遇饮酒时间过长，用100℃的热水温热475毫升52℃的清香型白酒，要求达到40℃，大致需要热水570毫升，比例为1.2。如果继续温酒必须另换热水，较为麻烦，同时温热的酒在放置和倾倒时酒水容易洒漏。

（四）电力为热源的温酒的优劣

在现代生活中，以电为温酒热源的发展一发不可收拾，在日本发展得要早要好。我国近年来发展势头特别迅猛，电热温酒器走向了产业化，功能实现多样化，产能达到规模化。有不少的优质产品取得专利，能够适应不同的场合，如豪华综合功能酒水车、居家电热温酒壶和旅行便携温酒杯（参见下图）。电热温酒对各类酒的温热都有预设置功能，自动调节。温酒的加热元件推陈出新，有电阻式、感应式、电弧式、电子束、红外线、远红外陶瓷加热片、PTC加热器等。

高科技改变世界的同时，也改造了温酒器的热源。电热加热的环保性、快捷性、廉价性让传统意义上温酒热源只能望其项背。

居家用电热温酒壶

旅行用多功能温酒杯

电热温酒的方式冲击着传统的温酒习惯，很多人不适应，许多老年人在根深蒂固的理念里，电热温酒失却浓郁的气氛，总觉得电费贵，酒水连接电器不安全，导致电热温酒器推广受阻。

三、温酒群体的困惑与希望

自古以来穷苦人连酒都买不起，何谈专业温酒器。中国汉朝著名文人王褒在《僮约》中写道："欲饮美酒，才得染唇渍口，不得倾杯覆斗。"可见汉代时候酒就是奢侈品，饮酒在百姓奴僮中只是浅尝而已，哪能倾杯覆斗尽兴喝个够！所以，汉代民间提起饮酒之事虽然疾首蹙额，但也奈何不得。到如今，买得起酒的人很多，北方严冬温酒，老百姓继续沿袭着中华人民共和国成立以来简陋的温酒方式，有时随便使用盆盆罐罐能够温酒就罢了。

在温酒公司的市场销售活动中，起初把销售群体天真地确立为老年人，感觉温酒是传统习惯，年轻人整体尚未形成温酒文化主流群体。实践证明，专业温酒器只是有钱人的实用器，对大多数人来讲专业温酒器是生活中的奢侈器，可见专业温酒器的普及程度远未达到广泛的群体。近年来虽然社会和人民富余了，但刚刚走出贫困几十年的中国人，其饮食文化总感粗而不精，人们对生活质量的高品质追求尚待提高。

好在国家坚持弘扬温酒文化，1991年，中华人民共和国邮电部向全国发行了一组景德镇瓷器的邮票，精选的六张瓷器作品内，就有1963年出土于安徽省宿松县、藏于安徽博物院的宋代影青温酒套壶（参见右图）。重新建立自信的中国人开始弘扬和发掘传统文化，包括宣传介绍温酒历史渊源。

为了更大力度地发掘整理古代青铜器文化，中国人民银行在2012年8月发行了以青铜器斝为主题的金银纪念币（第1组），受到了广大爱好收藏者的一致好评，同时也唤起了人们对温酒业的浓厚兴趣。

这枚1千克圆形银质纪念币（参见304页图），它的币面内容是铸造于商代早期的兽面纹斝，兽面纹

温酒套壶纪念邮票
（仁缘温酒公司藏）

温酒斝纪念币
（仁缘温酒公司藏）

斝是古代的温酒器具，可以看到兽面纹斝的颈部装饰有三组带状兽面纹，清晰入微，体现出雕刻的精湛艺术。

倡导温酒文化，过上小康生活的人们追求生活品质的愿望越来越强烈。恰逢国家日渐强盛，必将带动传统文化强势回归，很快将温酒器这种穷人的奢侈器变为大众的实用器，温酒公司便应运而生，温酒文化崛地而起。

温酒器发展的趋向表现为：金属温酒器仍然以铜、锡、银材料制作为主，多以内胆涂天然环保材料的水温子母套壶为发展前景；不锈钢材料和耐高温玻璃制作的温酒器虽然崭露头角，但发展后劲较足；蜡烛上置子母水火温酒器，品类逐渐将增多；能够设定温度的电温壶，市场将逐渐扩大。

随着人们生活品质的提高，喝酒必温已成共识，坚信温酒事业的繁荣指日可待。

后 记

　　本资料原为仁缘温酒公司做广告吹小喇叭时所用，意欲通过竭力鼓吹温酒的益处，诱导嗜饮者掏腰包。但随着笔者对温酒器的探幽析微，被温酒文化深深地吸引，终日研习，欲罢不能，感叹古老沧桑的大地上竟有温酒器如此迷人的景色！于是坚守和弘扬温酒文化，已经变为了一种有益今人不可懈怠的责任。

　　酒，自古以来就在中国人的饮食文化中占据着重要地位，已经植根于炎黄子孙的血脉中。酒文化贯穿于中国历史文化的长河中，温酒器贯穿于波澜壮阔的朝代更迭中。温酒永远与酒同行，与健康饮酒结伴，一代一代传下去。用最好的方法喝最好的酒，是千百年以来善饮者的追求。中国不单是酒文化的故乡，也是温酒文化根植最深厚的土壤。

　　笔者在征集温酒器和整理温酒文化过程中，得到来自山西省外北京、天津、西安、洛阳、沈阳、哈尔滨、贵阳、南宁、烟台、三门峡、赤峰、桂林市等地的古玩同仁、收藏大家以及文物鉴定专家，还有省内太原、大同、石楼、灵石、忻州等地藏友以及酿酒专家、高级品酒师、医学院教授、一线老中医的大力支持和建议，也得到尊师齐玉墀、亲友裴新勇、谢明亮、姜海英、田建明等对资料部分内容的校核，更得到秦大树、杜小威、冀晓峰、方丰章、白小平、吕改莲等的关注和指点，以及中国酒业协会刘振国副秘书长和刘晓晴女士的积极推动，在此一并致谢。

　　由于笔者综合水平有限，导致有些措辞较为浑括或失准，加之仁缘温酒公司文物储备量小以及温酒实践不足，导致书中难免存在不妥之处，敬请读者不吝赐教，批评指正。

　　自古酒难禁，不温也常饮，温酒不择器，冷热自说行。

吕晓峰

二○二○年四月十日兴县水泉湾老宅初稿

二○二○年十二月十日三门峡骏景花园修改